香港醫療衞生簡史

香港歷史研究系列

香港醫療衞生簡史

劉蜀永
嚴柔媛
林思行

香港城市大學出版社
City University of Hong Kong Press

本書部分圖片承蒙下列機構及人士慨允轉載，謹此致謝：

衞生署（圖 14.1）；工人醫療所（圖 6.3）；李健鴻（圖 11.1、11.2、11.3）；東華三院（圖 1.4、1.6、2.2）；侯勵存（圖 15.2）；《南華早報》（圖 15.1）；韋霖（圖 19.1、19.2）；香港大學（圖 7.1）；香港特別行政區政府（圖 17.1）；香港醫學博物館（圖 3.1、3.3、4.1、7.2、15.3）；高添強（圖 2.3、6.1）；基層醫療辦事處（圖 9.1）；張志翔（圖 2.1）；麥衛炳（頁 248、13.1、13.2、13.3）；傅鑑蘇（圖 18.1、18.2）；傅鑑蘇（圖 7.3）；《循環日報》（圖 1.2）；紫荊雜誌社（圖 9.2）；華芳照相館（圖 1.5）；新華社（圖 8.2）；盧寵茂（頁 278）；醫院管理局（圖 6.4）；University of Wisconsin-Milwaukee Libraries（圖 5.1、6.2）；Wellcome Collection（圖 1.3、3.2、3.4、3.5、4.4）。

其他圖片由作者提供。

2024 年第二次印刷

國際統一書號：978-962-937-661-1

出版

香港城市大學出版社
香港九龍達之路
香港城市大學
網址：www.cityu.edu.hk/upress
電郵：upress@cityu.edu.hk

A Concise Medical and Healthcare History of Hong Kong
(in traditional Chinese characters)

First published 2023
Second printing 2024

ISBN: 978-962-937-661-1

Published by

City University of Hong Kong Press
Tat Chee Avenue
Kowloon, Hong Kong
Website: www.cityu.edu.hk/upress
E-mail: upress@cityu.edu.hk

Printed in Hong Kong

特別鳴謝

侯勵存醫生

慷慨贊助本書研究經費

香邑馳名祖傳賈飛龍專醫內外奇難雜症

目錄

第一部分 香港醫療衞生簡史

Hong Kong Academy of Medicine
Third Annual General Meeting
22 October 1996

第二部分
人物訪談

序一

醫療衞生是關係民生福祉的頭等大事。一個地方的醫療衞生事業，往往會隨着這個社會的政治和經濟發展而演變。香港當然也不例外。

直至近代以前，位處嶺南的香港，醫療體系一直以中醫藥為主。19 世紀中葉，隨着英國對香港實行殖民管治，西醫在香港漸次發展起來。戰後，隨着人口增加、社會和經濟發展，以及市民對醫護服務的要求日益提高，香港的醫療衞生事業亦有長足的發展。公共衞生方面，除了成功撲滅天花、消滅小兒麻痺症外，麻疹，霍亂、瘧疾及結核病等疾病亦得到有效控制。醫療體制方面，在醫務衞生局的領導下，1989 年成立的衞生署是政府的衞生事務顧問，負責執行政府衞生政策和法定職責，並提供促進健康、預防疾病及醫療護理服務；而 1990 年成立的醫院管理局，則負責管轄全港 43 間公立醫院和醫療機構、49 間專科門診及 74 間普通科門診。此外，在過去數十年，私人醫護業界百花齊放，得到很好的發展；各醫護專業的教育及專科培訓，在質與量方面都有飛躍式的進展。在政府、醫護界及社會大眾的共同努力下，香港的醫療衞生事業獲得了舉世矚目的成就，包括近乎全球最低的嬰兒死亡率，以及全球最高的出生時平均預期壽命。

「以史為鑒，可以知興替。」爬梳香港醫療衞生發展史，有助我們反省過去、映照現實、遙觀未來。《香港醫療衞生簡史》第一部分詳細介紹了香港中西醫及公共衞生的發展歷程，全面整理從英佔以前至回歸前後等關鍵時期的醫療衞生的歷史事件。第二部分為十位香港醫生的口述歷史訪談稿。眾醫生分享各自專業領域的故事，從側面反映各專科乃至香港醫療的歷史發展脈絡。此書回顧近百多年來，政府、醫學界和民間為香港醫療發展作出的努力，學術水平和趣味性兼備，是一本難能可貴的醫學史著作。讀者可以通過本書總結歷史經驗，從而為香港未來的醫學發展，甚至整個社會的發展，提供更多有益的啟示。我希望有更多像劉蜀永、嚴柔媛和林思行三位學者的有心人，就香港醫療衞生的發展歷程進行研究，豐富社會大眾對有關課題的認識。

習近平主席在慶祝香港回歸祖國25周年大會的重要講話中指出，背靠祖國、聯通世界是香港得天獨厚的顯著優勢。在未來的日子，香港醫療衞生界要共同努力，擔當好中西方醫學交流的橋樑，以及推廣中西醫協作和中醫藥國際化的角色。我希望將來的史冊，會為我們維護健康香港、建設健康中國，乃至貢獻構建人類衞生健康共同體，記下精彩的一筆。

盧寵茂 BBS, JP

香港醫務衞生局局長

序二

自 1980 年代加入公營醫療系統後，我在不同崗位見證香港醫療衞生的發展。作為參與者和見證者，我對《香港醫療衞生簡史》的出版深感興趣，希望將讀後感與讀者分享。

1980 年代，政府醫院實行中央管理，沿用公務員制度，以致行事彈性、管理效率都很低。當時公營醫院的服務文化以醫生的工作流程和管理方法為中心，甚少從病人角度出發，病人不得不花大量時間輪候。那時醫院設施及床位不足、環境擁擠的問題比今日情況更為嚴重。

我有機會全情投入參與香港 1990 年代的醫院服務及管理制度改革。這次改革取得重大成功，規模之大前所未見，不只提升了公營醫院的服務效率和質素，亦改善了其服務文化。改革後，醫管局提供預約制度，改善了病人輪候時間和臨床服務質素。2012 年我獲邀加入政府，領導醫療制度的改革，向公私營醫療雙軌制的目標進發。香港的公營醫療體系是經過了多年的發展和演變才形成大家今天所見的面貌。

過去香港中醫沒有法定監管和正式的培訓制度，直至發生中藥誤服事件生引起政府和市民關注，中醫藥工作小組方得以成立。1995 年，政府成立中醫藥發展籌備委員會，委員會建議立法規管中醫藥，設立中醫註冊制度，法例於 1999 年通過。時至今日，香港已經有三所大學設立中醫藥學院，18 區都有中醫教研中心及中醫診所，兩年之內更有香港第一間中醫醫院成立。透過在香港成立中藥檢測中心，與內地檢測中心合作界定中醫藥標準，我們希望香港在「中醫藥國際化」過程中擔當關鍵的角色，將中醫藥研究推廣至國際舞台。

劉蜀永教授曾和劉智鵬教授一起編寫過一部記述醫學世家的書籍《侯寶璋家族史》。此次他帶領兩位年輕同事編著的《香港醫療衞生簡史》別具特色。近年坊間出版過幾本分別介紹香港中西醫發展的書籍，但是就全面、系統介紹香港中西醫發展和醫療管理的中文書籍而言，這本簡史是第一本。

《香港醫療衛生簡史》一書梳理了香港醫療體制發展的歷程，由早年的華人社會、傳統醫藥、二戰前後的醫療發展，以至回歸後香港醫療衛生面臨的挑戰、大型疫症的流行與應對，都有詳細敍述。

此書在史料收集方面不遺餘力，除了大量使用中英文檔案，還對多位醫學界領軍人物進行口述歷史訪問，從多角度及側面勾畫出二戰以後香港醫療衛生發展的生動畫面。這是一本值得關心香港社會發展的讀者仔細閱讀的好書。

高永文 GBS, BBS, JP

香港食物及衞生局前局長

第一部分

香港醫療衞生簡史

第一部分按時間順序系統地梳理了香港醫療衛生的歷史，理清了香港從開埠前至現在有關公共衛生、醫療制度、設施、醫學教育、研究、專業等多方面的發展脈絡，同時兼述中醫及西醫在港的演變，全面地呈現香港的醫療圖像。

第一章
早年華人社會與醫藥

中醫藥學起源於中原地區的傳統醫學，源遠流長。中醫學是中原文化的一部分，隨着中原人士遷徙傳到嶺南（包括香港地區）。1841 年，英國佔領香港島，西醫隨即傳入，帶來新衝擊，自此香港存在兩種醫療體系。在英國的殖民管治下，香港中醫業的發展歷程有別於國內外，走出一條截然不同的道路。

開埠初期，中醫是廣大華人求醫的首選。至鼠疫期間，政府開始壓制中醫發展，提高西醫的地位，選擇西醫治病的華人逐漸增加。歷史上，香港的中醫和西醫一直各自發展，至回歸前中醫一直在正式醫療體系之外。儘管如此，中醫乃華人傳統醫學，是中華文化的體現，加上診金便宜，因此中醫在戰前是絕大多數香港華人較常用的治療方法。

一、英佔以前的傳統醫藥與風俗

香港至少已有 7,000 年的歷史，從明朝萬曆元年（1573）到清朝英國逐步佔領香港為止，香港屬廣州府新安縣管轄；但香港地理位置偏遠，古代史籍對它的記載甚少。我們主要通過地方史志中關於嶺南或新安縣的描述，了解今香港地區英佔以前的自然環境和醫療發展。

古代嶺南之地常被稱為「瘴癘之鄉」。據《隋書・地理志》記載：「自嶺以南二十餘郡，大率土地下濕，皆多瘴癘，人尤夭折。」[1] 所謂「瘴癘」是指由瘴

1　魏徵等：《隋書・地理志》，〈卷三十一志，列傳第二十六〉，北京：中華書局，1973 年，第 887 頁。

氣引起的疾病，是南方風土病及傳染病的統稱。瘴癘的出現與氣候和地理有關，古人相信在南方山林間存在着一種濕熱雜毒的瘴氣，長期接觸這種神秘氣體會致病。明朝《廣東通志》記載，嶺南地區山嶺溝壑間盤旋積聚水氣，煙霧充塞四方，中午還未散開。夏季雨水不停，繼而形成瘴氣。五月有青草瘴；九月有黃茆瘴、桂花瘴、菊花瘴，身處其中的人易生病。身黃羸瘦、腳重偏癱、癬疥皮膚病等為常見疾病。[2]嶺南地區的悶熱天氣佔了全年的一半以上。夏季接連陰天，當立即轉回寒冷天氣時，衣物容易發霉。因此，人們大多腹中濕氣重，身體沉而疲乏，還多發腳氣。[3]古代中原人士一般視嶺南為畏途。唐元和十四年（819）韓愈貶潮州刺史，途中作詩：「知汝遠來應有意，好收吾骨瘴江邊」，透露出他對嶺南瘴癘之恐懼。唐代甚至曾有官員寧死不願去嶺南。據《新唐書》記錄，貞觀二年（628），唐太宗擬任命盧祖尚為交州刺史，盧氏以舊疾為由推辭不去，太宗答應三年內必定把他召回，盧祖尚堅持不去，回道：「嶺南瘴癘，而臣不能飲，當無還理。」太宗因而大怒，下令把盧氏「斬於朝堂」。[4]

古代中原人對嶺南充滿瘴氣和疾病的畏懼，不單緣自其山林漫野的地理風土條件，更是來自對嶺南醫療水平落後的印象。這種印象與傳統以來的蠻夷觀念不無關係，或多或少融入了中醫論述之中。自秦定嶺南、漢平南越以來，漢越雜居令中原文化逐漸傳入嶺南，當中包括了中原的醫藥文化，這慢慢改變了嶺南蒙昧落後的習俗。另一方面，嶺南的異木、奇果、南藥、海藥亦傳入中原。儘管如此，因為開發程度有限，秦漢時期嶺南地區的醫藥發展仍不甚發達。至晉唐時期，中原醫家隨着衣冠南渡進入嶺南，嶺南始出現具影響力的醫學人物及著作，例如晉朝葛洪所著的《肘後備急方》載有日常會遇到的內科急症、外傷、寄生蟲病等，以及其治療方法。一些醫家圍繞嶺南風土及特有疾病展開研究，撰寫「嶺南方」的著作，例如唐朝王方慶的《嶺南急要方》等；巢元方《諸病源候論》、孫思邈《備急千金要方》、《千金翼方》等醫學著作亦有不少篇幅專門論述瘴病、腳氣病等嶺南的風土病。[5]為了防

2　郭棐修：【萬曆】《廣東通志（一）》，卷一〈藩省志一〉。廣州：廣東歷代方志集成，2010 年，第 42 頁。

3　戴璟修：【嘉靖】《廣東通志初稿》，卷十八〈風俗〉。廣州：廣東歷代方志集成，2010 年，第 344 頁。

4　歐陽修、宋祁：《新唐書》，卷九十四，列傳第十九，北京：中華書局，1975 年，第 3834 頁。

5　劉小斌、鄭洪、靳士英：《嶺南醫學史（上）》，廣州：廣東科技出版社，2010 年，第 11 至 12、58、68、100、107 頁。

範疾病，唐朝有些謫宦嶺南的官員甚至會編寫醫書，將方書上試而有驗的藥方加以整理及流傳。[6] 宋元時期，地方設立較完整的醫藥制度，為嶺南醫藥傳播帶來正面影響，也讓當地的醫療衞生狀況有一定的發展。可是，到了明清時期，嶺南的醫療水平與中原相比仍有一定的差距。因此，嶺南的官員患病時除了親自北上求醫之外，朝廷亦會派遣太醫南下診視病情，以獎勵官員的忠誠。[7]

雖然嶺南地方的醫學水平隨時代進步，但在偏遠的郊野農村，醫療資源仍相當短缺，人們只能倚賴宗教、偏方等方法舒緩病痛。

民間信仰

在文字上「醫」又可寫成「毉」，指的是借鬼神治病的人，足可印證古時人們巫、醫不分。當中，兩者長期互相影響，在發展中地區尤其明顯。[8] 除「巫醫」外，民間亦存在「僧醫」及「道醫」。前者使用咒術治療，着重懺悔儀式，後者藉扶乩問症，甚至使用聖水、符章、驅邪、盪穢、祭醮等偏方，力求擊退疾病。相傳南北朝時期，曾在屯門青山修行的杯渡禪師就是一名法力無邊、醫術精堪的僧醫，據《高僧傳》記載，齊諧的岳母患病，尋醫治療不果，便請僧人設齋，其中一個僧人勸他去請杯渡。杯渡到來後，「一呪病者即愈」。[9] 更神奇的是，杯渡禪師死後還能現身贈藥、念咒治病：

> 有吳興邵信者，甚奉法，遇傷寒病，無人敢看，乃悲泣念觀者。忽見一僧來，云是杯度弟子，語云：「莫憂，家師尋來相看。」答云：「度師已死，何容得來？」道人云：「來復何難？」便衣帶頭出一合許散與服之，病即差。又有杜僧哀者，住在南岡下，昔經伏事杯度。兒病甚篤，乃思念恨不得度練神呪。明日忽見度來，言語如常，即為呪，病者便愈。[10]

6 范家偉：〈劉禹錫與《傳信方》——以唐代南方形象、貶官和驗方為中心的考察〉，載李建民主編：《從醫療看中國史》，台北：聯經出版社，2008 年，第 114 頁。

7 劉小斌、鄭洪、靳士英：《嶺南醫學史（上）》，廣州：廣東科技出版社，2010 年，第 267 頁。

8 劉小斌、鄭洪、靳士英：《嶺南醫學史（上）》，廣州：廣東科技出版社，2010 年，第 27 頁。

9 釋慧皎：《高僧傳》，卷十〈神異下〉，北京：中華書局，1992 年，第 383 頁。

10 釋慧皎：《高僧傳》，卷十〈神異下〉，北京：中華書局，1992 年，第 383 至 384 頁。

雖然這些民間傳說的真確性頗值得懷疑，但由此可觀察到古代宗教與醫療之間具有較大的聯繫。僧人及道人會兼任醫生的角色，除了用咒術等宗教儀式治病外，也會使用藥物。這種結合宗教與醫療的風俗習慣至清朝仍相當普遍。據清朝嘉慶年間《新安縣志》記載，香港地區所屬的新安縣鄉民崇尚使用方巫之術。患病時，民眾多祈求神明保佑康復。有的請老婦人手持燒着的衣服，在家門前招來招去辟邪。有的請道士通宵達旦驅鬼。

> 俗尚巫信鬼。凡有病，或使嫗持衣燎火而招於門，或延道家逐鬼，角聲嗚嗚然，至宵達旦。[11]

這或多或少與古越族「重巫尚鬼」的風俗有關。廣東民間遇病求神問卜，所拜的神佛因地而異，常見的有祖先神靈、北帝、洪聖大王、太上老君、觀音菩薩等。在香港，信眾一般到附近廟宇祈福，或找一些專門針對驅疫治病的神明來敬拜。例如位於蠔涌及沙田的車公廟供奉的車大元帥，傳說有治病及除瘟救難之力。至香港開埠後，到廟宇求神治病的現象仍十分普遍，例如鰂魚涌的「二伯公廟」，就有不少石塘咀妓女前往求聖水治療性病。[12]

因為求醫治病的善信眾多，一些廟宇後來發展出一套「藥籤」服務，典型例子是在香港廣受歡迎的黃大仙祠。清末時，黃大仙信仰得以在清末廣東迅速冒起，皆因相傳祂能箕傳妙藥、醫療痼疾，坊眾紛紛拜會求藥方。然而扶箕作業頗為耗時：需要請神、飲咒水、服丹藥、戴靈符、驅鬼，最後才開出藥方，故箕壇難以在短時間內應付大量的需求。藥籤簡化了這些程序，籤上記載了藥物名稱、用量及適應症狀。善信可用求籤方式得到一個號碼，然後取同號的藥方，到藥店配藥。[13] 有些藥籤不一定載有藥方，而是動用神靈力量來治病，例如着病人「爐前炷香灰淨水煎飲」，佩戴籤上畫的靈符等，還有些藥籤通過心理輔導來開解求籤人士，例如黃大仙良方婦科第一方：

11　明神宗萬曆元年（1573），東莞縣南部分拆出新安縣，香港屬新安縣管轄。靳文謨修：【康熙】《新安縣志》，卷三〈地理志〉，廣州：廣東歷代方志集成，2010 年，第 26 頁；舒懋官修：【嘉慶】《新安縣志》，卷二〈輿地略一〉，廣州：廣東歷代方志集成，2010 年，第 232 頁。

12　周樹佳：《香港諸神：起源、廟宇與崇拜》，香港：中華書局（香港）有限公司，2009 年，第 127、141 至 142 頁。

13　吳麗珍：《香港黃大仙》，香港：三聯書店（香港）有限公司，2012 年，第 36、115 頁。

放開心事莫憂愁，不在君臣藥可瘳，

福它吉人神擁護，安閒靜養自心修。[14]

早在南宋，已有醫者對南方這種「重鬼神，不重醫學」的現象有所批判，認為若得了一些小病雜病，不用藥或可自癒。但若得了傷寒類的疾病，且有分陰證和陽證，則不能坐視不理、不去求醫對證下藥。[15]

方書謂：南人凡病皆謂之瘴，率不服藥，惟事祭鬼。自今觀之，豈不信然。且得雜病者，或不須藥，而待其自癒，夫瘴之為病，猶傷寒之病也，傷寒陰陽二證，豈可坐視而不藥耶。[16]

古代民眾不重視醫學，反而多尋求宗教的慰藉，可能因為醫療水平落後，在資源缺乏、缺醫少藥的情況下，只能訴諸神佛解除病痛。然而，這些風俗逐漸演變為迷信的陋習，某程度上反而窒礙了醫學的發展。

療法

儘管如此，古代嶺南以至香港地區亦存在一些比較正式的醫療方法。傳統中醫療法多樣，針對不同病痛，可採用針灸、藥湯、跌打、推拿等不同的治療方法。「針灸」可分為「針刺」及「灸法」，前者用銀簪等針具刺穴道表皮，後者則用熏灼熱力刺激穴位。據《新安縣志》記載，新安縣鄉民「間用艾灸，少用藥劑」。[17]「艾灸」屬於針灸中的灸法，通過點燃艾葉所製成的艾炷、艾絨、艾條等，熏燙人體穴位，激發經絡的氣血流通，調整生理功能。艾灸大多採用直接灸，若用間接灸，則切一薑片或蒜片置於表皮以隔開艾灸。民間使用

14 陳湘記書局編：《黃大仙良方》，香港：香港陳湘記書局，年份不詳，黃大仙良方婦科第十方、黃大仙良方幼科第一方。

15 中醫對一般疾病的臨床辨證，按陰陽屬性歸類，分「陽證」與「陰證」。凡屬急性的、動的、強實的、興奮的、功能亢進的、代謝增高的、進行性的、向外（表）的、向上的證候，都屬於陽證，如面色潮紅或通紅，身熱喜涼，狂躁不安，口唇燥裂，煩渴引飲等；凡屬慢性的、虛弱的、靜的、抑制的、功能低下的、代謝減退的、退行性的、向內（裏）的證候，都屬陰證，如面色蒼白或暗淡，身重踡臥，肢冷倦怠，語聲低微，靜而少言，呼吸微弱等。參見《中醫名詞術語大辭典》，台北：啟業書局有限公司，1978 年，第 155 頁。

16 李璆：《嶺南衛生方》，北京：中醫古籍出版社，1983 年，第 14 頁。

17 靳文謨修：【康熙】《新安縣志》，卷三〈地理志〉，廣州：廣東歷代方志集成，2010 年，第 26 頁。

針灸治病的老人，雖説不清所針灸的是什麼穴位，但能憑前人口授或繪圖，找到有關穴位。[18] 相比起到城裏求醫購藥，艾灸既方便又廉宜，因此較受歡迎。

嶺南物產豐富，鄉村村民會種植或採摘草藥治療疾病。民間亦流傳一些土藥方，多為獨味或藥性相近的二三味，不大講究君臣佐使，但每味分量較重，且多為採摘得來的生藥，新鮮味濃，或有一定作用。[19] 在廣東鄉村流傳的土藥方有：山白芷根五錢，水煎服，以治風寒咳嗽；九層塔五錢、黑老虎五錢，水煎服，以治濕滯肚痛。其中一些偏方在今天看來相當匪夷所思，例如治小兒發熱不退，需要捉一隻未長翅膀的蟑螂，去內臟，用母乳調服；治跌打內傷，需取半碗十歲以下童子新撒的尿內服，還規定接尿時不要頭尾。[20]

在新界蓮麻坑村有一本手抄本民間文獻《葉吉崇帖式》，源於清朝同治年間。書中就有使用中藥治療常見疾患的記載：

> 補中益氣朮芪陳，升柴參草當歸身。
> 虛勞內傷功獨擅，亦治陽虛外感因。
> 清暑益氣參草芪，當歸麥味青陳皮。
> 粬柏葛根蒼白朮，升麻澤瀉棗薑隨。
> 升陽益胃參朮芪，黄連米下草陳皮。
> 苓瀉防風羌獨活，柴胡白芍棗薑隨。
> 升陽散火葛升柴，姜獨防風參芍儕。
> 生炙二草加薑棗，陽經火欝發之佳。
> 汗後仍然熱不除，苓連參草並柴胡。
> 生地知母翹枝子，歸葛薑△共一儔。十三味[21]

18　廣東省地方志編纂委員會編：《廣東省志．風俗志》，廣州：廣東人民出版社，2002 年，第 159 頁。

19　方劑的組成，必須按照一定的規則，就是「君、臣、佐、使」的配合。「君」藥是方劑中治療主證，起主要作用的藥物，按照需要，可用一味或幾味。「臣」藥是協助主藥起治療作用的藥物。「佐」藥是協助主藥治療兼證或抑制主藥的毒性和峻烈的性味，或是反佐的藥物。「使」藥是引導各藥直達疾病所在或有調和各藥的作用。參見《中醫名詞術語大辭典》，台北：啟業書局有限公司，1978 年，第 229 頁。

20　廣東省地方志編纂委員會編：《廣東省志．風俗志》，廣州：廣東人民出版社，2002 年，第 160 至 162 頁。

21　劉蜀永、蘇萬興主編：《蓮麻坑村志》，香港：中華書局（香港）有限公司，2015 年，第 366 頁。

圖 1.1　19 世紀香港的街頭行醫者，設有販賣膏丹丸散的攤檔，背後掛着的牌子寫上「專醫內外奇難雜症」。

古代民眾好用食療來養生治病。中藥起源的研究中提出的「藥食同源」，說明中國古代藥物和食物之間並無絕對界限，與民眾日常生活更是息息相關。華人按時令進食不同食物，達至保健治病的效果，這種習慣更演化成風俗。清朝新安縣地區民眾每逢夏至便有屠狗食荔枝的習慣，據說有「解瘧」的作用。[22] 嘉慶年間《新安縣志》詳細介紹了當地物產在醫藥上的價值，例如昆布可以治療痰癧、沙梨可以治療熱症、五斂子能解蠱毒、鳳仙花的籽能入藥、蒼耳子可以治療瘡毒、榕樹鬚製藥可以固齒、蚺蛇膽是起死回生的跌打妙藥等。[23]

另一方面，民間亦有忌口的習慣，這是一代代的人民從生活中總結出來的傳統經驗，部分有科學根據，部分則與宗教習俗有關。在嶺南地區，常見例子有身體痕癢忌食魚蝦蟹；服用人參等補藥後忌食蘿蔔或飲菜湯；初一、十五忌食狗肉，恐穢肉冒犯神靈等。[24]

疫病

開埠以前，香港發生的瘟疫在官方文獻上的記載並不多。嘉慶年間《新安縣志》記載：明崇禎二年（1629），香港所屬的新安縣爆發嚴重瘟疫，民眾損失甚多。[25] 清順治五年（1648），新安鬧大饑荒，一斗米值一兩二錢，很多人都餓死了，還有人吃屍體充飢，當時正值嚴重瘟疫爆發，死亡人數過半，有的地方沒有一人倖存。

> 〔順治〕五年，戊子，大饑，斗米銀一兩二錢，人多饑死，間有割屍充腹者。男女一口易米一斗。又值大疫，盜賊竊發，民之死亡過半，有一鄉而無一人存者。[26]

22 靳文謨修：【康熙】《新安縣志》，卷三〈地理志〉，廣州：廣東歷代方志集成，2010 年，第 27 頁。
23 舒懋官修：【嘉慶】《新安縣志》，卷三〈輿地略二 · 地產〉，廣州：廣東歷代方志集成，2010 年，第 247 至 250 頁、第 257 頁。
24 廣東省地方志編纂委員會編：《廣東省志 · 風俗志》，廣州：廣東人民出版社，2002 年，第 165 至 166 頁。
25 舒懋官修：【嘉慶】《新安縣志》，卷十三〈防省志 · 災異〉，廣州：廣東歷代方志集成，2010 年，第 357 頁。
26 舒懋官修：【嘉慶】《新安縣志》，卷十三〈防省志 · 災異〉，廣州：廣東歷代方志集成，2010 年，第 357 頁；靳文謨修：【康熙】《新安縣志》，卷十一〈防省志 · 災異〉，廣州：廣東歷代方志集成，2010 年，第 124 頁。

除了志書上的記載，在鄉間傳說和廟宇建築史中亦能找到有關香港發生瘟疫的描述。相傳明末，沙田瀝源曾發生大瘟疫，病者無數，鄉民抬捧車公廟車大元帥神像巡遊，破除瘟疫。[27] 清朝中葉長洲島亦相傳曾因瘟疫死傷無數，居民到北帝廟舉行醮會，齋戒祈福，疫症得以消失，自此島上每年舉行「太平清醮」酬謝神恩。在醫學發展不發達的時代，面對來勢洶洶的不明疫症，人們束手無策，只能倚賴宗教神佛，安慰心靈。

公共醫療服務

古代公共醫療服務方面，自宋朝起地方設有惠民藥局。惠民藥局由官府經營，是專門出售或施捨中成藥的醫療慈善機構。藥局內駐有專習內科、外科的醫官。司局負責定價、買賣藥品、製造藥劑，軍民患了病都可以到藥局求醫買藥。北宋景祐三年（1036），廣東南部的兵民受瘴毒侵害，朝廷因此開設藥局供民眾買藥治病。至南宋淳熙七年初（1180），再於廣東南部煙瘴頻發的各個州縣設立醫官。[28] 醫官「隨嶺南所患」，依照「局方」把藥製為丸散湯劑，預先儲好，軍民病者皆可以「詣局請藥」。[29] 明朝沿襲宋元舊制，洪武三年（1372）在各府、州、縣設惠民藥局，並設醫官，由太醫院考核委派，年終考查其功過，以為升遷任免之據。遇疫病流行，惠民藥局有時也免費提供藥物。然而，惠民藥局的設置及管理不太完善，許多藥局都有名無實，局舍破敗。[30] 明朝香港地區所屬的東莞縣右直街曾設有惠民藥局，但至嘉靖年間（1522-1566）已荒廢。[31]

除了惠民藥局外，地方亦設有一些與醫療相關的社會福利組織。明朝洪武七年（1374），朝廷下詔設養濟院，收養鰥寡孤獨貧病無依者。工匠、軍人及其他老弱病殘者，都是收養對象，院中有醫官負責治療。永樂年間（1403-1423），養濟院遍及全國州、縣。[32] 至嘉靖年間（1522–1566），香港地區所屬

---

27 陳蒨：〈香港的民間傳統風俗〉，載王賡武編：《香港史新編》增訂版下冊，香港：三聯書店（香港）有限公司，2017 年，第 963 頁。

28 黃佐纂修：【嘉靖】《廣州志》，卷十五〈溝洫〉，廣州：廣東歷代方志集成，2010 年，第 330 頁。

29 黃佐纂修：【嘉靖】《廣州志》，卷十五〈溝洫〉，廣州：廣東歷代方志集成，2010 年，第 328、330 頁。

30 李經緯、林昭庚主編：《中國醫學通史（古代卷）》，北京：人民衛生出版社，2000 年，第 485 至 486 頁。

31 黃佐纂修：【嘉靖】《廣州志》，卷十五〈溝洫〉，廣州：廣東歷代方志集成，2010 年，第 332 頁。

32 李經緯、林昭庚主編：《中國醫學通史（古代卷）》，北京：人民衛生出版社，2000 年，第 486 頁。

的東莞縣兩所養濟院仍在運作，一所在縣城東面，一所在南面。[33] 清初沿前代例，在全國各地設養濟院照顧殘疾無靠人士，由政府撥給銀兩和口糧，地方士紳有樂於資助者，任其捐獻。[34] 乾隆年間，香港地區所屬的新安縣設有一所養濟院在城外西北，收留孤貧者 99 名，盲人 41 名，痲瘋病人 54 名，總共 194 人，每年支口糧銀連閏共七五六兩六錢。[35]

北宋崇寧三年（1104），徽宗詔令各地在高亢不毛之地設立公墓，稱為漏澤園，埋葬家境貧窮無法安葬或客死異鄉的死者。漏澤園的建立，有助改善環境衛生，防止疫病流行。[36] 明朝香港地區所屬的東莞縣曾在縣城南山川壇側設有漏澤園，但至嘉靖年間（1522–1566）已荒廢。[37] 清朝乾隆年間，新安縣設有漏澤園兩處，一在北門外，一在西門外。[38] 另外，明末廣東曾出現民辦的育嬰所。據《廣東通志》記載：「廣東馬應勳，字啟明，建育嬰所，存活嬰孩無數」。[39] 至清代康熙三十六年，廣州設有官辦的育嬰堂，向商人募捐經費以運作。[40]

由於公共醫療服務並不完善，故此華人社會醫療及救濟的慈善事業傳統以來由廟宇、街坊公所等民間團體所分擔。這些團體透過舉辦贈醫施藥等活動，向貧苦大眾提供有限度的醫療服務。香港開埠初期興建的文武廟附設了中醫診療服務，正體現了這項華人社會的傳統。[41]

醫學知識傳承

中國傳統醫學認為病症和用藥，與地理氣候環境息息相關。人在不同地區成長、攝取的食物會有差異，養成不同的體質，因而形成不同的醫學流

33 黃佐纂修：【嘉靖】《廣州志》，卷十五〈溝洫〉，廣州：廣東歷代方志集成，2010 年，第 332 頁。
34 李經緯、林昭庚主編：《中國醫學通史（古代卷）》，北京：人民衛生出版社，2000 年，第 485 至 575 頁。
35 張嗣衍修：【乾隆】《廣州府志》，卷十二〈倉貯〉，廣州：廣東歷代方志集成，2010 年，第 286、289 頁。
36 李經緯、林昭庚主編：《中國醫學通史（古代卷）》，北京：人民衛生出版社，2000 年，第 320 頁。
37 黃佐纂修：【嘉靖】《廣州志》，卷十五〈溝洫〉，廣州：廣東歷代方志集成，2010 年，第 332 頁。
38 張嗣衍修：【乾隆】《廣州府志》，卷十二〈倉貯〉，廣州：廣東歷代方志集成，2010 年，第 289 頁。
39 李經緯、林昭庚主編：《中國醫學通史（古代卷）》，北京：人民衛生出版社，2000 年，第 486 頁。
40 張嗣衍修：【乾隆】《廣州府志》，卷十二〈倉貯〉，廣州：廣東歷代方志集成，2010 年，第 287 頁。
41 丁新豹：《善與人同：與香港同步成長的東華三院，1870–1997》，香港：三聯書店（香港）有限公司，2010 年，第 20 頁。

派，這些醫學經驗累集成醫書。香港中醫屬嶺南系統，流行的醫書有《明醫雜著》、《傷寒瑣言》、《嶺南衛生方》、《敬齋醫法》等。[42]

宋代曾設有「醫學」專門培養醫藥人才。嘉佑六年（1061）各道、州、府仿照太醫局的教學方式設立地方醫學，專門收納本地學生並由醫學博士教習醫書。學滿一年時，委官進行考試，合格者成為地方醫官。神宗在位期間擴展計劃，在各縣設有醫學。[43] 至明朝弘治十七年，朝廷規定府、州、縣均設醫學，主管各級醫藥行政和醫學教育，地方醫學教育在全國普遍設立。[44] 嘉靖年間香港所屬的東莞縣醫學設在桂華坊，即關王廟故址，嘉靖二年曾改建。[45] 然而，據嘉靖時期《廣東志》所載：「今本府州縣，雖設醫學，然官不知，醫藥不預儲，與宋法異。」[46] 由此可見，當時雖然設有醫學負責管理地方藥政，但實際運作不善，醫官未能了解本地情況，醫藥亦沒有預先儲備好，與宋代時的做法有很大差異。

總括而言，英佔以前的香港地區醫學發展不算發達，民眾普遍依靠傳統智慧，透過生活及飲食習慣保養健康。社會的醫療保障比較有限，實際運作亦不理想。華人民眾生病，一般求神保佑早日康復，以及用民間相傳的土法治病，有些亦會光顧中醫師，或求助民間團體的贈醫施藥服務。病重時有的在家裏過世，有的到義祠等死。[47] 萬一遇上瘟疫，民眾束手無策，往往死傷慘重。

二、開埠與醫藥業發展

1841 年 1 月英軍登陸香港島，展開對香港的殖民管治。根據 1841 年 5 月的人口調查，香港島上人口約 7,450 人，大多是漁民及農民。[48] 開埠早年，

42 黃佐纂修：【嘉靖】《廣州志》，卷三十六〈藝文〉，廣州：廣東歷代方志集成，2010 年，第 463 頁。

43 李經緯、林昭庚主編：《中國醫學通史（古代卷）》，北京：人民衛生出版社，2000 年，第 321 至 322 頁。

44 李經緯、林昭庚主編：《中國醫學通史（古代卷）》，北京：人民衛生出版社，2000 年，第 489 頁。

45 黃佐纂修：【嘉靖】《廣州志》，卷二十五〈公署四〉，廣州：廣東歷代方志集成，2010 年，第 366 頁。

46 黃佐纂修：【嘉靖】《廣州志》，卷十五〈溝洫〉，廣州：廣東歷代方志集成，2010 年，第 330 頁。

47 王惠玲：〈香港公共衛生與東華中醫服務的演變〉，載冼玉儀、劉潤和主編：《益善行道：東華三院 135 周年紀念專題文集》，香港：三聯書店（香港）有限公司，2006 年，第 37 頁。

48 "The Hongkong Gazette," *The Chinese Repository* 10, no. 5 (May 1841), p. 289.

香港慢慢發展成商埠，不少華人到香港尋找機會，人口流動頻繁，為香港的醫藥業帶來不少發展空間。當時常見的疾病有水土不服、腸胃病、性病等。同時，香港貿易逐漸興旺，帶動了倉儲業、運輸業的發展，越來越多低下階層民眾靠出賣勞力維生，對藥油、跌打酒的需求有增無減。

中醫服務

政府以尊重華人傳統風俗為由，保留華人有應用傳統醫療方法行醫的權利。1884 年，政府頒佈醫藥登記條例，規定西醫執業必須依章登記，中醫則不受此限。香港執業的中醫師只需向税務局辦理商業登記就可以掛牌行醫，當局不加規管或干預。[49] 香港常見的中醫從業人員分為三類，分別是內科醫師、跌打師傅和針灸師。一些醫師透過報紙廣告等渠道宣傳，介紹自己的師承、行醫履歷、專精療法等資料，以招攬生意。此外亦有用較婉轉的宣傳方法，如假借病人身份刊登「頌醫」啟事，吸引病人登門求醫。中醫師的行醫場所不一，有的在醫所或醫館掛牌，有的留寓藥材店，有的索性在自己的寓所為病人診症。[50] 有一些醫師亦會自行開設藥店，以贈醫贈靈符為噱頭來吸引大眾光顧，下列當時一則廣告為例：

啟者：

僕自省來港，在太平山舊西街開設頤和堂，以醫道濟世。凡一切瘡科、遠年雜症，如遇貧困之人、無力措辦藥資者，俱皆以呂祖仙師傳授靈符代藥，以治之幸。毋論用藥用符，皆賴着手而愈。倘不以僕為謬妄，請移玉步到館贈醫是所，切望謹此佈聞，並有風濕骨痛藥賤價而沽，每貼錢二十文，養顏補腎藥酒每斤錢八十文。

光緒六年十月日

臨和堂劉漢儒謹識[51]

49 謝永光：《香港中醫藥史話》，香港：三聯書店（香港）有限公司，1998 年，第 1 至 2 頁。

50 〈牙科醫寓〉、〈精醫痔科〉，《循環日報》，1874 年 6 月 6 日；〈擅醫花柳〉，《循環日報》，1880 年 10 月 11 日。

51 〈劉漢儒贈醫〉，《循環日報》，1880 年 11 月 11 日。

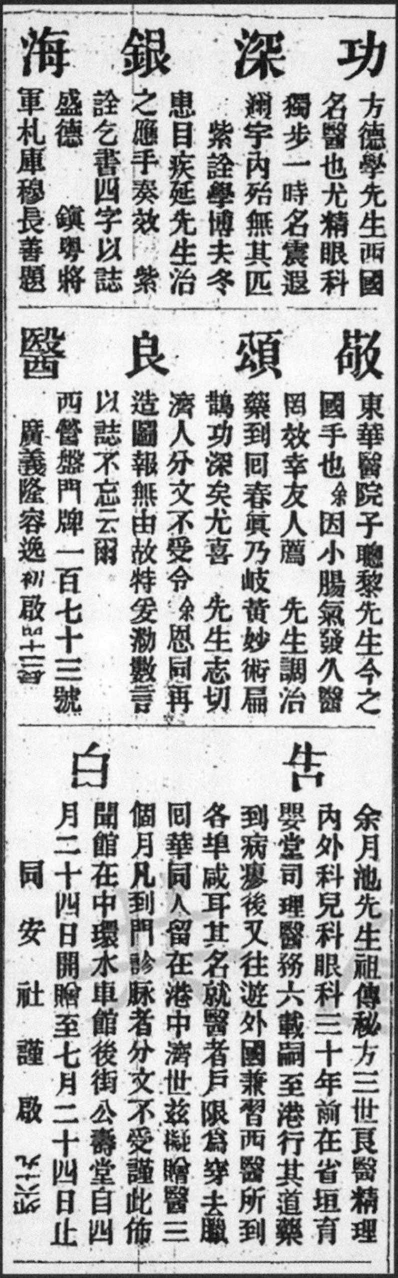

功深銀海

方德學先生西國
名醫也尤精眼科
獨步一時名震遐
邇宇內殆無其匹
紫詮學博夫冬
患目疾延先生治
之應手奏效 紫
詮乞書四字以誌
盛德 鎮粵將
軍札庫穆長善題

敬頌良醫

東華醫院子聰黎先生今之
國手也余因小腸氣發久醫
罔效幸友人薦 先生調治
藥到回春眞乃岐黃妙術扁
鵲功深矣尤喜 先生志切
濟人分文不受令余恩同再
造圖報無由故特爰泐數言
以誌不忘云爾
西營盤門牌一百七十三號
廣義隆容逸初啟

告白

余月池先生祖傳秘方三世良醫精理
內外科兒科眼科三十年前在省垣育
嬰堂司理醫務六載嗣至港行其道藥
到病瘳後又往遊外國兼習西醫所到
各埠咸耳其名就醫者戶限爲穿去臘
回華同人留在港中濟世茲擬贈醫三
個月凡到門診脈者分文不受謹此佈
聞館在中環水車館後街公壽堂自四
月二十四日開贈至七月二十四日止
同安社謹啟

圖 1.2 刊登在《循環日報》的三則頌醫廣告（1881 年 6 月 4 日）

華文報紙上醫藥廣告滿佈，反映出香港中醫藥事業於 19 世紀中後期甚為興旺。至 1915 年，香港最少有 119 位中醫師執業行醫。[52] 不過，這些醫師及醫館大多只提供門診服務，住院服務主要由東華醫院提供（詳見本章第三節）。根據 1872 年差餉紀錄冊的記錄，灣仔石水渠街曾經設有一所「華佗醫院」。該醫院於 1867 年開業，比東華醫院的成立時間更早，可能是首間開設在灣仔的華人醫院。1886 年，該醫院關閉，改設廟宇供奉華陀。[53] 雖然華佗醫院自稱醫院，但規模頗細，不確定有否提供住院服務。另外，1880 年代報紙上曾出現一所名為「九龍街醫院」的醫療設施，但未能找到更多有關這所醫院的資料。[54]

中藥材及貿易

中藥是中華民族及文化獨有的藥用植物知識，華人信任傳統醫藥，促使中藥業務在香港迅速興盛起來。藥材是香港開埠初期其中一種重要貿易商品。香港的中藥業奠基於港島「南北行」。1852 年，政府開展了第一次填海工程——《文咸填海計劃》，工程位置以現址威靈頓街、蘇杭街及皇后大道三條街的交界為起點，至蘇杭街與摩利臣街交匯處為終點。[55] 隨着後來填海地區往西伸展，這塊新填地上設立的文咸街便分為東西兩街。來自廣州、潮汕、福建、上海等地的商人在文咸街置業開舖，經營內地各省及東南亞各地土產雜貨、參茸藥材，因貨物貫通南北，故有「南北行」之稱。

南北行 11 家大藥材行組成了同業組織公志堂，壟斷了經由四川、雲南、廣西、江蘇、浙江等十多個省份從上海、青島、武漢、重慶、天津各埠運往南洋的中藥材，以及經香港銷往內地的花旗參、胡椒、高麗參等非中國出產藥材。香港各種藥材舖及商家都要到南北行公志堂屬下的 11 家藥材行購貨。[56] 而購買參茸、燕窩等珍貴補品，則要到南北行的另一個同業組職寶壽堂購買。至 1925 年，省港大罷工爆發，公志堂的壟斷引起買家的不滿和抗

52　鄭紫燦編：《香港中華商業交通人名指南錄》，卷三，香港：鄭紫燦，1915 年，第 673 至 683 頁。

53　古物諮詢委員會：〈歷史建築評估——香港灣仔石水渠街 72 號〉，www.aab.gov.hk/filemanager/aab/common/historicbuilding/en/76_Appraisal_En.pdf（瀏覽日期：2022 年 9 月 7 日）

54　〈告白〉，《循環日報》，1881 年 4 月 22 日。

55　何佩然：《地換山移：香港海港及土地發展一百六十年》，香港：商務印書館，2004，第 47 至 49 頁。

56　魯言：〈香港南北行藥材商及壟斷事件〉，《香港掌故》，第 12 集，香港：廣角鏡出版社，1981 年，第 92 至 93 頁；馮邦彥：《香港產業結構轉型》，香港：三聯書店（香港）有限公司，2014 年，第 27 頁。

圖 1.3 皇后大道東街邊的藥材商店，約攝於 1870 年。（Wellcome Collection）

議，為了打破壟斷，各路藥材買家聯合起來，籌建「中藥聯商會所」。第一次籌備會議於 1926 年 4 月 16 日召開，組成管理架構，並於同年 5 月 22 日在香港註冊。會所成立後，即集資二十多萬元，派人到各個藥材出口口岸自辦藥材來港，並開設「聯益行」自行賣藥，最終打破了公志堂的壟斷。[57]

早年內地陸路運輸困難，北藥南運多利用海運運至香港，部分再轉運南洋各地，藥材除內銷外也有轉銷。[58] 中藥可分為生藥及熟藥。未經處理的藥材稱為「生草藥」，由藥商在藥材舖零售，處理過的稱為「熟藥」。另外中藥亦可由藥廠加工製成丹、膏、散、丸、藥油等中成藥。1922 年，香港有生藥商店 31 家，熟藥商店 189 家，歸片藥材商店 16 家，膏丹丸散藥油商店 54 家，生草藥商店 24 家。1939 年有生藥商店 150 餘家，熟藥商店 1,000 餘家，貨品多來自四川、雲南、陝西。銷售以外銷為主，門市零售為輔，主要銷往內地閩、粵、桂和國外南洋和美國。[59]

中藥材生意因大秤入，厘戥出，一向獲利豐厚。1930 年代初，中國關税自主後，由香港運往內地的地道中國藥材當作洋貨徵税，成本增加。於是內地藥商直接從產地採辦，再加上日本藥材運到華南推銷，使得香港藥商對內地的生意每年較以往減少十分之六七。但南洋一帶的生意仍在香港藥商的掌握之中。中日戰爭蔓延到華南各省後，內地銷路受阻，來貨困難，出入口減少，經營生藥者仗其雄厚的資本艱難應付，1939 年仍有千餘萬元的營業額。當時香港人口增加，儘管中藥價格上漲，但需求量大，尤其是熟藥在本地銷路大增。[60]

中藥藥材貿易的興旺，同時帶動本地藥材零售業的發展。誠濟堂創業於 1885 年，舖址設於皇后大道中 180 號（總店在廣州文德東路），是香港其中一家歷史最悠久的藥材舖。誠濟堂香港分店地下為門市部，內有木樓梯通往製藥、儲藥用的二樓。店內藏有大批上百年歷史的文物，包括整套盛藥的百子櫃、執藥櫃、切藥刀、杵臼、盛藥石瓶、印刷藥單用的木刻印板、致賀牌匾等，展現傳統藥店的光景。1980 年代誠濟堂結業，東主唐啟明把店內文物轉送香港歷史博物館保存，博物館象徵式以 70,000 元購下。[61]

57 馮邦彥：《香港華資財團 1841–2020》，香港：三聯書店（香港）有限公司，2020 年，第 30 頁。
58 謝永光：《香港中醫藥史話》，香港：三聯書店（香港）有限公司，1998 年，第 47 頁。
59 劉蜀永主編：《20 世紀的香港經濟》，香港：三聯書店（香港）有限公司，2004 年，第 55 頁。
60 劉蜀永主編：《20 世紀的香港經濟》，香港：三聯書店（香港）有限公司，2004 年，第 55 頁。
61 謝永光：《香港中醫藥史話》，香港：三聯書店（香港）有限公司，1998 年，第 65 至 68 頁。

中成藥

除了生熟藥材的買賣外，香港的中成藥製造業頗為發達。不少廠商都襲用內地老牌廠號，產品遠銷東南亞、中南美和非洲。香港出產的中成藥種類繁多，以膏、丹、丸、散、茶、油、酒等不同方式出現，一般都是用藥材精製而成。材料包括動物、植物及礦物，經配方研成方劑，無須煎煮即可服用或使用，適合醫治不同疾病。中成藥大多藥性溫和，除有治療作用，更兼具保健功能。因用法簡單，易於攜帶，故廣受大眾歡迎。[62]

香港其中一家歷史悠久的中成藥店舖是陳李濟藥店，老店設在廣州，創立在明朝萬曆二十七年（1599）後，約有四百多年歷史。香港的老店位於皇后大道中206號，1980年代已拆卸改建。藥廠設在西環卑路乍街，有逾百年歷史。陳李濟藥廠與北京同仁堂、杭州胡慶餘堂同被推許為中國中成藥業三大名家。陳李濟還首創蠟丸，使藥丸久貯不變質，為中國中成藥之首創。[63]

早期粵省老字號中成藥店在香港設分店的，還有的佛山李眾勝堂、廣州唐拾義藥廠、廣州馬伯良藥廠、廣州黃老吉涼茶舖、廣州馮了勝藥號、廣州潘高壽藥廠、廣州位元堂。另外南洋華僑胡子欽創辦虎標永安堂，專門出產萬金油、八卦丹等，總店在1895年設於緬甸仰光，1930年代開設香港分行，廠址設於灣仔道。越南華僑韋少伯創立的二天堂，出產二天油、二天膏等藥，以大佛為商標，藥廠最初設在石塘咀山道。[64]

62　吳文正編：《香港葫蘆賣乜藥》，香港：樂文書店，2001年，第11頁。
63　謝永光：《香港中醫藥史話》，香港：三聯書店（香港）有限公司，1998年，第62頁。
64　謝永光：《香港中醫藥史話》，香港：三聯書店（香港）有限公司，1998年，第62至63頁。

表 1.1 香港中成藥廠簡況表（原創辦於 1900 年前）[65]

店名	創始年代	來港年代	創始地點	招牌名藥	創辦人
陳李濟	明萬曆廿七年 (1599)	1922 年	廣州	蘇合丸、益母丸、寧神丸	李昇佐、陳體全
何明性堂	清順治八年 (1651)	1943 年	廣州	何明性紅丸	何宗玉、何君泰
馮了性藥號	清順治十六年 (1659)	不詳	廣州	風濕跌打酒	馮炳陽
保滋堂潘務菴	清康熙八年 (1669)	不詳	廣州 漿欄路	保嬰丹、保和丸、六味地黃丸	潘務菴
宏興	清康熙年間 (1662–1722)	1949 年	廣州 德西路	鷓鴣菜	張思雲
雷允上	清雍正十二年 (1734)	不詳	蘇州閶門	六神丸	雷允上
敬修堂錢澍田	清乾隆五十五年 (1790)	不詳	廣州城太平門橋腳	回春丹、如意膏、白樹油	錢澍田
梁財信	清嘉慶十年 (1805)	不詳	佛山 瀾石鎮	跌打丸、跌打酒	梁財信
潘海山	清嘉慶年間 (1796–1821)	1920 年代	廣州	瘡科膏藥	不詳
馬百良	清道光二年 (1822)	1904 年	佛山 豆豉巷	七厘散、通關丸、鹽蛇散	馬百良
王老吉	清道光八年 (1828)	1897 年	廣州	王老吉涼茶	王澤邦
黃祥華	清咸豐十年 (1860)	不詳	佛山 祖廟大街文明里	如意油	黃祥華
余仁生	清光緒五年 (1879)	1926 年	新加坡	余仁生白鳳丸	余廣
虎標永安堂	1870 年代末	1932 年	緬甸仰光	萬金油、八卦丹、頭痛粉、清快水	胡子欽
天壽堂	清光緒六年 (1880)	1880 年	廣州	調經姑嫂丸、海狗鞭健腎丸	吳子芹
潘高壽	清光緒十六年 (1890)	1950 年代初	廣州	川貝枇杷露	潘百世／潘應世
源吉林	清光緒十八年 (1892)	不詳	佛山 聚龍東街	甘和茶	源吉蓀

65 資料綜合自各大藥廠官方網頁、吳文正編著的《香港葫蘆賣乜藥》及謝永光著的《香港中醫藥史話》。

店名	創始年代	來港年代	創始地點	招牌名藥	創辦人
李眾勝堂	清光緒廿二年 (1896)	1920 年	佛山 祖廟大街	保濟丸（又名普濟丸）、勝保油	李兆基
位元堂	清光緒廿三年 (1897)	1930 年	廣州	扶正養陰丸	黎昌厚等
鄧陳	清光緒末年	不詳	廣州	鄧陳癪散	不詳
歐家全	不詳	1901 年	廣州 南關增沙	癬癩皮膚水、衛生藥精	歐慧川
念慈菴	清中葉	1950 年代	北京	川貝枇杷露	葉天士贈方楊氏
盧暢修	清中葉	不詳	廣東東莞	安胎丸	盧暢修
集蘭堂	清中葉	不詳	廣州 槳欄路	三蛇膽川貝母、紫雪丹	潘景岐
遷善堂	清中後期	1916 年	佛山 永安路	鹽蛇散	趙有和
兩儀軒	清朝	不詳	廣州玉石墟	蛇膽藥品	俞凱儔

中成藥的功效及所用材料從產品名稱中可見一二，常見的有烏雞白鳳丸、鹿茸寧神丸等。偶爾也能見到一些甚具創意的成藥產品，例如針對當時鴉片洋煙成癮的顧客，由黃天寶堂出產的「參茸戒煙無憂欖」，聲稱獲洋煙國產地印度的一位白頭人醫師甲都魯先生秘傳他國戒煙藥蕊數味，混合中國馳名參茸，君臣上藥，共煉製成，服用能「無憂病患，痼癮立除」，兼能治咳嗽哮喘。[66]

涼茶

「涼茶」在粵港民間亦是一種流行的保健飲品。涼茶又稱廣東涼茶，是一些常用的複方藥劑，以中醫養生理論為旨，配方是土產的生草藥。涼茶的原料植物多數具有利尿、瀉下、健胃、解熱的作用。這些清熱祛濕的功效正正針對嶺南地區酷熱潮濕的天氣。中醫理論相信，受華南暑濕風熱氣候影響，嶺南人體質偏向陽質，容易上火，涼茶清熱的功效正能調和嶺南人的身體，

66 〈廣德堂蠟丸〉，《循環日報》，1880 年 2 月 27 日。

達到平衡。嶺南及香港地區常見的涼茶配方有廿四味、五花茶、感冒茶、火麻仁、菊花茶等，有苦有甜，各有不同功效。

香港第一家有史可循的涼茶店是王老吉涼茶舖，祖舖位於廣州靖遠街。香港分店於清光緒二十三年（1897）開設在荷里活道文武廟直街，1915年遷往中環鴨巴甸街繼續經營。[67] 王老吉原名王澤邦，在清代嘉慶元年（1796）已在廣州行醫賣藥，他留意到不少人受炎熱暑天影響而發熱上火得病，於是用崗梅根、五指柑、山芝麻等十多種嶺南草藥熬成藥茶給病人喝，一些病人喝後病情好轉，使王老吉聲名大噪，這種藥茶因此被稱作「王老吉涼茶」。王老吉除了經營涼茶門市業務，還包裝涼茶包，運銷海外各地。香港開埠後，苦力貿易興盛起來，數以萬計的內地廣東勞工經香港飄洋過海到外地謀生。這些勞苦大眾在海外每遇水土不服、頭暈身熱、感冒燥熱，都會想起喝涼茶。當時香港的金山莊、南洋莊，都有採購涼茶包，運往海外。[68]

西醫及西藥業

西醫藥透過英國的殖民管治傳入香港，早期以洋人為主要服務對象。雖然起初西醫藥在華人圈子不甚普及，但影響力隨時間增長逐漸擴大。1847年，香港有八名執業西醫提供門診服務，其中四名是外科醫生，皆為洋人。[69] 後來，一些洋人西醫開始招收華人助手，向他們傳授西方醫術。這些助手把西醫的服務對象擴展至華人，至1870年代，已有洋人西醫或他們的華人學徒在華文報紙上宣傳，向華人顧客招攬生意。[70]

西藥業方面，開埠後前來香港開業的藥房有香港大藥房（1841年開業，後以屈臣氏大藥房為名經營）、維多利亞大藥房（1846年開業）、藎仁藥房（1853年開業）等。[71] 其中最成功的西藥藥房可算是屈臣氏大藥房。1841年，廣州醫局（Canton Dispensary）的楊格醫生（Peter Young）移居香港，與安達臣醫生（Alexander Anderson）於港島水坑口開設診所兼賣西藥，該診所後來正式命名

67 王健儀：《創業垂統》，香港：王老吉涼茶莊，1987年，第42、45頁。

68 謝永光：《香港中醫藥史話》，香港：三聯書店（香港）有限公司，1998年，第75至77頁。

69 William Tarrant, *The Hongkong Almanack, and Directory for the Year 1848, or our Lord and the Twelfth of the Reign of Her Majesty Queen Victoria*, Hong Kong: Noronha & Co., Government Printer, 1848, p. 36.

70 〈牙科醫生〉，《循環日報》，1874年6月6日。

71 趙粵：《香港西藥業史》，香港：三聯書店（香港）有限公司，2020年，第37至42頁。

為「香港大藥房」(Hong Kong Dispensary)。1858年，屈臣氏(A.S. Watson)加入香港大藥房擔任經理。[72] 1871年，香港大藥房改用「屈臣氏」的名字經營，並於1886年以「屈臣氏有限公司」(A.S. Watson Co. Ltd)的名字註冊，同時積極拓展香港以外的業務。1889年，英國藥劑師堪富利士(Henry Humphreys)加入屈臣氏擔任藥房經理，把零售藥房以加盟店的方式快速擴張，1895年屈臣氏在中國已有35間藥房，到了1910年增長到100間。[73]

屈臣氏販賣的產品廣受各階層華人家庭歡迎，以「屈臣氏疳積花塔餅」為例，它針對華南地區易受寄生蟲感染的環境，把驅蟲藥混合在糖果內，專治腸道寄生蟲，如蟯蟲(thread worm，又名pinworm)，故成為香港、內地、東南亞地區眾多家庭的必備藥。屈臣氏之所以能夠打入華人市場，全靠本地化的宣傳及銷售策略，成功吸引西化背景的華人光顧，繼而把銷售對象擴展至一般平民百姓。早自1881年9月14日起，屈臣氏已在華文報紙《循環日報》刊登長篇幅的廣告，宣傳旗下戒煙精粉、花塔餅等超過100種產品，種類包括膏丹丸散、藥油藥酒、藥水藥餅、香水化妝品等。產品的命名、宣傳文字的風格與一般中藥廣告大同小異，華人容易接受。廣告標榜藥房歷史悠久，稱「溯洋人在中華賣藥者，固以本藥房為始第一家，即中華向洋人購藥者，亦以本藥房為最馳名」，並且「徧究中國水土，深得其奧」，強調產品適合華人使用。[74] 此種宣傳手法相當成功，更引來䕫仁藥房等其他西藥藥房模仿。[75]

三、宗教及慈善團體的醫療服務

傳教士與西醫的傳入

對不少西方教會傳教士來說，在當地提供慈善福利活動是一個行之有效的傳教手法。[76] 早在19世紀初，不少傳教士在澳門及廣州設立診所，贈醫施藥予貧困華人，讓華人有了接觸西醫藥的機會，例如1827年英國醫生

---

72 Dispensary可解作診所或藥房的意思。Dan Waters, "Hong Kong Hongs with Long Histories and British Connections", *Journal of the Hong Kong Branch of the Royal Asiatic Society* 30 (1990), pp. 238–240.

73 趙粵：《香港西藥業史》，香港：三聯書店(香港)有限公司，2020年，第40、274至276頁。

74 〈屈臣氏大藥房〉，《循環日報》，1881年9月14日。

75 〈香港䕫仁藥房末士哥化自帶外國各等靈驗良藥發賣告白〉，《循環日報》，1882年4月1日。

76 "Art. II Report of the Medical Missionary Society," *The Chinese Repository*, Vol. 12, No. 4 (April 1843), pp. 189–190.

郭雷樞（Thomas Richardson Colledge）在澳門開設眼科醫院（Ophthalmic Hospital），五年間治癒超過 4,000 人，1832 年移到廣州另設廣州醫局。[77] 1838 年 2 月，「在華醫務傳道會」（The Medical Missionary Society in China）於廣州成立，目標是籌措經費和組織各國傳教士及醫務人員來華治療病人，改善中國的醫療條件，從而打開輸入西方科學和宗教的通道。[78]

鴉片戰爭後，一些傳教醫療活動轉移到英國管治下的香港。合信醫生（Benjamin Hobson）是倫敦傳道會（London Missionary Society）的傳教士，本來在澳門行醫傳道。他在 1843 年來到香港，計劃建立一座新醫院，向華人提供免費醫療服務，同時宣揚基督信仰。他向英美商人籌得 4,200 銀元作為建築費用，於 1843 年 4 月在灣仔摩利臣山開辦傳道會醫院（Medical Missionary Society's Hospital）。當時住院病人中，發高燒和眼部感染的情況較為常見。醫院設有 42 張病床，僱有一名洋人外科醫生及兩名華人助手照顧病人。[79] 根據合信醫生 1844 年 6 月的紀錄，醫院的服務使用率大增，求診者絡繹不絕，在過去一年診治了 3,924 名病人，當中 566 人需入院留醫。[80] 奇怪的是，門診人數持續下降，住院人數卻持續上升：1843 年 6 月 1 日至 8 月 31 日期間，有 1,311 名門診病人，106 名住院病人；1844 年 3 月 1 日至 5 月 31 日期間，則有 482 名門診病人，168 名住院病人。合信在報告中解釋，原來有不少病人從遙遠的村莊前來接受治療，在香港島舉目無親，於是醫院被迫為他們提供住處。[81] 因此住院病人數目升至平均每天 50 名，有些日子甚至

77 Gerald H. Choa, *"Heal the Sick" was Their Motto: The Protestant Medical Missionaries in China*, Hong Kong: Chinese University Press, 1990, p. 8.

78 馬伯英、高晞、洪中立：《中外醫學文化交流史：中外醫學跨文化傳通》，上海：文匯出版社，1993 年，第 327、333 至 334 頁。

79 "Art. III Charitable Institutions in Hong Kong," *The Chinese Repository* 12, no. 8 (August 1843), pp. 441–442.

80 報告列出該年病人總數為 3,924 名，但將每季人數合計卻得出 3,904 名病人。Benjamin Hobson, "Art. IV Report of the Medical Missionary Society's Hospital at Hongkong under the Care of B. Hobson, M.B., in a Letter to the Acting Secretary," *The Chinese Repository* 13, no. 7 (July, 1844), pp. 377–378.

81 Benjamin Hobson, "Art. IV Report of the Medical Missionary Society's Hospital at Hongkong under the Care of B. Hobson, M.B., in a Letter to the Acting Secretary," *The Chinese Repository* 13, no. 7 (July, 1844), pp. 377–378.

有高達85名住院病人，相當於醫院病房可容納人數的兩倍以上。然而，合信卻沒有在報告中為門診人數下降的趨勢提供任何解釋。[82]

由於醫療服務需求增加，醫院曾在1845年擴建，在摩理臣山上增設新大樓。[83] 傳道會醫院的醫療貢獻受到港英政府表揚，港督戴維斯（Sir John Francis Davis）於1846年成功向英國財政部爭取由港英政府津貼醫院的部分開支。[84] 到了1848年，傳道會醫院運作了四年，共為12,139名病人提供醫療服務。[85] 合信醫生在1848年離開香港，醫院由另一名醫務傳教士賀旭柏醫生（Dr. H.J. Hirschberg）接手管理。同年，倫敦傳道會增設兩家醫局為華人診症，一間在九龍，一在市場堂（Bazaar chapel）。[86] 1853年，賀旭柏醫生被調往廈門，但倫敦傳道會並沒有派一位新的醫務傳教士接替賀旭柏醫生，醫院因此關閉。[87]

1848年，天主教聖保祿修女會在灣仔開設育嬰堂（*Asile de la Sainte Enfance*），收容棄嬰及孤兒。[88] 1852年，香港的天主教教在灣仔開辦聖方濟各醫院（St. Francis Hospital），由董事會負責行政，該醫院曾於1859年關閉，給英國陸軍部改用作已婚士兵宿舍。教會在1869年再收回該建築物，將整個地盤重新發展，由嘉諾撒修女開設各項慈善事業。當中包括設立一間附

---

82 Benjamin Hobson, "Art. IV Report of the Medical Missionary Society's Hospital at Hongkong under the Care of B. Hobson, M.B., in a Letter to the Acting Aecretary," *The Chinese Repository* 13, no. 7 (July, 1844), p. 378; Gerald H. Choa, *"Heal the Sick" was Their Motto: The Protestant Medical Missionaries in China*, Hong Kong: Chinese University Press, 1990, p. 57.

83 Arthur E. Starling ed., *Plague, SARS and the Story of Medicine in Hong Kong*, Hong Kong: Hong Kong University Press, 2006, p. 84.

84 John Davis to Earl Grey, 1 October 1846, CO 129/17, p. 237; C.E. Trevelyan to James Stephen, 3 February 1847, CO 129/22, pp. 154–155.

85 "Art. II Extracts from the Report of the Medical Missionary Society in China for the Year 1847: Reports of the Hospitals at Ningpo and Hong Kong and of the Dispensary at Amoy," *The Chinese Repository* 17, no. 5 (May, 1848), p. 255.

86 Timothy Man-kong Wong, "Local Voluntarism: The Medical Mission of the London Missionary Society in Hong Kong, 1842–1923," in *Healing Bodies, Saving Souls*, ed. David Hardiman, Leiden: Brill, 2006, p. 91; "Art. I Missionary Hospitals in China: Report of the Chinese Hospital at Shanghai for 1848; and of the Medical Missionary Society in China (at Hongkong), for the year 1848," *The Chinese Repository* 18, no. 10 (October, 1849), p. 512.

87 William Lockhart, *The Medical Missionary in China: A Narrative of Twenty Years Experience*, London: Hurst and Blackett, 1861, p. 210.

88 李志剛：〈天主教和基督教在香港的傳播與影響〉，載王賡武編：《香港史新編》（增訂版）下冊，香港：三聯書店（香港）有限公司，2017年，第843頁。

有老人院及藥房的小型醫院，沿用舊名聖方濟各醫院。[89] 另外在 1865 年，教會曾舉行公開籌款，最終籌得 1,300 銀元為貧窮的華藉天主教教徒興建一所醫院。醫院設於灣仔皇后大道，後來被命名為聖若瑟醫院。醫院兩旁蓋了兩所房子，以月租 16 元出租，所得租金用以支付病人開支。[90] 這所醫院的規模不大，在當時華人社會的影響力比較有限。

1881 年，楊威廉醫生（William Young）設立醫學救治委員會（Medical Mission Committee），旨在推廣西醫。委員會主席戴維斯捐出款項，並在太平山區開設診所，以自己母親名字命名為那打素診所（Nethersole Dispensary）。1884 年委員會向倫敦傳道會提出興建醫院的要求，獲批一筆資金資助買地。當地商人、基督教徒和西醫紛紛為興建醫院出力，當中何啟爵士為紀念因病去世的妻子雅麗氏（Alice Walkden），承擔了醫院的全部建築費，該醫院因此命名為雅麗氏利濟醫院。1887 年，雅麗氏利濟醫院啟用，由倫敦傳道會負責管理，為貧窮華人提供西醫治療，亦是香港華人西醫書院的教學醫院。[91] 據白文信（Patrick Manson）的描述，醫院成立不久，求診病人絡繹不絕，病床迅即額滿，醫院不勝負荷。[92] 倫敦傳道會不久後在醫院南面設立那打素醫院（Nethersole Hospital），於 1893 年落成啟用。

東華醫院的成立

香港開埠後，數間西醫醫院先後成立，但當時居港華人大多使用傳統的中醫藥，對西醫感到陌生和疑慮，因此大多到提供中醫服務的東華醫院求診。東華醫院的成立和太平山街的廣福義祠有密切關係，該義祠原本只是擺放客死異鄉而無親無故的華人神主牌。廣福義祠位於香港太平山街（荷李活道附近），建於 1856 年，小屋數椽，用作供奉先僑神主之所，因無姓氏及籍貫限制，且不收費用，故稱為義祠，坊眾稱之為百姓廟。[93] 其後因管理不善，不少

89 田英傑著，游麗清譯：《香港天主教掌故》，香港：香港聖神研究中心，1983 年，第 53 至 54 頁。

90 夏其龍著，蔡迪雲譯：《香港天主教傳教史 1841–1894》，香港：三聯書店（香港）有限公司，2014 年，第 294 至 295 頁。

91 Arthur A. Starling ed., *Plague, SARS, and the Story of Medicine in Hong Kong*, Hong Kong: Hong Kong University Press, 2006, pp. 100–103.

92 梁卓偉：《大醫精誠》，香港：三聯書店（香港）有限公司，2017 年，第 38 頁。

93 李東海：《香港東華三院 125 年史略》，北京：中國文史出版社，1998 年，第 2 頁。

圖 1.4　廣福義祠初建於 1856 年，後於 1895 年重建。（東華三院）

垂死的華人被送到廣福義祠。1866 年，政府衛生督察巡視廣福義祠時，發現祠內放了三個藏着屍體的棺材，並住着一些病重的貧民，於是向港督匯報情況。[94] 1869 年，祠內惡劣的衛生情況被公開，經香港英文報紙和英國傳媒大肆報道後，引起輿論譁然，成了香港政府的醜聞。在英國和香港各方壓力下，時任香港總督麥當奴（Richard G. MacDonnell）取回義祠管理權，把祠內病人送往醫院，並決定成立一間提供中醫及住院服務的醫院。[95]

這間醫院的建立與開埠後香港華商的崛起有關。梁雲漢、李璿、陳桂士、陳朝忠、羅振鋼、楊寶昭、蔡永接、高滿華、黃勝、鄧伯庸、何錫、陳美揚、吳振揚等 13 人獲委任為倡辦醫院值事（總理），設總局（董事局），而以梁雲漢總其事（主席）。[96] 他們多為當時商界翹楚，既受社會尊崇，又通曉西方文化，具備晚清紳商特質，因此香港政府委以重任，讓他們擔當政府與民眾之間的媒介，將華人社會依賴義祠處理臨終問題的慣例制度化。華人精英希望能秉承中國傳統社會地方士紳的職責，領導地方慈善工作，亦樂於倡辦華人醫院，因此東華醫院在這個背景下成立。[97]

為確保醫院日後能在政府的監管下運作，1869 年香港政府制定《華人醫院則例》（*Chinese Hospital Incorporation Ordinance*），1870 年 3 月獲港督會同立法局通過。條例具十七條條款，旨在宣示港英政府的主導權：如第十條說明值事所立章程須隨時稟呈輔政司，章程任由督憲會與行政局裁制；第十二條說明值事所另立准行之規條倘執事間有懷疑以致互相執拗，須稟請督憲會與行政局定奪；第十六條說明如遇醫院管理不善，一經核明，任由督憲會與立法局另創一例，將本例刪除，這些則例都清楚說明華人醫院的最終決策權由殖民政府操控。[98]

政府授意的醫院委員會在 1869 年 6 月 1 日成立，連同主席何斐然（亞錫），建南號東主（以販賣鴉片及食米致富）一共 20 名成員均為街坊領袖，也

94 王惠玲：〈香港公共衛生與東華中醫服務的演變〉，載冼玉儀、劉潤和主編：《益善行道：東華三院 135 周年紀念專題文集》，香港：三聯書店（香港）有限公司，2006 年，第 40 頁。

95 丁新豹：《善與人同：與香港同步成長的東華三院，1870–1997》，香港：三聯書店（香港）有限公司，2010 年，第 20 頁；Elizabeth Sinn, *Power and Charity: A Chinese Merchant Elite in Colonial Hong Kong*, Hong Kong: Hong Kong University Press, 2003, pp. 32–55.

96 李東海：《香港東華三院 125 年史略》，北京：中國文史出版社，1998 年，第 2 頁。

97 何佩然：《源與流——東華醫院的創立與演進》，香港：三聯書店（香港）有限公司，2009 年，第 19 頁。

98 何佩然：《源與流——東華醫院的創立與演進》，香港：三聯書店（香港）有限公司，2009 年，第 19 至 20 頁。

圖 1.5 1872 年，香港第一間華人醫院東華醫院落成，此為東華醫院早期照片。（華芳照相館）

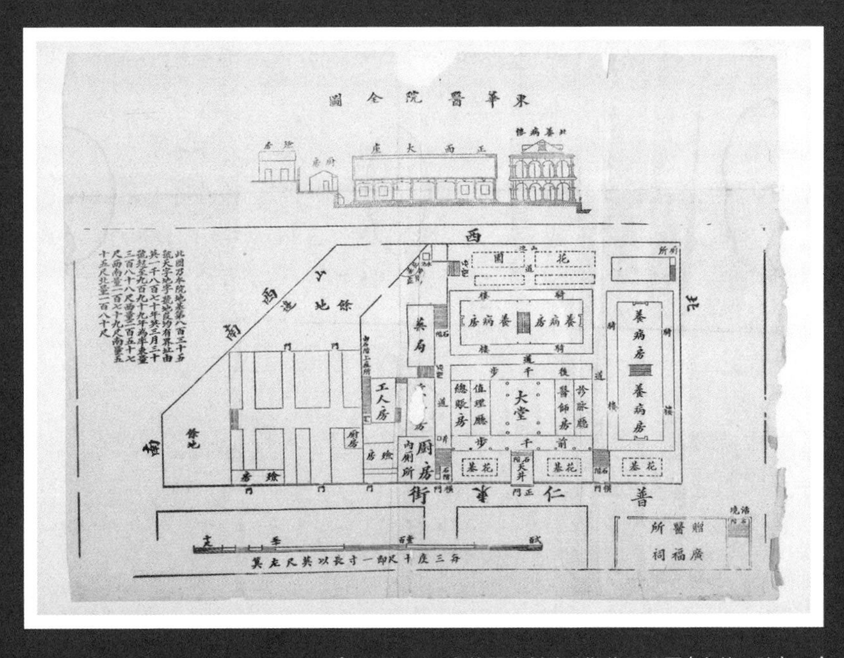

圖 1.6 東華醫院創院時期的平面圖（東華三院）

是華人社會中極具影響力的人物，主要負責醫院建設的籌備工作。成員中還包括仁記洋行的買辦梁安，他後來更成為東華醫院的創院主席。成員共認捐10,000至15,000元，到1870年初已籌到47,000元，比政府估計的多三倍，反映出香港華人的財力及對計劃的熱心。[99] 政府亦捐助了115,000元，當中15,000元用作建築費，其餘是給東華的捐獻。

政府在1869年撥出上環普仁街一塊地皮用作建立新醫院。此地原為太平山下斜坡，蔓草叢生，一片荒蕪。後因興建東華醫院整理地基，掘出多具骸骨但無人認領。創院總理於1869年飭工撿拾，遷葬西環牛房山地，設立義塚，每年由東華負責拜掃祭祀。[100]

東華醫院的建築物包括祠堂式的醫院大堂、兩座可容納百人的病房，牆面用石砌成；後面的福壽樓長七開間，左側的平安樓長十開間，癲症房位於西北角；南面為廚房、煎藥房和藥局，殮房位於東南角。[101]

1872年2月14日，東華醫院正式開幕啟用。儀式由早到晚，中醫院委員會的70、80位成員（成員由最初的20位增至後來的125位）身着官服，翎頂輝煌，齊集在文武廟旁的公所內行禮如儀，喜氣洋洋。下午，其中30位成員陪伴到賀主禮的港督麥當奴到處參觀，向其介紹院內的種種設施，並由麥當奴剪綵開幕。東華醫院用了兩年時間和45,000元建成，分三部分及八個部門，當時可容納80至100名病人，樓下專為貧苦大眾服務，而樓上則提供收費服務。[102]

東華醫院成立後提供中醫診症服務，贈醫施藥，大受華人歡迎，提供的醫療服務包括入院及門診兩大類。1873年東華共為898名入院病人提供醫療服務，其中治癒出院者為556人，死亡率為38%，到了1887年，入院者合共1,688人，治癒者共1,100人；至1893年，入院者合共2,117人，治癒出院的有1,538人。[103]

99 丁新豹：《善與人同：與香港同步成長的東華三院，1870–1997》，香港：三聯書店（香港）有限公司，2010年，第24至25頁。

100 李東海：《香港東華三院125年史略》，北京：中國文史出版社，1998年，第3頁。

101 黃棣才：《圖說香港歷史建築1841–1896》，香港：中華書局（香港）有限公司，2012年，第66頁。

102 劉潤和：〈建置東華——香港第一所中醫院〉，載冼玉儀、劉潤和主編：《益善行道：東華三院135周年紀念專題文集》，香港：三聯書店（香港）有限公司，2006年，第25、28至29頁。

103 丁新豹：《善與人同：與香港同步成長的東華三院，1870–1997》，香港：三聯書店（香港）有限公司，2010年，第47頁。

表 1.2 東華醫院每年留院、門診與種痘人次（1872 至 1896 年）[104]

單位：人次

年份	留院			門診	種痘
	入院人次	治癒人次	出院人次		
1872	922				900
1873					
1874					1,246
1875	882			45,685	1,159
1876	1,357	1,422			1,746
1877	1,409	1,492	765	54,974	1,374
1878	1,543	1,646	813	83,086	1,683
1879	1,693	1,770	885	77,467	1,769
1880	1,283	1,353	688	81,274	1,594
1881	1,217	1,292	637	79,845	1,722
1882	1,348	1,434	702	67,158	1,763
1883	1,479	1,584	741	91,497	1,918
1884	1,474	1,553	719	102,811	1,694
1885	1,883	1,967	862	111,878	2,120
1886	2,048	2,048	941	122,892	2,806
1887	2,231	2,231	957	130,910	3,138
1888	2,298	2,298	940	99,721	1,882
1889	2,050	2,050	1,042	144,481	2,494
1890	2,260	2,260	1,207	173,720	2,515
1891	2,514	2,514	1,359	150,594	1,875
1892		2,455	1,365	56,629	2,227
1893		2,857	1,625	135,608	2,780
1894		2,354	1,259	121,094	2,104
1895		2,732	1,457	163,292	1,939
1896		2,041	1,291	129,695	1,601

說明：空白處表示找不到相關紀錄。

104　每年治癒人次包括去年入住但在新一年仍然留醫的病人。資料綜合自歷年《殖民地醫官年度報告》（*Annual Report of the Colonial Surgeon*）。

這些數字說明：第一，東華創辦後，由於以華人熟悉的中醫藥診治，入院與求診者與年俱增。比如 1872 年時，香港華人人口為 115,564 人，該年入住東華醫院的病人人次約佔華人人口的 0.8%。1887 年的華人人口約為 150,690 人，該年往東華接受醫療服務者約佔華人人口之 1.1%。到了 1893 年，華人人口約為 210,926 人，入院者約佔華人人口 1%。第二，門診數字非常可觀。如 1873 年是 43,074 人，到 1887 年已激增至 138,461 人，到 1892 年則為 105,981 人。值得一提的是，當年全港華人人口才 21 萬多。求診者日增，藥費支出亦隨之增加。東華在開院時聘有 7 名醫師，1 名痘師。到 1893 年，即開辦 20 年後，醫師數目維持不變，只是增加了 1 位跌打醫師。[105] 醫院不僅門診部全用中醫診症，施藥部分亦使用中藥。至於留醫病人，也是服用中藥。醫院內設有中藥庫及一個煎藥專用的大廚房，放有風爐和茶煲，用以煎藥給病人服用。[106] 自 1887 年起東華的開支中，藥材超越酬診金成為主要支出。

為嬰孩接種牛痘是東華自創院開始就提供的服務，一直廣受歡迎。東華從創院至 1893 年，共為超過 30,000 個嬰孩接種牛痘。政府醫官及西醫在 1880 年只為 76 人接種了牛痘，由此可見東華承擔了替香港嬰童接種牛痘的主要工作。1871 年初，香港爆發小型天花疫症，東華總理取得總督堅尼地（Arthur Kennedy）的允准，將「舊醫院（即廣福義祠）地方重新整頓，設法收留，並設專人診治」。1873 年，東華《微信錄》中的《天花痘症規條》臚列了痘症房的各項規定。遇上痘疹爆發，東華醫院會在報刊上呼籲病人盡早到醫院接受免費專人醫治。從 1876 年開始，東華更派人往廣東替民眾接種牛痘，造福同胞。[107]

自東華醫院於 1872 年 2 月啟用後，由於其創辦目的不僅是贈醫施藥，更兼顧身後無以殮葬的華人。故自設立不久，即為有需要的貧苦無依居民安排最後歸宿。施棺代葬成為該院在贈醫施藥外最重要的服務，以貫徹東華醫院

105 丁新豹：《善與人同：與香港同步成長的東華三院，1870–1997》，香港：三聯書店（香港）有限公司，2010 年，第 48 頁。

106 謝永光：《香港中醫藥史話》，香港：三聯書店（香港）有限公司，1998 年，第 3 頁。

107 丁新豹：《善與人同：與香港同步成長的東華三院，1870–1997》，香港：三聯書店（香港）有限公司，2010 年，第 48 頁；〈東華醫院告白〉，《循環日報》，1880 年 2 月 13 日。

「生有所安，死有所托」的宗旨。除為本地貧困居民提供免費殮葬外，東華醫院從19世紀起即為海外華人特設原籍安葬，令東華由這地區性的的慈善組織變成一個具有國際聲望的機構，更奠定其在海外華人社團中的崇高地位。[108]

108 高添強：〈喪葬服務與原籍安葬〉，載冼玉儀、劉潤和主編：《益善行道：東華三院135周年紀念專題文集》，香港：三聯書店（香港）有限公司，2006年，第82頁。

第二章
早期香港政府的醫療政策

英國於 1841 年佔領香港島，開始殖民統治。1842 年 8 月 29 日，中英兩國簽訂《南京條約》，香港正式成為英國的殖民地。香港水深海闊，港口條件優良，而且地理上背靠中國內地，處於東亞地區的中心位置，貿易發展上具有優勢，但衞生問題一直妨礙香港的早期發展。香港位處亞熱帶地區，天氣炎熱潮濕，陸上沼澤眾多，容易滋生蚊蟲病菌，各種傳染病長期肆虐。香港整體衞生情況惡劣，醫療服務及設施匱乏，不少人因得不到良好治療而喪生。

一、流行病的蔓延

殖民統治初期，瘧疾、霍亂、結核病、天花、痢疾等疾病長期肆虐。醫療設施不足，醫學發展亦相對落後，導致不少人染病後得不到適當治療而喪生，使香港這地方曾一度臭名遠播。就像古代的中原人不願前往嶺南這個瘴癘之鄉，19 世紀的英國人亦對香港相當抗拒，英國民間曾流傳一句俗語「請代替我去香港」(You may go to Hong Kong for me)，就是因為不少人來香港後染上惡疾，客死異鄉，因此當時英國人視遠赴香港為畏途。[1] 殖民地司庫馬丁 (Montgomery Martin) 曾在 1844 年的報告中力陳駐香港士兵的健康狀況極不理想，各步兵營有近一半士兵患病，直言英國政府須慎重考慮駐守香港的價值。[2] 1861 年，歐美僑民死亡率高達 6.48%，隨着醫院建成及

1　葉靈鳳：〈害蟲的天堂〉，《葉靈鳳文集．第二卷：靈魂的歸來》，廣州：花城出版社，1999 年，第 344 至 345 頁。

2　Montgomery Martin, Report on the Island of Hong Kong, 24 July 1844, CO 129/7, pp. 55–61.

衞生情況改善，歐美僑民的健康狀況逐漸好轉，但至1871年的死亡率仍達3.03%。[3]

「香港熱」

香港天氣炎熱潮濕，不少初到香港的洋人因不習慣這裏的環境而患病，當中最令人聞風喪膽是統稱為「香港熱」(Hong Kong Fever) 的發燒症狀。早在1841年6月英軍登陸香港時，隨軍的愛德華・克里醫生 (Edward Cree) 已有記錄海陸英軍陸續發燒病倒的情況。1843年5月至10月間，約24%的駐港英軍和10%的歐籍僑民染病出現發熱症狀而喪命；1850年，第59軍團568人中共有136人病死。[4]英軍的健康對保護英國在華利益至關重要，因此港府於1843年成立海軍醫務委員會調查病源，委員會估計疫情與西環軍營炎熱潮濕的環境有關。[5]在1844年3月清拆西環軍營的過程中，政府官員更發現軍營原來是建基於沼澤之上。[6]由於當時細菌病理論未被接受，很多人認為該症狀由瘴氣引起。[7]當時醫學界對「香港熱」如何爆發並沒有一個確實的答案，主流的意見認為是霍亂或瘧疾的變異。[8]

1890年的國家醫院 (Government Civil Hospital) 報告詳細地記載了「香港熱」的症狀及治療方法。報告形容「香港熱」病人的發燒型態呈現「弛張熱」(remittent fever) 的特色：體溫一天中有上落的波幅，但總是高於正常的溫度。這種病比一般的瘧疾發燒更「兇惡」，死亡率更高。1890年6月，有一名「香港熱」患者到國家醫院求診。入院後，他的體溫迅速上升至華氏108度的嚴重高溫，還出現嘔吐和精神錯亂的症狀。國家醫院院長艾堅遜 (J.M.

---

3 Arnold Wright, *Twentieth Century Impressions of Hong-kong, Shanghai, and other Treaty Ports of China*, London: Lloyd's Greater Britain Publishing Co. Ltd., 1908, p. 263.

4 Arnold Wright, *Twentieth Century Impressions of Hong-kong, Shanghai, and other Treaty Ports of China*, London: Lloyd's Greater Britain Publishing Co. Ltd., 1908, p. 263; Christopher Cowell, "The Hong Kong Fever of 1843: Collective Trauma and the Reconfiguring of Colonial Space," *Modern Asian Studies* 47, no. 2 (2013), p. 338.

5 Proceedings of a Medical Committee directed to assemble by order of Major General Lord Saltoun, Commanding the Force in China, to report on the causes of the sickness and mortality of the Left Wing Her Majesty's 55th Regiment, 15 July 1843, CO 129/7, pp. 182–184.

6 Dr Dill to Governor Davis, 14 August 1846, CO 129/17, p. 96.

7 Arthur E. Starling ed., *Plague, SARS and the Story of Medicine in Hong Kong*, Hong Kong: Hong Kong University Press, 2006, p. 20.

8 "Colonial Surgeon's Report for 1847," *Chinese Repository* 17, no. 6 (June 1848), p. 316.

圖 2.1 跑馬地墳場內一座紀念病逝英軍的墓碑，據碑上紀錄，1848 年 6 月至 9 月期間，共有 9 名中士、8 名下士、4 名軍鼓手、67 名士兵、4 名婦女和 4 名兒童因香港熱病死亡。

Atkinson）嘗試用冷水浴及冰袋為病人降溫，卻只有短暫的效果，利用烏頭鹼（aconite）促使發汗降溫的成效也不大。艾堅遜最終決定為他定時注射奎寧（quinine），再用濕裹法（wet sheet）穩定體溫。過了 72 小時後，病人情況好轉，兩星期後出院。[9] 1890 年到國家醫院求診的病人中，共有 49 名患有「香港熱」，雖然數目不多，可見到了 19 世紀末，「香港熱」仍然困擾着香港。[10]

瘧疾

香港位於亞熱帶地帶，內陸沼澤眾多，有利病菌及蚊蟲滋生。古人稱南方盛行的疾病為「瘴癘」，在今天看來，大多指的是瘧疾。早期醫學家不了解瘧疾的成因，有些人甚至認為此病與花崗岩的分解過程中產生的氣體有關。[11]

至 1890 年代，白文信和羅斯（Ronald Ross）研究發現，瘧疾能夠通過瘧蚊（anopheles）叮咬傳播。要有效控制瘧疾的傳播，就需採取措施防止瘧蚊繁殖。1899 年起，政府開始制定較積極滅蚊的措施：排走明渠的水、除去蚊蟲繁殖的地方、去除沼澤地帶泥土層的水分。另外，奎寧被用作預防瘧疾的藥物。這些政策有助減低瘧疾在香港的傳播。[12]

天花

天花在香港開埠初期亦相當流行，幾乎每年冬天都會出現。據當時殖民地醫務人員報告，許多華人因天花喪生，尤其是四歲以下的孩童。天花疫情曾多次爆發：1887 至 1889 年 374 人因天花喪生；1908 年錄得 472 宗病例；1912 年亦有 709 宗。[13]

---

9 J.M. Atkinson, "Appendix B to Report from the Superintendent of the Civil Hospital," Government Notification No. 310, *The Hong Kong Government Gazette*, 18 July 1891, pp. 609–611.

10 J.M. Atkinson, "Colonial Surgeon's Annual Report for the Year 1890," Government Notification No. 310, *The Hong Kong Government Gazette*, 18 July 1891, p. 590.

11 "Colonial Surgeon's Report for 1847," *Chinese Repository* 17, no. 6 (June 1848), p. 316.

12 Arnold Wright, *Twentieth Century Impressions of Hong-kong, Shanghai, and other Treaty Ports of China*, London: Lloyd's Greater Britain Publishing Co. Ltd., 1908, p. 263.

13 Arthur E. Starling ed., *Plague, SARS and the Story of Medicine in Hong Kong*, Hong Kong: Hong Kong University Press, 2006, p. 23.

圖 2.2 東華醫院向政府申請把西環分局改為痘局，以收容天花病人，痘局於 1910 年啟用。（東華三院）

早在 19 世紀初，西方種牛痘防天花的技術由東印度公司醫生皮爾遜 (Alexander Pearson) 傳入廣東，因效用顯著而大受華人歡迎。[14] 東華醫院創院時雖是一所中醫醫院，但同時會為大眾免費接種西方牛痘疫苗，並承擔了為香港嬰兒孩童接種的主要工作。1892 年，政府設立疫苗所，自家生產天花疫苗，免費提供給英軍、警察、囚犯、公立醫院等使用。香港曾設有專治天花的醫療設施，1871 年開設臨時天花醫院；1894 年國家醫院旁設有「天花小木屋」，分隔天花患者與普通病人；1910 年東華痘局啟用，以中藥醫治天花病人。[15]

霍亂

霍亂在 19 世紀肆虐全球，起初人們認為該病由「瘴氣」引起，後來才確定疾病由霍亂弧菌所致，並透過被糞便污染的水或食物傳播。香港首宗霍亂病例出現在 1858 年，早期缺少完善的排水系統和乾淨水源，以致出現周期性的小型疫情。當中較嚴重的一次疫情在 1902 年爆發。據檢驗記錄，當時停放在維多利亞公眾殮房的屍體中有 379 人是因霍亂而死，僅次於因鼠疫病死的 473 宗案例。[16] 1937 年，香港再次爆發大型霍亂瘟疫，造成 1,082 名病人死亡。[17] 此後每年都會爆發霍亂疫症，成為一直困擾着香港的流行疾病。但在 1947 年最後一宗病例出現後，曾一段時間不再有新病例記錄，直到 1961 年再次爆發霍亂瘟疫。[18]

霍亂在世界各地造成多人死亡，當時國際社會遇到疑似病例時，往往採取隔離措施。不過，隔離措施會為海上貿易帶來負面影響，因此英國認為預防霍亂的最佳方法是改善區內衛生，進行改革。然而，香港是一個繁忙的國

14 馬伯英、高晞、洪中立：《中外醫學文化交流史：中外醫學跨文化傳通》，上海：文匯出版社，1993 年，第 318 至 319 頁。

15 Arthur E. Starling ed., *Plague, SARS and the Story of Medicine in Hong Kong*, Hong Kong: Hong Kong University Press, 2006, pp. 24–25.

16 Arthur E. Starling ed., *Plague, SARS and the Story of Medicine in Hong Kong*, Hong Kong: Hong Kong University Press, 2006, pp. 38–39; 蕭國健、湯開建：《香港 6000 年》，香港：麒麟書業有限公司，1998 年，第 488、513 頁。

17 Colonial Office, Great Britain, *Annual Report on the Social and Economic Progress of the People of Hong Kong for the Year 1937*, London: His Majesty's Stationery Office, 1938, p. 7.

18 Arthur E. Starling ed., *Plague, SARS and the Story of Medicine in Hong Kong*, Hong Kong: Hong Kong University Press, 2006, p. 39.

際港口，霍亂疫症一旦大規模爆發，所帶來的負面影響實際上大於隔離可疑船隻的不便。由於香港的環境衛生情況欠佳，因此當國外出現霍亂疫情時，香港仍會對入境的船隻採取隔離政策。[19] 1883 年，菲律賓宿霧及棉蘭老爆發霍亂疫情，經這兩地來港的船隻須高懸黃色的「報病旗」，並駛到昂船洲西南指定海面隔離滿十天，得查船醫官許可才能放行。[20]

結核病

雖然早在 1849 年已出現結核病的病例，但因屬慢性疾病，政府對此關注度較低。[21] 早期香港缺醫少藥，直到 20 世紀中期，才出現卡介苗（BCG Vaccine）和鏈黴素抗生素（Streptomycin）等抗衡結核病的疫苗及藥物。[22] 因此在開埠初期，患上結核病往往足以致命。1877 年國家醫院 14 名結核病病人中，有 7 人死亡；1882 年，29 名結核病病人中，有 12 人死亡，感染結核病後的死亡率高達 50%。[23]19 世紀，結核病致死個案佔香港總死亡人數約 10%。[24] 1900 年，有 845 名華人死於結核病，相當於每 10 萬人口中有 200 人死於此病。結核病透過空氣傳播，1900 年的醫療報告指香港華人擁擠和不衛生的居住環境導致該病蔓延。[25] 儘管病例統計記錄不多，但可推斷當時結核病長期困擾着香港市民。

---

19 Yip Ka-che, Yuen Sang Leung, and Man Kong Timothy Wong, *Health Policy and Disease in Colonial and Post-colonial Hong Kong, 1841–2003*, London: Routledge, 2016, p. 15.

20 "Cholera, Cebu and Mindanao in the Philippine Islands," Government Notification No. 201, *The Hong Kong Government Gazette,* 2 June 1883, pp. 449–450; "Annual Report of the Colonial Surgeon for the Year 1882," Government Notification No. 255, *The Hong Kong Government Gazette,* 21 July 1883, pp. 673–674.

21 Yip Ka-che, Yuen Sang Leung, and Man Kong Timothy Wong, *Health Policy and Disease in Colonial and Post-colonial Hong Kong, 1841–2003*, London: Routledge, 2016, pp. 14–15.

22 Tuberculosis & Chest Service, Department of Health, Hong Kong, *Tuberculosis Control in Hong Kong*, Hong Kong: Centre of Health Protection, 2000, www.info.gov.hk/tb_chest/doc/TBcon.pdf.

23 C.J. Wharry, "Colonial Surgeon's Report for 1877," *The Hong Kong Government Gazette*, 6 July 1878, p. 330; C.J. Wharry, "Colonial Surgeon's Report for 1882," Government Notification No. 255, in *Hong Kong Administrative Reports for the Year 1882*, Hong Kong: Hong Kong Government Printing Office, 1883.

24 Moira M.W. Chan-Yeung, *A Medical History of Hong Kong: 1842–1941*, Hong Kong: The Chinese University of Hong Kong Press, 2018, p. 205.

25 Francis W. Clark, "Reports of Medical Officer of Health, Sanitary Surveyor, and Colonial Veterinary Surgeon, for 1900," Government Notification No. 307, *The Hong Kong Government Gazette*, 25 May 1901, p. 1026.

性病

開埠初期性病問題尤為嚴重，人口結構是導致性病氾濫的重要原因。英軍進駐香港，加上內地大量男性華工隻身來港尋找工作，造成男女比例過度懸殊。1872 年，港府第一次正式人口調查顯示洋人男女比例是 5：1、而華人是 7：2。[26] 男多女少局面帶旺了香港的性產業。1850 年代香港妓院林立，生意興盛，性病亦隨之而來，並廣泛傳播，甚至成為駐港英軍的一大隱患。1854 年，駐守香港的溫徹斯特號（HMS Winchester）水兵之中，染上梅毒的人數佔了三分之一。[27] 醫官梅利（John Murray）在 1859 年抵達香港時，他發現「海陸軍因梅毒而不能行動的人員差不多佔了全體的四分之一」。[28]

性病在駐港英軍內流傳猖獗，引起了英國軍方的注意。1857 年，在皇家海軍緊急要求下，香港政府採取行動規管娼業，防止性病繼續傳播。[29] 11 月 28 日，港府刊憲頒佈《防治性病散播條例》（*An Ordinance for Checking the Spread of Venereal Diseases*）。據此規例，妓院須向華民政務司（Registrar General）登記，並只能設立在三個區域，分別是灣仔春園以東、西營盤荷李活道及皇后大道西交界以西，以及太平山一帶。醫務官員至少每隔十天巡查妓院一次，為性工作者進行檢測。若診斷出性病，該名性工作者會被強制送院，康復前不得離開，醫藥費由妓院承擔。病癒的性工作者須獲醫生證明書，才能返回工作崗位。妓院更須向華民政務司提交性工作者名單，每周報告性工作者的健康狀況，並把資料公開陳列在妓院內。若證實有性工作者把性病傳染給他人，該性工作者最高可被判處三個月的牢獄或醫院監禁，她工作的妓院亦要罰款最高 200 元。每所妓院每月向政府司庫繳付 4 元，這筆錢將用來興建一所專門治療性病的醫院。[30] 1867 年，該法令修訂為《傳染病條例》

26 "Census Returns, 1872", Government Notification No. 20, *Hong Kong Government Gazette*, 15 February 1873 p. 55.

27 Stirling to Bridges, 7 March 1855, CO 129/50, p.89.

28 J.I. Murray, "Report of the Colonial Surgeon for 1869," in *Hong Kong Annual Administration Reports, 1841–1941*, Vol. 1, edited by R.L. Jarman, Famham Common: Archive Editions, 1996, p. 351.

29 R.J. Miners, "State Regulation of Prostitution in Hong Kong, 1857 to 1941," *Journal of the Hong Kong Branch of the Royal Asiatic Society* 24 (1984), p.143.

30 "An Ordinance for Checking the Spread of Venereal Diseases," *Hong Kong Government Gazette*, 28 November 1857, pp. 1–2.

(*Contagious Disease Ordinance*)，給予警察更大權力隨時調查和闖進任何疑似無牌經營的妓院，並拘捕街上和船上涉嫌非法賣淫的女性。[31]

然而，該法令在實際執行上面臨不少困難。首當其衝的是華人的反對。法令在制定的過程中，並沒有充分諮詢華人的意見。服務華人的性工作者強烈反對接受歐籍醫生的檢查，寧願遭受懲罰都不肯屈服。因此，性病檢測僅限在歐人經常光顧的妓院實施。雖然華民政務司擁有迫令性工作者接受醫學檢查的法律權力，但患病的性工作者大多自行向中醫求診，或被妓院遣送返廣州。[32] 再者，負責執法的妓院督察大多貪污腐敗，為榨取金錢向妓院索取賄賂（通常為每戶 15 至 20 元）。[33] 警察司查理斯・梅理（Charles May）甚至曾在靠近警署的地方開設妓院。在 1857 年，香港政府為了保持體面，不得不出面干涉，他才「十分勉強地停止不幹」。[34]

儘管如此，監管制度確實有效減少性病在西方人社會的傳播。1867 年《傳染病條例》頒佈後，經定期體檢發現患有性病的性工作者，其百分比有下降趨勢，而出現嚴重症狀的性病個案也減少。[35] 警察部隊中性病廣泛傳播的情況亦有所改善，患性病比率從 1871 年的 15.7% 逐漸下降至 1890 年的 9.9%。[36] 隨着患性病人數不斷減少，專門治療性病個案的性病醫院（Lock Hospital）開始出現空置床位。1878 年，臨時國家醫院被大火燒毀，政府直接將性病醫院的原址改設為國家醫院，把性病醫院搬往面積較小的大樓。[37]

---

31 "An Ordinance for the better Prevention of Contagious Diseases," *The Ordinances of the Legislative Council of the Colony of Hong Kong*, vol. 2, Hong Kong: Noronha, 1891, pp. 958–959.

32 Norman Miners, *Hong Kong under Imperial Rule 1912–1941*, Hong Kong: Oxford University Press, 1987, p.192.

33 余繩武、劉存寬：《19 世紀的香港》，北京：中國社會科學出版社，2007，第 146 頁。

34 G. B. Endacott, *A Biographical Sketch-book of Early Hong Kong*, Singapore: Eastern Universities Press, 1962, pp. 102–103.

35 Moira M. W. Chan-Yeung, *A Medical History of Hong Kong:1842–1941*, Hong Kong: Chinese University Press, 2018, pp. 40–41.

36 R. Young, "Report of the Acting Colonial Surgeon for the Year 1871, Appendix II," Government Notification No. 60, in *Hong Kong Blue Book for the Year 1871*, Hong Kong: Noronha & Sons, Government Printers, 1872; P.B.C. Ayres, "Report of the Colonial Surgeon for the Year 1890," Government Notification No. 310, *The Hong Kong Government Gazette*, 18 July 1891, p. 602.

37 P.B.C. Ayres, "Report of the Colonial Surgeon for the Year 1878," Government Notification No. 157, *The Hong Kong Government Gazette*, 9 July 1879, p. 403.

在英國，《傳染病條例》的通過引起大量反對聲音，反對者從道德、女權、平權、政治、法律各方面批評法例的實效。[38] 1886 年，英國在社會壓力下廢除《傳染病條例》，並着令香港政府跟隨。香港總督、殖民地總醫官、立法局議員以及華人社會領袖合力向英國政府請求在香港保留《傳染病條例》，但最終都無濟於事。[39] 經過英國政府多次催促，港府被迫於 1894 年徹底廢除檢查及登記系統。《傳染病條例》廢除後，性病在駐港英軍中再次蔓延，1896 年染上性病的英軍佔 35.9%，1897 年頭四個月中達 49.93%。[40] 1896 年 4 月，英軍的中國艦隊司令布拿中將（Vice Admiral Alexander Buller）去信港督羅便臣（William Robinson）要求他「做任何事情以阻止這個可怕問題繼續擴散」。他附上艦隊醫官的報告，指他旗艦上的水兵染有各種各樣的性病。1897 年，一份報告指出駐軍每 1,000 人次進出醫院，就有 499 人次和性病有關。[41] 儘管港英政府竭盡所能杜絕性病於社會中的廣泛傳播，推出關顧性工作者健康的監管制度，最終卻因外來壓力而被迫撤銷政策。20 世紀初，性病流傳的問題重新浮現，再度困擾香港的醫療系統。

二、醫療衛生體制及醫療機構的建立

開埠以來香港華人人口一直增加，但政府缺乏明確的城市規劃，新到港華人皆被引導至太平山聚居。因地方有限，規劃不足，導致太平山衛生欠佳，疾病頻繁滋生。[42] 面對香港的衛生醫療問題，政府以「尊重華人傳統文化」為理由，大部分時間維持放任政策，讓市場主導發展，並沒有制定重要的醫療與衛生措施，藉以減省管治成本。

英國佔據香港主要為保障在華商業利益，因此香港殖民政府早期僅需確保商業活動順利，其他問題都屬次要。軍事力量對此至關緊要，因此在港府

38 Francis B. Smith, "The contagious diseases acts reconsidered," *Social History of Medicine* 3, no. 2 (1990), pp. 197–198.

39 Norman Miners, *Hong Kong under Imperial Rule, 1912–1941*, Hong Kong: Oxford University Press, 1987, pp. 193–195.

40 China Association to Colonial Office, 30 August, 1897, *Correspondence regarding Measures for checking Spread of Venereal Disease (in Colonies)*, House of Commons, 1899, HC 147, p. 33.

41 鄺智文、蔡耀倫：《東方堡壘——香港軍事史 1840–1970》，香港：中華書局，2018，第 72 至 73 頁。

42 劉潤和：《香港市議會史（1883–1999）——從潔淨局到市政局及區域市政局》，香港：香港歷史博物館，2002，第 8 至 10 頁。

有限的資源下，早期衞生政策的一個重點在於維護英軍的健康，個別疾病如香港熱與性病受到較多關注。除非傳染病的爆發危及歐洲僑民，政府才會迅速並強勢地執行應對政策，以維持經濟及貿易發展。至 1894 年爆發鼠疫後，政府的衞生政策才開始改變。

醫療服務及衞生政策

港督砵甸乍（Henry Pottinger）在 1843 年任命安達臣醫生為香港殖民地總醫官（Colonial Surgeon），負責處理香港的醫療衞生事務。英國方面認為香港政府有能力自行僱用當地的私家醫生和傳教士醫生，因此不同意設立常駐殖民地總醫官的職位，一直拖到 1847 年才不得不設立。[43] 同年，威廉・馬禮遜（William Morrison）到達香港，成為首位獲英國政府認可的殖民地總醫官。歷任的殖民地醫官對香港衞生環境的評價基本相似，嚴責當地的排污、排水、通風與衞生環境欠佳。貧苦華人聚居的太平山區房屋常有違反衞生條例的情況出現：該地充滿牛欄、豬圍；缺少公廁、垃圾站；多個家庭共處一室，住處缺少天井及通風設備，甚至與飼養的豬隻同室而居。不只一位醫官警告，香港濕熱天氣下的環境容易衍生和傳播疾病，遇上疫病爆發，必會有不少市民喪命。每任醫官一遍又一遍重複報告同樣的問題，可見政府並沒有採取實際行動去改善香港的衞生環境。[44]

政府在 1843 年 8 月成立了公眾健康及衞生委員會，主要職能是向港督提出改善環境的整體建議，包括市內排水渠道、街道的維修與清潔、衞生系統和條例等。同時，政府也嘗試通過立例改善衞生，例如在 1856 年通過《屋宇及妨礙衞生條例》監控樓宇建設，從而控制環境衞生等。[45]

43 Robin Gauld and Derek Gould, *The Hong Kong Health Sector*, Hong Kong: Chinese University Press, 2002, p. 34.

44 劉潤和：《香港市議會史（1883–1999）—— 從潔淨局到市政局及區域市政局》，香港：香港歷史博物館，2002，第 8 至 10 頁。

45 劉潤和：《香港市議會史（1883–1999）—— 從潔淨局到市政局及區域市政局》，香港：香港歷史博物館，2002，第 7、10 頁。

查維克報告

開埠初期，衞生事務由土地總測量師（Surveyor-General）及殖民地總醫官管理，這兩位官員肩負眾多職務，根本沒有時間處理衞生事務或制定長遠的行動計劃。[46] 在惡劣的醫療及環境衞生下，駐港英軍傷病率偏高，軍方因此向英國殖民地部投訴及施壓。1881 年，衞生工程師查維克（Osbert Chadwick）獲委派實地調查香港的衞生情況，並提出改善環境衞生的建議。他在 1882 年的報告詳細列出香港各方面的衞生問題及需改善的地方。[47] 他認為要預防疾病滋生，需要確保：每位居民都享有新鮮空氣、潔淨食水和充足光線；所有有機廢物遠離民居和城市；處理有機廢物時不得污染食水和民居附近的空氣；以及確保排水系統的流暢度。[48] 他建議政府制定供應食物、防止傳染病及處理屍體等條例，並在排水系統、居住空間、廢物處理等方面進行改善。報告指出「提供和採取合理的衞生措施是政府的責任」，衞生惡劣的主因是政府一直未有主動規管，而非華洋文化習慣的差異。報告因而建議設立一個專門管理環境衞生事務的組織。[49]

根據查維克的建議，政府於 1883 年宣佈成立潔淨局（Sanitary Board），負責清洗街道等衞生工作，並在必要時執行一些改善衞生的措施。可是，殖民地總醫官於 1884 年年度報告中埋怨《建築物條例》等保障市民產權的法例阻礙了潔淨局的衞生檢察工作。[50] 當局無權懲罰違規個案，實權有限以致改善環境衞生的成效不大。[51] 為了擴大潔淨局的實權及規模，政府在 1887 年推出了《公共衞生條例》（*Public Health Ordinance*），將當局重組為一個諮詢及顧問組織，成員包括工務司、華民政務司、警察司、殖民地總醫官四名官方成員，兩名差餉

46 Osbert Chadwick, *Mr. Chadwick's Report on Sanitary Condition of Hong Kong*, London: Colonial Office, 1882, p. 41.

47 羅婉嫻：《香港西醫發展史》，香港：中華書局（香港）有限公司，2018 年，第 52 頁。

48 Osbert Chadwick, *Mr. Chadwick's Report on Sanitary Condition of Hong Kong*, London: Colonial Office, 1882, pp. 4–5.

49 Osbert Chadwick, *Mr. Chadwick's Report on Sanitary Condition of Hong Kong*, London: Colonial Office, 1882, pp. 41.

50 P.B.C. Ayres, "Colonial Surgeon's Report for 1884," *Hong Kong Sessional Papers for 1885*, 30 March 1885, p. 178.

51 劉潤和：《香港市議會史（1883–1999）── 從潔淨局到市政局及區域市政局》，香港：香港歷史博物館，2002，第 21 至 22 頁。

圖 2.3　20 世紀初潔淨局僱用牛車清洗街道。（高添強提供）

支付人選出的成員，餘下四名成員則由總督委任，當中包括兩名華人成員。[52]《公共衞生條例》旨在從多方面改善香港的衞生情況，除了對排水系統鋪設、樓宇結構、居住空間等方面增設標準管制之外，還授權潔淨局在疫情爆發時採取即時應變措施。[53] 可是，華人非官守議員在立法局會議中對《公共衞生條例》有不少批評，認為法案不尊重華人的生活習慣，對樓宇的規管更是對華人業主和租客不利。[54] 政府決定採取妥協態度，將有關樓宇管制的部分刪除，條例才成功通過。[55] 有學者直指經過大幅刪減的條例失去了它原本的意義。[56] 潔淨局的監管行動缺乏相關法律依據，阻嚇性不足，令華人社會繼續輕視室內環境的衞生情況，成為 1894 年鼠疫爆發的主要成因之一。

另外，西方人早期對華人的偏見令他們認為香港的健康問題是出在華人的身上，因此 1889 年通過《歐洲人區域保留條例》，實行隔離政策，規定除港督批准以外，華人不得住在山頂。1894 年鼠疫爆發後，隔離政策變本加厲。政府在 1904 年修訂法例，新的《山頂區保留條例》進一步規定海拔 788 米以上地區為歐人專用，直到 1946 年才廢除。[57]

醫療機構的建立

開埠初期，政府醫療衞生政策規劃不足加上資源有限，使興建醫院十分困難。雖然政府在 1849 年建立了首間公立醫院，但該醫院主要為警察、政府官員等特定群體服務，診金昂貴，一般市民只能倚靠民間慈善團體、宗教團體或私人機構的醫療服務。[58]

---

52 成員構成在討論草案期間曾多次修改，此為最終定案。"Ordinance No. 24 of 1887," Government Notification No. 230, *Hong Kong Government Gazette*, 2 June 1888, pp. 532–533.

53 "Ordinance No. 24 of 1887," Government Notification No. 230, *Hong Kong Government Gazette*, 2 June 1888, pp. 535–544.

54 "Dr Ho Kai's Protest against the Public Health Bill, submitted to the government by the Sanitary Board, and the Board's Rejoinder thereto," *Hong Kong Sessional Papers for 1887*, 27 May 1887, pp. 403–407.

55 "A Bill Entitled an Ordinance for Amending the Laws Relating to Public Health in Colony of Hong Kong," Government Notification No. 311, *Hong Kong Government Gazette*, 23 July 1887, pp. 872–877.

56 羅婉嫻：《香港西醫發展史》，香港：中華書局（香港）有限公司，2018 年，第 60 頁。

57 丁新豹：《非我族裔：戰前香港的外籍族群》，香港：三聯書店（香港）有限公司，2014 年，第 216 頁。

58 Arthur E. Starling ed., *Plague, SARS and the Story of Medicine in Hong Kong*, Hong Kong: Hong Kong University Press, 2006, p. 75.

到了20世紀初，香港的醫療系統已發展到包含政府、政府資助和私家醫院。與開埠初期不同，這些醫院為所有港人提供醫療服務。除了醫院以外，香港也出現不少私家醫生，為市民提供醫療服務，而華人則大多選擇向傳統中醫求學。雖然醫院的數量有所增加，但由於香港的人口也一直增加，尤其是清朝在1860年將九龍割讓給英國和1897年將新界租借給英國後，人口迅速增長，令醫院一直出現病床短缺的問題。

臨時軍用醫院

1841年1月英軍佔領香港島後，馬上建了一所為士兵提供醫療服務的醫院。1841年5月廣州之戰結束後，英軍陸續退回香港。約500名士兵被安排留守軍營，這些士兵無法適應香港多變的氣候，一個接一個病倒。病倒或受傷的士兵把這所醫院擠得水洩不通。7月21日早上，醫生巡視之際，醫院突然被颱風吹塌，不少臥床病人被埋在瓦礫下。[59] 這座醫院僅運作了六個月便告終止，士兵只能到停泊在維多利亞港的醫療船接受治療，直至1844年才再次建立專門服務軍隊的德己立醫院（D'Aguilar Hospital）。

海員醫院

海員醫院（Seamen's Hospital）位於摩理臣山皇后大道東與灣仔道交界，於1842年由東印度公司的外科醫生楊格建立，1843年落成。[60] 醫院經費主要由怡和洋行資助，旨在為停泊在香港的船隻上患病的海員提供治療。[61] 海員醫院是香港第一間私立醫院，醫藥費主要由海員所屬的船公司承擔。儘管海員醫院並非由政府建立，但在國家醫院成立以前，港府會資助公務員及警察前往看病。海員醫院對入院有嚴格的限制，只有海員、公務員、警察或經政府醫官或警察介紹的居港英國人士能獲准入住。楊格醫生亦於每天早上八時至九時為市民提供門診服務。[62] 1873年，醫院因經費短缺而停辦，醫院建築被皇家海軍買下，改建為皇家海軍醫院（Royal Naval Hospital）。海軍

59 "Progress of the Expedition to China", *The Chinese Repository* 10, no. 11 (Nov 1841), p. 619.

60 K. Chi-min Wong and Wu Lien-teh, *History of Chinese Medicine*, Tientsin: The Tientsin Press Ltd., 1932, p. 175.

61 Alex Anderson to John Davis, 15 June 1844, CO 129/6, pp. 152–153.

62 "Art. III Charitable Institutions in Hong Kong," *The Chinese Repository* 12, no. 8 (August 1843), p. 442.

在附近曾增設一所專治傳染病的小型醫院。[63] 皇家海軍醫院在 1941 年被日軍轟炸後被迫關閉，1949 年由香港防癆會改建為律敦治療養院（Ruttonjee Sanatorium），專門為肺結核病人提供服務。醫院管理局在 1991 年成立後，立即接管律敦治療養院。1993 年底醫院大樓重建工程完成，律敦治醫院（Ruttonjee Hospital）正式成為一間綜合醫院。[64]

國家醫院

由於資源不足，政府一直無視殖民地醫官興建醫院的建議，直至 1849 年才決定興辦第一所公立醫院——國家醫院。國家醫院雖說是公立醫院，靠公費維持開支，但基本上是「為洋人而設」。[65] 成立初期，到醫院求診的主要是歐洲人、公務員和警員。由於當時華人對西醫缺乏信心，加上醫院收費昂貴，因此只有極少數當地華人會到國家醫院求診。一般華人入院留醫，每人每天至少需繳費 1 元。對普通華人來說，這難以承擔的大數目就像一道法令，將他們拒之門外。[66] 因此，前往就醫的華人寥寥可數。據 1868 年全年統計的國家醫院入院人數，西方人與印度人為 934 名，而當時佔總人口 95% 以上之華人僅為 228 人。[67] 根據紀錄，第一年只有 195 人次到醫院接受治療，第二年則有 222 人次。[68] 使用國家醫院服務的華人不是遇上意外被送進來搶救，就是較為富裕的西化華人。[69]

1873 年，鑒於醫院設施不足和衞生環境不理想，新任殖民地醫官建議興建新醫院，但這個建議一直得不到支持。翌年 9 月醫院遭颱風嚴重破壞，病人暫時遷至性病醫院，後再遷入由酒店改裝而成的臨時國家醫院。雖然設施和衞生狀況比之前有所改善，但因位處市中心，被眾多建築物包圍，通風不良，仍算不上合格。[70] 1878 年 12 月，臨時國家醫院於火災中燒毀，醫院只好

63　Arnold Wright, *Twentieth century impressions of Hong-kong, Shanghai, and other Treaty Ports of China*, London: Lloyd's Greater Britain Publishing Co. Ltd., 1908, p. 263.

64　Arthur E. Starling ed., *Plague, SARS and the Story of Medicine in Hong Kong*, Hong Kong: Hong Kong University Press, 2006, pp. 84–85.

65　Hennessy to Kimberly, 9 July 1880, CO 129/189, p.33.

66　余繩武、劉存寬：《19 世紀的香港》，北京：中國社會科學出版社，2007，第 304 頁。

67　"Report of the Colonial Surgeon for 1868." Government Notification No. 63, *The Hong Kong Government Gazette*, 3 April 1869, p.180.

68　Arthur E. Starling ed., *Plague, SARS and the Story of Medicine in Hong Kong*, Hong Kong: Hong Kong University Press, 2006, pp. 86–87.

69　羅婉嫻：《香港西醫發展史》，香港：中華書局（香港）有限公司，2018 年，第 32 頁。

70　P.B.C. Ayres, "Colonial Surgeon Report for the year 1874," Government Notification No. 73, *The Hong Kong Government Gazette*, 17 April 1875, p. 2.

圖 2.4 明信片上的國家醫院（1910 年代）

再度暫時遷回性病醫院運作。[71] 直至1880年，政府接收剛建成的新性病醫院，改裝作為新國家醫院之用。[72] 這所新醫院共有150張病床，設多個病房分別服務自資病人、公務員、警察、海員及亞裔人士。經多次擴建後，醫院設施齊全，衞生環境理想，從此成為政府管理下最優秀的醫院。

產科病房（Maternity Hospital）設立在國家醫院建築群內，於1897年建成，服務任何國籍人士。香港大學1911年成立時，國家醫院被用作醫學院的教學醫院，直到1937年瑪麗醫院在薄扶林落成後才逐漸退役。之後，該建築改建為西營盤醫院，專門照顧傳染病病人，後來醫院被拆卸，在舊址上建設西營盤賽馬會分科診所、菲臘牙科醫院等設施。[73]

性病醫院

《防治性病散播條例》在1857年實施。為配合執法，性病醫院於1858年應運而生。[74] 該條例要求所有招待歐洲人的性工作者每周在性病醫院接受定期檢查，如發現有陰道炎分泌物（inflammatory discharge）、陰部疱疹（sore）或尿道分泌物（urethral discharge）等明顯性病跡象的病患者，將會被拘留在醫院，直至康復後才能離開。[75]

醫院首年入院人數為124名病人，五年後病人數目急升至485名。[76] 但其後到了1870至1880年代，入院人數下降，病人平均住院日數亦顯著縮短，可見性病在香港的流傳得以控制。[77] 1858年至1873年期間，平均每年入院人

---

71 P.B.C. Ayres, "Colonial Surgeon Report for the year 1878," Government Notification No. 157, *The Hong Kong Government Gazette*, 7 July 1879, p. 403.

72 P.B.C. Ayres, "Colonial Surgeon's Report for 1880," *Hong Kong Administrative Reports for the Year 1880*, Hong Kong: Hong Kong Government Printing Office, 1881.

73 Arthur E. Starling ed., *Plague, SARS and the Story of Medicine in Hong Kong*, Hong Kong: Hong Kong University Press, 2006, pp. 87–88.

74 Letter Conveying Acting Colonial Secretary's Report on the Blue Book for 1857, 25 March 1858, CO 129/67; Philippa Levine, "Modernity, Medicine, and Colonialism: The Contagious Diseases Ordinances in Hong Kong and the Straits Settlements," *Positions: East Asia Cultures Critique* 6, No. 3 (1998), pp. 676–677.

75 R. J. Miners, "State Regulation of Prostitution in Hong Kong, 1857 to 1941," *Journal of the Hong Kong Branch of the Royal Asiatic Society* 24 (1984), p. 144; P.B.C. Ayres, "Annual Report of the Colonial Surgeon for the Year 1878," Government Notification No. 157, *The Hong Kong Government Gazette*, 19 May 1879, p. 407.

76 J.I. Murray, "Colonial Surgeon's Report for 1862," Government Notification No. 27, *The Hong Kong Government Gazette*, 6 February 1863, p. 77.

77 P.B.C. Ayres, "Annual Report of the Colonial Surgeon for the Year 1873," Government Notification No. 62, *The Hong Kong Government Gazette*, 9 March 1874, p. 158.

數為 394 名患者，平均住院日數則為 27.1 日，而 1873 年至 1887 年期間更分別下降至 201 名患者及 15.7 日。[78] 值得留意的是，政府其實早於 1878 年已接收了性病醫院，改裝作為新國家醫院之用，而剛在 1880 年建成的新性病醫院也被納入新國家醫院。[79] 因此，直至性病醫院在 1894 年關閉之前，醫護人員其實一直被逼在一個空間不足的舊院舍進行檢查及醫療工作。[80]

1887 年，港府廢除了《傳染病條例》下的檢查及登記系統，但令人意想不到的是，大多數已登記的性工作者仍然選擇繼續接受每星期的定期檢查。[81]《傳染病條例》撤銷後，每年檢查次數有輕微下跌（1886 年為 13,425 次檢查），及後卻有回升的跡象，從 1888 年的 10,853 次檢查升至 1892 年的 12,148 次。[82] 據殖民地總醫官報告，性病醫院授予住院病患者相當大的自由度，可在日間自行離院探訪朋友。[83] 醫院亦致力保障病人的私隱，只有殖民地總醫官、護士長及提供翻譯服務的「阿嬤」可進入醫院範圍，就算警察亦會被拒於門外。[84] 這些開明措施令醫院成功獲得性工作者的信任。有些患有瘧疾的性工作者甚至不願到國家醫院女性病房留醫，堅持逗留在性病醫院接受治療。[85]

78 P.B.C. Ayres, "Colonial Surgeon's Report for 1887," *Hong Kong Sessional Papers for 1888*, 31 May 1888, p. 234.

79 Moira M. W. Chan-Yeung, *A Medical History of Hong Kong: 1842–1941*, Hong Kong, Chinese University Press, 2018, p. 28.

80 P.B.C. Ayres, "Colonial Surgeon's Report for 1880," *Hong Kong Administrative Reports for the Year 1880*, Hong Kong: Hong Kong Government Printing Office, 1881. P.B.C. Ayres, "Report of the Colonial Surgeon for the Year 1888," Government Notification No. 308, *The Hong Kong Government Gazette*, 8 May 1889, p. 576; Arthur E. Starling ed., *Plague, SARS and the Story of Medicine in Hong Kong*, Hong Kong: Hong Kong University Press, 2006, p. 90.

81 P.B.C. Ayres, "Colonial Surgeon's Report for 1887," *Hong Kong Sessional Papers for 1888*, 31 May 1888, p. 222.

82 P.B.C. Ayres, "Report of the Colonial Surgeon for the Year 1886," Government Notification No. 291, *The Hong Kong Government Gazette*, 17 May 1887, p. 805; P.B.C. Ayres, "Report of the Colonial Surgeon for the Year 1888," Government Notification No. 308, *The Hong Kong Government Gazette*, 8 May 1889, p. 592; P.B.C. Ayres, "Report of the Colonial Surgeon for the Year 1892," Government Notification No. 238, *The Hong Kong Government Gazette*, 9 May 1893, p. 615.

83 P.B.C. Ayres, "Report of the Colonial Surgeon for the Year 1892," Government Notification No. 238, *The Hong Kong Government Gazette*, 9 May 1893, p. 595.

84 P.B.C. Ayres, "Report of the Colonial Surgeon for the Year 1890," Government Notification No. 310, *The Hong Kong Government Gazette*, 15 June 1891, p. 585; P.B.C. Ayres, "Report of the Colonial Surgeon for the Year 1892," Government Notification No. 238, *The Hong Kong Government Gazette*, 9 May 1893, p. 595.

85 P.B.C. Ayres, "Report of the Colonial Surgeon for the Year 1890," Government Notification No. 310, *The Hong Kong Government Gazette*, 15 June 1891, p. 585.

醫院於1892年改名為婦女性病醫院（Women's Hospital for Venereal Disease），但卻在短短一年後關閉，從那時起所有性病個案轉由國家醫院性病病房主管。[86] 有性工作者得知醫院關閉後，提議開辦一所由性工作者直接津貼的非政府性病醫院，邀請護士長及殖民地總醫官繼續進行先前的檢查和醫療工作。雖然殖民地總醫官艾爾斯（Philip B.C. Ayres）拒絕了性工作者們的邀請，但仍替他們抱不平，在年度報告中指責英國政府在大多性工作者樂意接受醫療檢查時才把性病醫院關閉，是完全不公平的決定，更有機會危害香港的衛生狀況。[87] 可是，英國政府仍然堅持在殖民地撤銷性病檢查程序，性病醫院自1893年後便停止運作。

除上述提供西醫服務的醫院外，還有為紀念維多利亞女王登基60周年，於1897年落成的域多利婦女及兒童醫院（Victoria Hospital for Women and Children）。該醫院由社會人士出資興建，政府負責營運；醫院位於山頂海拔約1,000呎，設有41張病床，服務私家病人、公務員家屬及華人。山頂還有兩間醫院，分別是私人營運的山頂醫院，以及坐落奇力山的明德醫院（Matilda Hospital）。明德醫院於1907年1月開辦，由夏普（Granville Sharp）為紀念妻子出資建立，該醫院旨在救助貧苦的外籍人士。[88]

殖民統治初期，政府推出不同衛生政策，旨在保障駐港英軍和僑民的健康，從而維護英國在華的商業利益。公立醫院的服務對象為公務員、警察等，一般華人難以負擔高昂的診金，只能倚賴慈善及宗教團體提供的醫療服務。同時，政府對華人社會的衛生情況不大理會，直接把歐人和華人居住範圍分隔，希望將疾病的影響局限於華人社區。可是，實施的醫療政策成效參差，仍然有不少疾病困擾着香港。1894年從華人社區開始傳播的鼠疫，更證明了歐人和華人社區的衛生情況息息相關，政府不能忽視華人的醫療健康。

86 P.B.C. Ayres, "Report of the Colonial Surgeon for the Year 1892," Government Notification No. 238, *The Hong Kong Government Gazette*, 9 May 1893, p. 595; P.B.C. Ayres, "Report of the Colonial Surgeon for the Year 1893," Government Notification No. 455, *The Hong Kong Government Gazette*, 11 July 1894, p. 981.

87 P.B.C. Ayres, "Report of the Colonial Surgeon for the Year 1893," Government Notification No. 455, *The Hong Kong Government Gazette*, 11 July 1894, p. 980.

88 Arnold Wright, *Twentieth Century Impressions of Hong-kong, Shanghai, and other Treaty Ports of China*, London: Lloyd's Greater Britain Publishing Co. Ltd., 1908, p. 263.

第三章
鼠疫的蔓延與影響

一、 鼠疫肆虐

1894 年爆發的鼠疫除了造成多人死亡，亦是對香港經濟的一大打擊，令政府蒙受不少損失。此後 30 年間鼠疫幾乎每年都在香港肆虐，有記錄的 21,867 宗病例中，共有 20,489 名病患者死亡，致死率高達 93.7% 。這令香港政府不得不正視政策上的不足，決心一改以往的模式，積極推動改善醫療衛生政策、設施與服務效率。[1]

維多利亞城依山傍海，可用以建築的平地有限，開埠以來香港華人人口連年上升，新到港華人主要聚居於太平山腳。1894 年，香港以每英畝 840 人的人口密度成為世界最擁擠的城市。[2] 隨着人口膨漲，房屋愈建愈密，不少原本只有一、兩層的建築物向上加建，阻礙陽光和新鮮空氣入屋。有些業主甚至把原本的單位分間成數個小單位，一整戶人擠在一個空間狹小、沒有窗戶的小房間中，室內的衞生狀況惡劣，疾病頻繁滋生，成為傳染病的温床。[3]

1873 年，艾爾斯醫生抵港出任殖民地醫官一職。他親自巡查香港的衞生狀況，所見所聞令他極為震驚。大多數房屋都沒有足夠的照明或通風，街市更是他見過「最骯髒的地方」。太平山區的衞生情況尤其差劣，街道上的排水

1 Arthur E. Starling ed., *Plague, SARS and the Story of Medicine in Hong Kong*, Hong Kong: Hong Kong University Press, 2006, p. 27.

2 Moira M.W. Chan-Yeung, *A Medical History of Hong Kong: 1842–1941*, Hong Kong: The Chinese University of Hong Kong Press, 2018, p. 135.

3 Arnold Wright, *Twentieth Century Impressions of Hong-kong, Shanghai, and other Treaty Ports of China*, London: Lloyd's Greater Britain Publishing Co. Ltd., 1908, p.262.

溝被「6至18英寸的半固態黑色腐爛污物阻塞」。由於排水管跟公共水井相距不遠，井水經常被污染。[4] 衞生環境欠佳、商行和貨倉遭鼠患入侵、再加上頻繁的貿易往來和人口流動，令香港容易受外來瘟疫入侵的威脅。[5] 不少醫學專家警告香港有爆發瘟疫的風險，但政府並沒有正視他們的擔憂。

鼠疫傳入

1850年代雲南爆發鼠疫。當時雲南有漢人與回族人因爭奪礦權發生衝突，回民不滿清廷處理，憤然反抗。1856年杜文秀在蒙化起義，聯合雲南各族反清，清廷派兵平亂。是次雲南回變引起大規模人口移動，令鼠疫疫情惡化。由於雲南是中國一個主要的鴉片種植地，與廣東的鴉片貿易有密切商業聯繫，鼠疫因而隨着難民東逃及貿易往來，在1880年代蔓延至廣東。[6] 1894年2月起，廣州爆發嚴重鼠疫，每天約有200至500人染疫而死。[7] 儘管如此，香港與廣州之間的人口流動並沒有停止，3月2日在香港舉行的大型表演，更吸引約40,000名華人從廣州南下觀賞。[8] 至4月26日，潔淨局才收到第一份有關廣州疫情的報告。[9]

5月4日，艾爾斯派遣國家醫院助理院長勞森醫生（James Lowson）到廣州調查有關發生嚴重疫情的傳聞。勞森很快意識到疫情的嚴重性，於5月8日回港，隨即診斷香港首宗本地鼠疫個案。[10] 隔日，《士蔑報》（*Hong Kong Telegraph*）報道：「一種與黑熱病（black fever）類近的致命疾病在過去一個月導致成千上萬廣州人喪命……疾病已出現於太平山區的華人居民中。自星

4 P.B.C. Ayres and James A. Lowson, *Report on the Outbreak of Bubonic Plague in Hong Kong, 1894*, Hong Kong: China Mail, 1894, pp. 1–3, 5–6.

5 Moira M.W. Chan-Yeung, *A Medical History of Hong Kong: 1842–1941*, Hong Kong: The Chinese University of Hong Kong Press, 2018, p. 135.

6 Carol Benedict, *Bubonic Plague in Nineteenth-century China*, Stanford, Calif.: Stanford University Press, 1996, p. 50.

7 Moira M.W. Chan-Yeung, *A Medical History of Hong Kong: 1842–1941*, Hong Kong: The Chinese University of Hong Kong Press, 2018, p. 134.

8 James A. Lowson, "Medical Report on Epidemic of Bubonic Plague in 1894," p.179.

9 "The Sanitary Board," *The Hong Kong Telegraph*, 10 May 1894.

10 P.B.C. Ayres and James A. Lowson, *Report on the Outbreak of Bubonic Plague in Hong Kong, 1894*, Hong Kong: China Mail, 1894, p. 15.

圖 3.1 鼠疫大流行期間，堅尼地城玻璃廠被改建為臨時醫院。（香港醫學博物館提供）

期六起，有數十人感染此病。」[11] 5 月 10 日，勞森前往東華醫院調查鼠疫在華人社區傳播的情況，發現醫院內已有 20 名鼠疫患者，立即通知潔淨局召開緊急會議。[12]

5 月 10 日舉行的緊急會議喚醒了各方對疫情的警覺性。政府宣佈香港為疫埠，並授權潔淨局採取特別措施。[13] 5 月 11 日，潔淨局成立了常設委員會（Permanent Committee），授權執行「預防鼠疫和減輕鼠疫影響的法案附則」。[14] 同時通過的法案附則規定：所有感染者須送往停泊在維多利亞港的醫務船「海之家」（*Hygeia*）進行隔離；在指定地點埋葬疫症死者；逐家逐戶檢查衞生狀況及查找鼠疫患者；消毒或銷毀患者的所有物品；以及將居民從疫情嚴重的房屋中遷出。[15] 常設委員會亦招募了皇家工程師和施洛普郡（Shropshire）輕步兵團的士兵加入消毒隊伍。[16] 醫務船「海之家」於 1891 年在香港建成，專門治療傳染病病人，在此次鼠疫中大派用場。[17] 除了「海之家」外，政府再加設五個地點提供治療服務。提供西醫醫療服務的醫院有堅尼地城醫院和屠宰場臨時醫院，東華醫院和堅尼地城玻璃廠臨時醫院則提供中醫服務。疫情晚期，雅麗氏利濟醫院的西醫也在臨時搭起的棚屋內提供醫療服務。[18] 可惜，常設委員會推出的特別措施未能有效阻止鼠疫蔓延。5 月 19 日，有 34 人染上鼠疫死亡，死亡人數在 6 月 2 日升至 78 人，6 月 7 日更攀升至 107 人。[19] 顯然，政府急需採取更嚴謹、更有效的應對措施。

6 月 11 日的立法局會議帶來了公共衞生政策上的根本轉變。港督羅便臣在會議中對華人普遍抗拒衞生措施表示憤怒，斥責他們：「不尊重英國法律或

---

11 "Local and General," *Hong Kong Telegraph*, 9 May 1894.

12 Moira M.W. Chan-Yeung, *A Medical History of Hong Kong: 1842–1941*, Hong Kong: The Chinese University of Hong Kong Press, 2018, pp. 135–136.

13 "The Sanitary Board," *The Hong Kong Telegraph*, 10 May 1894.

14 Elizabeth Sinn, *Power and Charity: A Chinese Merchant Elite in Colonial Hong Kong*, Hong Kong: Hong Kong University Press, 2003, p. 162.

15 "By-laws made by the Sanitary Board for the Prevention and Mitigation of the Epidemic," Government Notification No. 175, *The Hong Kong Government Gazette*, 11 May 1894, pp. 375–376.

16 "The Plague in Hong Kong", *Hong Kong Telegraph*, 18 May 1894.

17 Arnold Wright, *Twentieth Century Impressions of Hong-kong, Shanghai, and other Treaty Ports of China*, London: Lloyd's Greater Britain Publishing Co. Ltd., 1908, p. 263.

18 P.B.C. Ayres and James A. Lowson, *Report on the Outbreak of Bubonic Plague in Hong Kong, 1894*, Hong Kong: China Mail, 1894, pp. 17–18.

19 Moira M.W. Chan-Yeung, *A Medical History of Hong Kong: 1842–1941*, Hong Kong: The Chinese University of Hong Kong Press, 2018, p. 137.

圖 3.2 英軍士兵參與清潔大平山疫區的工作，搬走鼠疫患者房舍的家具消毒。（Wellcome Collection）

習俗……政府有責任確保社區人士的健康不會因他們［華人］在城內居住而受到威脅。」羅便臣又將矛頭指向潔淨局：「我只能說，我在這殖民地居住了兩年多，直到昨天才收到潔淨局……有關華人地區存在不衛生住所的通知。」他強調疫情的嚴重性逼使政府採取積極干預公共衛生的政策，提出賦予消毒隊伍更大權力、將與病人同住的居民遷出居所、甚至在極端情況下清拆房屋的法案在立法局中成功通過。[20]

消毒隊伍的權力擴大後，巡視變得更為積極。曾有一至兩位居民染疫的房屋均要徹底消毒，而有三人或以上染疫的房屋則會被封閉。由於一半以上的鼠疫個案集中於太平山區，政府為防止疫病蔓延，決定圍封太平山內疫患最嚴重的一處十英畝區域，並命令警察加強巡邏附近地區，以防有人嘗試進入疫情重災區。經過一番討論後，政府更決定將在圍封區域內的房屋燒毀。當時的西醫學術理論認為引起鼠疫的細菌是緣自土壤——為了滅絕鼠疫細菌，消毒隊伍將房屋的木樑放置在地下室中燃燒，以徹底烘烤房屋下的土壤。[21]突然推出的清拆房屋政策使許多華人家庭無家可歸。《孖剌西報》（*Hong Kong Daily Press*）報道，有很多太平山區居民在沒有提前通知的情況下被強行撤離，使他們不得不流浪街頭。[22]日益嚴格的公共衛生措施與政府先前所持的不干涉態度大相逕庭，導致政府與華人民眾之間的關係更為緊張，對政府和西方醫學的不信任令華人社會對這些措施極其抗拒。[23]

二、防治困難與政治角力

政府與東華醫院的分歧

自 1870 年成立以來，東華醫院致力為在港華人提供中醫醫療服務，因而享負盛名。東華醫院的良好聲譽使其董事局能夠成為香港政府與華人市民之間溝通的橋樑。不幸的是，在 1894 年鼠疫中，華人與歐人社群因觀念兩極而拒絕溝通，東華醫院束手無策，遭受各方猛烈抨擊，名聲重創。

20 Legislative Council, Hong Kong, "Records of the Meeting of the Legislative Council, 11 June, 1894 Session," *Hong Kong Hansard*, 11 June 1894, pp. 45–49.

21 P.B.C. Ayres and James A. Lowson, *Report on the Outbreak of Bubonic Plague in Hong Kong, 1894*, Hong Kong: China Mail, 1894, pp. 10, 17.

22 "The Plague," *Hong Kong Daily Press*, 16 June, 1894.

23 劉潤和：《香港市議會史（1883–1999）——從潔淨局到市政局及區域市政局》，香港：香港歷史博物館，2002，第 56 頁。

1894 年 5 月 10 日，勞森醫生受命到東華醫院調查院內有沒有鼠疫病例。[24] 有學者指這次調查行動打破了東華醫院與政府之間的慣例——除了殖民地總醫官以外，東華醫院平時不准許西醫進入醫院範圍。[25] 調查後，勞森發現院內有大約 20 名患者出現鼠疫症狀，大多數患者來自太平山區。令他極為震驚的是，東華醫院的中醫不但未能診斷出鼠疫症狀，更沒有將鼠疫患者與其他病人隔離。勞森後來在報告抨擊東華醫院內的衞生情況以及中醫的診治能力，[26] 加深了歐洲人的偏見，認定中醫藥沒有科學根據，是迷信的醫療思想，在疫情下只會危害香港的公共衞生。

艾爾斯和勞森建議將華人患者從東華醫院轉移到較容易進行隔離工作的「海之家」醫療船上，但遭到華人的強烈反對。[27] 當時在華人社會中有大量謠言散佈，指「海之家」其實是一個浮動實驗室，船上的西醫會解剖不知情的病人，把病人的肝臟用作治療瘟疫的藥物。[28] 儘管有不少華人領袖對隔離患者的政策表示贊同，而政府亦作出讓步，容許東華中醫到船上治療華人患者，但最終只有 36 名華人願意在船上隔離。[29] 雖然政府一直聲稱歡迎中醫加入船上的醫療團隊，但只有一名中醫師接受邀請。這名醫師得知在船上必須聽從西醫的指示後，便立即離開。[30] 顯然，華人和中醫對西醫主導的公共衞生措施極不信任。

瘟疫初期，東華醫院董事局與香港政府之間已出現了重大分歧。政府突然以公共衞生的名義積極干預華人事務，直接威脅着東華在政府和民眾之間發揮調解作用的角色。東華醫院自成立以來一直堅持自治及中醫主導的創辦原則，政府強行將患者從東華醫院轉移至醫療船上的行動，直接威脅東華長期享有的自治權，也清楚表明了對中醫藥的不信任。[31] 東華醫院董事局內部

---

24 P.B.C. Ayres and James A. Lowson, *Report on the Outbreak of Bubonic Plague in Hong Kong, 1894*, Hong Kong: China Mail, 1894, p. 15.

25 Elizabeth Sinn, *Power and Charity: A Chinese Merchant Elite in Colonial Hong Kong*, Hong Kong: Hong Kong University Press, 2003, p. 161.

26 P.B.C. Ayres and James A. Lowson, *Report on the Outbreak of Bubonic Plague in Hong Kong, 1894*, Hong Kong: China Mail, 1894, p. 15.

27 "The Epidemic", *Hong Kong Telegraph*, 12 May 1894.

28 F.S.A. Bourne, "Plague in Canton," 30 June 1894, Enclosed in J.F. Brenan to Undersecretary of State, Foreign Office, 1 August 1894, CO 129/265, p. 221.

29 "The Epidemic", *Hong Kong Telegraph*, 12 May 1894.

30 "The Plague in Hong Kong", *Hong Kong Telegraph*, 22 May 1894.

31 Elizabeth Sinn, *Power and Charity: A Chinese Merchant Elite in Colonial Hong Kong*, Hong Kong: Hong Kong University Press, 2003, p. 163.

亦出現分歧，有些董事主張面對重大危機時要與政府加強合作，另一些董事則主張維護自治反對政府干涉，兩方爭持不下。[32] 5 月 21 日，一群擁護東華自治的華人菁英拜訪總督羅便臣，請求停止逐家逐戶搜出患者、並將華人患者從「海之家」送回東華醫院。羅便臣拒絕了所有請求，並堅決地回答說：「……香港是英國的殖民地，他們選擇居住在殖民地，就必須服從英國的法律和衞生條例……我有職責保障社會的安全。」[33] 顯然，在政府眼中，公共衞生比保障東華醫院自治權力更為重要。

與此同時，廣州及香港街頭上陸續出現一些具爭議性的街招告白，導致東華醫院與政府的關係進一步惡化。鼠疫爆發後，有關疫情的街招數目大增。這些街招用中文撰寫，資料來源不明。有些宣傳中醫推薦的瘟疫處方，但亦有不少充滿惡意的內容，散播着各式各樣的反英謠言。[34] 其中一個謠言聲稱總督羅便臣其實擁有法國國籍，故意讓鼠疫進入香港，藉此殺死華人。[35] 有學者指這些謠言經常在中國保守派煽動反基督教和反西方文化活動中出現。而 1894 年，在香港流傳西醫挖出華人兒童的眼睛來生產藥品的說法。[36] 羅便臣自然很生氣，在與英國殖民地部的通信中表示難以相信英國佔領香港 50 多年後，華人居民竟仍然相信這些愚昧無知的言論。[37] 更糟糕的是，當地媒體直接將東華機構與街招謠言聯繫起來。5 月 24 日的《士蔑報》稱東華和保良局董事局的成員為「華人叛徒」，指控他們是謠言散佈的源頭。[38] 同時，羅便臣向英國駐廣州領事發放電報，要求兩廣總督李瀚章禁止街招的散播，譴責一切不盡不實的謠言。[39] 李瀚章也對謠言相當反感，發聲明警告市民不要相信謠言，指這些故事是由「製造麻煩的歹徒捏造的，任何人都不應被他們誤

32 "The Plague", *Hong Kong Daily Press*, 21 May 1894.

33 William Robinson, "Governor's Dispatch to the Secretary of State with Reference to the Plague," *Hong Kong Sessional Papers for 1894*, 20 June 1894, p. 284.

34 丁新豹：《善與人同：與香港同步成長的東華三院，1870–1997》，香港：三聯書店（香港）有限公司，2010，第 84 頁。

35 William Robinson to Marquess of Ripon, 23 May 1894, CO 129/263, #122.

36 楊祥銀：〈1894 年香港鼠疫謠言與政府應對措施〉，《浙江社會科學》，6 期（2017 年），第 102 至 107 頁。

37 William Robinson, "Governor's Dispatch to the Secretary of State with Reference to the Plague," *Hong Kong Sessional Papers for 1894*, 20 June 1894, p. 284.

38 "The Hong Kong Government and Chinese Traitors," *Hong Kong Telegraph*, 24 May 1894.

39 Elizabeth Sinn, *Power and Charity: A Chinese Merchant Elite in Colonial Hong Kong*, Hong Kong: Hong Kong University Press, 2003, p. 171.

導。」[40] 儘管兩廣總督嘗試澄清，可是香港的媒體仍然相信東華機構和華人社會帶有反英傾向。

華人的反抗

與此同時，華人民眾亦因消毒隊伍的逐戶巡查與政府代表發生衝突。華人居民的抵抗是有因可循的。從文化的角度來看，香港史專家冼玉儀指出消毒隊伍對女性居民進行身體檢查的舉動被視為侵犯隱私的行為，觸怒華人民眾。[41] 歐洲人亦恃着殖民者的傲慢，視華人為「骯髒」和「未受教育」的人，消毒隊伍行動時任意妄為，冷酷無情。[42] 從經濟的角度來看，居民擔憂若在屋內發現鼠疫病例，同住的會被驅逐，財物會被銷毀。因而刻意將鼠疫患者藏匿在消毒隊伍無法發現的地方。《孖剌西報》亦有刊登一位居民的投訴，指陪同消毒隊伍的苦力趁機肆意搶劫。[43] 上述不當的行徑導致當地民眾對房屋搜索出現強烈反抗。為了防止被驅逐的情況出現，不少住客試圖在消毒隊伍上門搜查之前先將患者搬到另外住處。[44] 民眾更向衞生官員扔石頭，政府需要調動警察到場恢復秩序。[45]

歐洲人和華人互相指控對方行為不當，令局勢更趨緊張。5 月 23 日，維多利亞港的船夫罷工，使港口貨物運輸癱瘓。有謠言稱香港將面臨一場全行業罷工，以抗議政府嚴苛的公共衞生措施。[46]《士蔑報》儘管沒有明確的證據，仍堅持指控東華機構「正在允許甚至鼓勵社會低下階層發起叛亂」。[47] 另一個謠言恐嚇「海之家」將遭受到海上襲擊，總督羅便臣因而於 5 月 24 日命令砲

40 Hong Kong Government, "Viceroy's Despatch regarding Libellous Placards," Government Notification No. 223, *The Hong Kong Government Gazette*, 9 June 1894, p. 506.

41 Elizabeth Sinn, *Power and Charity: A Chinese Merchant Elite in Colonial Hong Kong*, Hong Kong: Hong Kong University Press, 2003, p. 165.

42 William Robinson, "Governor's Dispatch to the Secretary of State with Reference to the Plague," *Hong Kong Sessional Papers for 1894*, 20 June 1894, p. 284.

43 Letter from "A Chinaman" to the Editor of the *Daily Press*, *Hong Kong Daily Press*, 13 June 1894.

44 Elizabeth Sinn, *Power and Charity: A Chinese Merchant Elite in Colonial Hong Kong*, Hong Kong: Hong Kong University Press, 2003, p. 164.

45 "The Plague", *Hong Kong Daily Press*, 21 May 1894.

46 "The Plague in Hong Kong: Strike of Cargo Boats," *The China Mail*, 23 May 1894.

47 "Threatened Strike in the Colony," *Hong Kong Telegraph*, 23 May 1894.

艇「特威德號」(H.M.S. Tweed) 停靠在醫療船附近。[48] 幸好，傳聞的襲擊沒有發生，1894 年亦沒有出現武裝衝突。

儘管東華不斷嘗試化解僵硬的局勢，董事局扮演「中間人」的角色卻令不少華人對東華的行為起疑。5 月 20 日，東華在醫院中舉辦了由董事局主席劉渭川主持的會議，參加者包括 70 家企業的董事以及政府代表。劉渭川得悉有華人憤而破壞他的店鋪，中途離開會議，希望趕回店鋪視察情況。醫院外吵鬧的人群看見正在離開的劉渭川，向他扔石頭並推翻了他的轎子，迫使劉渭川狼狽地逃回醫院。政府最後須派遣一隊錫克人騎兵護送政府官員和華人菁英離開醫院。[49] 這件事清楚顯示，20 年來公認為華人社區代表的東華已經失去大部分華人民眾的支持。

更值得注意的是，一些背景洋化的華人知識分子也開始與東華決裂。革命組織輔仁文社的骨幹謝纘泰曾在中央書院接受西式教育，精通英語，思想上比較西化。他於 5 月 30 日的《孖刺西報》中發表文章支持殖民政府頒佈的公共衛生措施。他聲稱代表「能力較強的同胞」，批評「無知的苦力階級」引起的恐懼和困擾，更稱他們是「盲目地被更高階級的同胞領導」，暗指東華醫院董事局的成員從中作梗。他甚至鼓吹禁止這些導致民眾誤入歧途的華人菁英在香港居住至少五年！[50] 亦有人以署名「中國人」投稿，宣稱和政府交涉的東華代表團「並不代表該殖民地的所有華人，也沒有表達我們的所有觀點」，指出有些華人「認為潔淨局的措施是明智的、有道理的」。[51] 親西方的華人精英對東華的不滿又是對其聲譽的一大打擊。

禁止患者回內地爭議

出於對殖民政府及東華的不信任，不少華人患者希望回內地就醫。5 月 20 日於東華醫院舉行的會議上，華人精英詢問政府能否讓患者回內地，指這安排可以減輕殖民政府負擔，並讓患者接受中醫治療，若患者過世，亦可採用傳統的中式葬禮。政府官員回應稱廣東官員不允許粵港之間人口自由流

48 "Local and General," *Hong Kong Telegraph*, 24 May 1894.

49 "The Plague in Hong Kong", *Hong Kong Telegraph*, 21 May 1894.

50 "A Chinese Protest to the Editor of the "Daily Press"," *Hong Kong Daily Press*, 30 May 1894.

51 "The Deputation to the Registrar General to the Editor of the "Hong Kong Telegraph"," *Hong Kong Telegraph*, 23 May 1894.

動。[52] 可是，兩廣總督李翰章在6月發佈的聲明中，卻稱香港市民可自由出入廣東省，這與香港政府的説法並不一致。[53] 李翰章於5月29日拜訪駐廣州英國領事時，請求香港官員不要阻止華人患者回內地，更提議由廣東政府派遣船隻接送患者。[54] 香港政府沒有理會到李翰章和東華機構的要求。羅便臣雖然口説患者可以自由移動，但實行的衞生措施卻要求所有瘟疫病例都必須向潔淨局報告，並限制患者的出入自由。儘管如此，不少華人違反官方衞生規定於5月下旬返回中國。

華人買辦何亞美在6月初向潔淨局請求批准成立委員會，協助把患者送往廣州。潔淨局答覆稱大多數成員反對此做法，政府亦沒有理會何亞美的請求。何亞美只好在報章上撰寫文章，對政府的頑固態度表達憤怒和沮喪。[55] 正當所有人以為政府會一意孤行到底，羅便臣突然在6月9日宣佈允許患者前往廣州。[56] 東華立即聘請了「廣康號」和「昂蘭號」砲艇於6月12日到香港把患者送回內地。[57]

6月23日，東華創辦總理之一陳瑞南（又名陳桂士）在荔枝角成立了一家中醫醫院。[58] 由於香港的醫院受政府管制，不少華人患者都選擇到提供中醫服務的荔枝角醫院接受治療。起初，東華資助船夫把病人送往荔枝角醫院。香港警方發現後，在維多利亞港設立了警戒線，並檢控接載病人的船夫。[59] 由於政府早前已同意允許華人民眾自由來往大陸，此舉被《孖剌西報》批評為荒唐之極。[60] 香港總商會亦向政府提出正式抗議。受着多方的壓力，政府決定撤回警戒線，並為希望在荔枝角醫院接受治療的患者安排船隻交通。[61]

然而，潔淨局的永久委員會卻極力反對政府安排船隻轉移患者到荔枝角醫院。委員會認為荔枝角與香港距離太近，醫院附近墳地的埋葬亦不合衞生

52 〈港疫續述〉，《申報》，1894年5月28日。
53 Elizabeth Sinn, *Power and Charity: A Chinese Merchant Elite in Colonial Hong Kong*, Hong Kong: Hong Kong University Press, 2003, p. 172.
54 J.F. Brenan to O'Conor, 11 June 1894, FO 17/1227, pp. 130–136.
55 Ho A-mei, "The Plague Panic to the Editor of the "Hong Kong Telegraph"," *Hong Kong Telegraph*, 7 June, 1894.
56 "The Plague in Hong Kong," *The China Mail*, 9 June, 1894.
57 "The Plague in Hong Kong," *Hong Kong Telegraph*, 13 June, 1894.
58 "The Plague in Hong Kong," *Hong Kong Telegraph*, 30 June, 1894.
59 "The Plague in Hong Kong," *Hong Kong Telegraph*, 30 June, 1894.
60 "The Plague," *Hong Kong Daily Press*, 2 July, 1894.
61 "The Plague," *Hong Kong Daily Press*, 2 July, 1894.

規格，存在令香港再次爆發大規模疫情的風險。[62] 潔淨局一直認為有必要將瘟疫死者埋在地下五到六英尺的深度，並在墳墓上撒石灰，以防止鼠疫進一步蔓延。[63] 潔淨局提倡的準則與中國的喪葬習俗有所抵觸，令香港許多華人家庭決定在內地埋葬鼠疫病死的親友。荔枝角醫院旁邊的墓地因與香港距離不遠而特別受歡迎。[64] 羅便臣在暫時恢復警戒線的同時，請求兩廣總督改善荔枝角醫院和墓地的衛生條件。[65] 待西醫檢查完畢後，潔淨局最終於 7 月 12 日允許鼠疫患者由政府安排的船隻運送到荔枝角醫院。[66]

三、影響與檢討

7 月中旬，纏繞了香港四個多月的瘟疫逐漸受到控制。隨着案件數目下降，華人居民陸續返回香港，政府於 9 月 3 日宣佈殖民地不再受鼠疫影響。[67] 根據官方數字，1894 年的 2,679 鼠疫病例中，有 2,552 名患者死亡，致死率達 95.3%，數字驚人。[68] 有學者估計因為許多病人在疫情期間逃離了香港，真實總數很有可能高達 5,000。[69] 除了龐大的死亡數字外，瘟疫還導致社會環境不穩的狀況。在短短四個月裏，共有 80,000 名華人逃離香港，苦力、家傭和勞工都紛紛放下工作，遷至內地。[70] 香港學校的學生平均出席率由 1893 年的 78.19% 降至 1894 年的 61.41%。232 所學校中，有 45 所在 1894 年被迫關閉，其中 40 所是由華人互助協會辦理的中文學校。[71]

---

62 "The Plague," *Hong Kong Daily Press*, 3 July, 1894.

63 楊祥銀：〈公共衛生與 1894 年香港鼠疫研究〉，《華中師範大學學報（人文社會科學版）》，2010，49(04):73。

64 楊祥銀：〈公共衛生與 1894 年香港鼠疫研究〉，《華中師範大學學報（人文社會科學版）》，2010，49(04): 72–73。

65 "The Plague in Hong Kong," *Hong Kong Telegraph*, 10 July, 1894.

66 "The Plague in Hong Kong," *Hong Kong Telegraph*, 12 July, 1894.

67 "The Last of the Plague," *Hong Kong Daily Press*, 4 September 1894.

68 G.H. Choa, *The Life and Times of Sir Kai Ho Kai: A Prominent Figure in Nineteenth-century Hong Kong*, Hong Kong: Chinese University Press, 2000, pp. 278–279.

69 Moira M.W. Chan-Yeung, *A Medical History of Hong Kong: 1842–1941*, Hong Kong: The Chinese University of Hong Kong Press, 2018, p. 145.

70 William Robinson, "Governor's Dispatch to the Secretary of State with Reference to the Plague," *Hong Kong Sessional Papers for 1894*, 20 June 1894, p. 286.

71 E.J. Eitel, "The Educational Report for 1894," *Hong Kong Sessional Papers for 1894*, 4 May 1895, pp. 447–448.

經濟打擊

鼠疫引起的大規模人口移動令殖民地面臨着經濟災難。有學者認為，政府在 1894 年期間的政策重點除了針對防止鼠疫擴散外，還致力保持經濟穩定。[72] 勞動力短缺引致的經濟癱瘓，相比起瘟疫病例數字持續上升，同樣帶給官員不少焦慮。羅便臣在提交給殖民地部的鼠疫報告中感嘆：「政府以及每個行業都受到鼠疫的影響，對銀行家、商人、船運公司、製糖業、店主、業主和勞工階層來說，他們所受的經濟損失無法準確計算。」有不少行商因經濟困難在疫情期間返回內地。製糖業的財政損失尤其嚴重，估計達到數百萬美元。[73] 利源（Lee Yuen）製糖廠被迫停業，而中國製糖廠（China Sugar Refinery）300 名員工則集體離開工作崗位，使工廠險些要停業。[74] 鼠疫也直接影響到香港居民的日常生活，糧食價格上漲了 30% 至 50%。有學者諷刺地描述當時的情況：「歐洲人不再大聲疾呼要驅趕骯髒的苦力，而是開始擔心他們將不得不自己洗熨衣服和拉人力車。」[75] 瘟疫的影響迫使香港的西方精英承認他們對華人勞動力的依賴，以及華人低下階層對香港經濟繁榮的重要性。

瘟疫對長期以來被視為香港經濟基石的航運業務打擊最大。政府於 5 月 10 日正式宣佈香港爆發瘟疫後，香港船政廳的記錄顯示：5 月下旬抵港的西洋船和中式帆船數量比上年同期分別少 51 艘和 251 艘；到了 9 月，差距更高達 375 艘和 1,824 艘。[76] 前往溫哥華、檀香山和舊金山的太平洋郵船公司（Pacific Mail）輪船拒絕接待來至香港的華人旅客；日本、新西蘭和中國的港口都要求從香港來港的船隻進行隔離。[77] 勞動人口的大量外流亦令在碼頭

---

72 Robert Peckham, "Infective Economies: Empire, Panic and the Business of Disease," *The Journal of Imperial and Commonwealth History* 41, no. 2 (2013): 221–222.

73 William Robinson, "Governor's Dispatch to the Secretary of State with Reference to the Plague," *Hong Kong Sessional Papers for 1894*, 20 June 1894, p. 288.

74 Arthur E. Starling ed. *Plague, SARS and the Story of Medicine in Hong Kong*, Hong Kong University Press, 2006, pp. 31–32; William Robinson, "Governor's Dispatch to the Secretary of State with Reference to the Plague," *Hong Kong Sessional Papers for 1894*, 20 June 1894, p. 285.

75 Moira M.W. Chan-Yeung, *A Medical History of Hong Kong: 1842–1941*, Hong Kong: The Chinese University of Hong Kong Press, 2018, pp. 141, 144–145.

76 R. Murray Rumsey, "The Harbour Master's Report for 1894," *Hong Kong Sessional Papers for 1895*, 11 February 1895, p. 240.

77 "Quarantine at Tokyo," Government Notification Number 220, *The Hong Kong Government Gazette*, 9 June 1894, p. 505; "Quarantine at Queensland," Government Notification Number 222, *The Hong Kong Government Gazette*, 9 June 1894, p. 506; "Quarantine at Ningbo," Government Notification Number 224, *The Hong Kong Government Gazette*, 9 June 1894, p. 507.

舉足輕重的裝卸貨運工作停止。[78] 瘟疫雖然沒有造成香港經濟的完全崩潰，但也嚴重損害了香港身為亞洲首席航運港口的地位。

衛生政策的轉變

1894 年的瘟疫喚醒了香港西方精英對城市衛生狀況的關注。該年殖民地總醫官在年度報告中指出：「可怕的爆發亦帶來正面的效果，至少向香港歐人社會證明，香港大部分住宅區都非常骯髒，存在真正的危險，並不像從前那樣可以拿來取笑。」[79] 政府高層特別關注鼠疫如何影響大英帝國的穩定，擔憂「維持帝國的系統網絡也正是其弱點的根源。」保持帝國順利運作的貿易和信息網絡同時也是傳播疾病和謠言的渠道，有可能衝擊帝國金融，引起社會動盪。[80] 這些擔憂促進了改善香港衛生環境的討論，逼使政府認真重思自身在提倡和捍衛公共衛生上的角色。

政府重新規劃「受污染」的太平山區計劃，正好體現了其推動公共衛生改革的決心和新方向。在 19 世紀末，西方醫學界仍然相信物品，如衣服、家居用品甚至房屋本身，可以因鼠疫染者的接觸而變成瘟疫的病原。[81] 西醫對於華人居住區中積累的「垃圾」和「污穢」特別反感。勞森醫生描述太平山區房屋的內部為：「除了灰塵、舊抹布、灰燼、破損的陶器、潮濕的表層土壤外，還加上糞便以及動物和人類的尿液，情況極不衛生。」[82] 政府清拆太平山區大部分房屋的決定，就是緣於官員擔心該地區的「垃圾」有再次引起瘟疫的風險。

基於政府對「華人垃圾」的擔憂，於 1894 年 9 月通過了《清拆太平山條例》(*Tai Ping Shan Resumption Ordinance*)。該條例指太平山區中「大量土壤和建築材料都充滿鼠疫病菌」，授權潔淨局拆除 384 棟房屋，以促進該地區

78 William Robinson, "Governor's Dispatch to the Secretary of State with Reference to the Plague," *Hong Kong Sessional Papers for 1894*, 20 June 1894, p. 288.

79 P.B.C. Ayres, "Colonial Surgeon's Report for 1894," *Hong Kong Sessional Papers for 1895*, 29 April 1895, p. 478.

80 Robert Peckham, "Infective Economies: Empire, Panic and the Business of Disease," *The Journal of Imperial and Commonwealth History* 41, no. 2 (2013): 212.

81 Robert Peckham, "Hong Kong Junk: Plague and the Economy of Chinese Things," *Bulletin of the History of Medicine* 90, no. 1 (2016): 48–49.

82 James A. Lowson, *The Epidemic of Bubonic Plague in 1894, Medical Report*, Hong Kong: Hong Kong Government Printing Office, 1895, p. 4.

圖 3.3 1895 年，政府收回大平山區土地，清拆重建。其中一部分土地用來建造卜公花園，於 1905 年向公眾開放。（香港醫學博物館提供）

的重建，及後進行拓闊街道、引進新排水系統的工程。[83] 該區新建的房屋設有窗戶、廁所、開放空間和自來水供應，與先前的衛生條件相比有實際的改善。[84] 1903 年，政府計劃在其中一部分收回的土地上建造公園，增添開放空間，讓小孩有地方玩耍，期望為這片人口稠密的地區帶來益處。[85] 該公園命名為卜公花園（Blake Garden），在 1905 年 8 月 22 日向公眾開放。[86] 為了維持各區衛生，潔淨局亦每年組織定期的清潔運動，期望杜絕鼠患。官員對經濟和社會穩定的擔憂，驅使了政府採取新的積極干預方針，大大改善香港的衛生條件。

政府決心採取積極干預的衛生措施，也代表政府不再容忍香港華人社會對衛生政策的反抗。華人社會在 1894 年對公共衛生措施的強烈反對，令政府極為震驚。政府因而放棄在某些領域不干預華人事務的政策，於 1894 年後推出的衛生措施，無論華人社會是否接納，政府都會強行通過。這種新態度在殖民地總醫官艾爾斯的年度報告中得到了最清晰的闡述：「華人已經受到了一個非常必要的教訓，就是政府不再允許暴亂和罷工淩駕於法律之上。鑑於過去一年的經驗，我謹此反對他們在香港再出現瘟疫時干預或控制醫院的運作。」[87]

有學者認為這種強硬的態度與種族偏見的思想相關。[88] 在殖民者眼中，鼠疫被視為「華人」的疾病，因為鼠疫在中國起源，並因華人「不良」衛生習慣在華人社區迅速傳播。在香港居住的歐洲人對華人懷有不滿，認為是華人，而不是疾病本身的高度傳染性，導致瘟疫在城市中爆發。《士蔑報》於 5 月 22 日的文章直言：「華人可以被他們帶來的鼠疫殺死，但他們不應被允許殺

83 Legislative Council, Hong Kong, "Records of the Meeting of the Legislative Council, 27th August, 1894 Session," *Hong Kong Hansard*, 27th August 1894, pp. 51–52.

84 Arthur E. Starling ed. *Plague, SARS and the Story of Medicine in Hong Kong*, Hong Kong: Hong Kong University Press, 2006, pp. 34–35.

85 Reports of the Medical Officer of Health, the Sanitary Surveyor, and the Colonial Veterinary Surgeon for 1903, p.305.

86 Government Notification No. 757, *The Hong Kong Government Gazette*, 28 October 1904, p.1747; Government Notification No. 522, *The Hong Kong Government Gazette*, 18 August 1905, p.1256.

87 P.B.C. Ayres, "Colonial Surgeon's Report for 1894," *Hong Kong Sessional Papers for 1895*, 29 April 1895, pp. 480–481.

88 Elizabeth Sinn, *Power and Charity: A Chinese Merchant Elite in Colonial Hong Kong*, Hong Kong: Hong Kong University Press, 2003, p. 180.

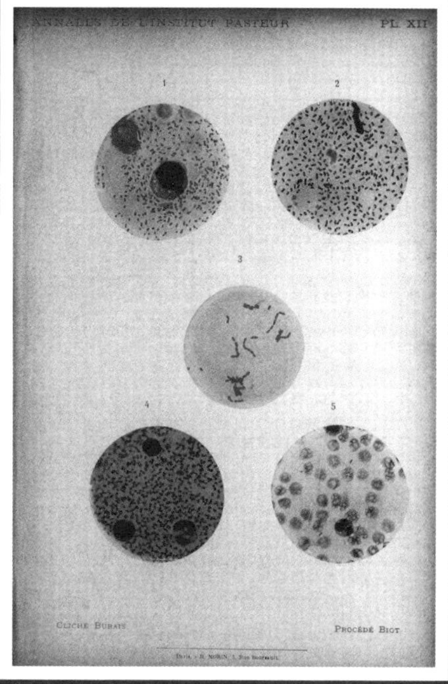

圖 3.4（左）法國細菌學家亞歷山大·耶爾森在香港鼠疫期間成功分離出鼠疫的病原體「鼠疫桿菌」。

圖 3.5（右）樣本 1 和樣本 2 由感染鼠疫的病人和老鼠身上的淋巴腫囊驗出，兩者高度相似。樣本 3 為耶爾森分離及培植的鼠疫桿菌。樣本 4 採自注射了鼠疫桿菌培植物的老鼠身上的淋巴腫囊，與樣本 1 和樣本 2 相似，證明鼠疫由該細菌引起。（Wellcome Collection）

死我們［歐人］。」[89] 香港政府也認同這種看法，羅便臣在 6 月 11 日的立法局會議上宣稱，他雖然歡迎華人移民到香港，但不會容忍華人不良衛生習慣對公共衛生造成任何威脅。[90] 西方社會認定華人為不衛生的種族偏見，無疑加強了政府強行通過衛生措施的決心。

立法局於 1894 年 12 月 22 日宣讀《公共衛生法案》(*Public Health Act*) 的會議上，進一步說明了潛在的種族偏見以及政府的強硬立場。政府希望藉着推出《公共衛生法案》以監察及規定香港房屋的衛生條件。法案要求業主使用不會滲透的材料加固地下室和底層，以防止液體和氣體滲入房屋；規定人均居住空間；以及授權潔淨局官員進入和檢查居住空間。[91] 律政司古德曼 (W.M. Goodman) 在他的致詞中，對法案的反對者作出回應：「如果有華人來對我們說：『我有很多骯髒的習慣；我喜歡在不衛生的地方生活；我喜歡住在一個很大機會帶有瘟疫的房子裏，而房屋內部原封不動比起打掃房屋帶給我更少麻煩。』如果遇見這樣的人，我會說：『我們悲傷地與你分開，但若你到了另一個地方住在一個符合你想法的房子裏，我相信隨着時間流逝你會後悔自己的愚蠢，並且會在瘟疫殺死你之前悔改。』」立法局非官守議員華商何啟反對古德曼帶有種族偏見的聲明：「博學的律政司似乎認為該殖民地只為某階級存在。那些對殖民地貢獻良多的人……即華人社會……他們應當得到更大的認受性……如果你要通過法律過分干涉其日常生活及其享有物業的自由，粗暴地對待他們，他們會感到反感。」[92]

何啟與其他非官守議員在隨後討論法案具體部分的會議中繼續提出批評。他們質疑低下階層是否有能力在人均居住空間增加後，支付相應上升的租金，再盤問突擊房屋檢查的必要性。有關處罰的部分引起特別大爭議：法案規定若同一房屋內的住客於三個月內違反相關衛生條例兩次或以上，不論被定罪的是否同一人，全體住客都會被驅出房屋。非官守議員質疑為何房屋

89 「我們」指在香港居住的歐洲人；"Sanitation among Chinese," *Hong Kong Telegraph*, 22 May 1894.

90 Legislative Council, Hong Kong, "Records of the Meeting of the Legislative Council, 11 June, 1894 Session," *Hong Kong Hansard*, 11 June 1894, p. 47.

91 Hong Kong Government, "Draft Bill Entitled n Ordinance to make provision with regard to certain houses in the City of Victoria closed during the prevalence of the Bubonic Plague and to make further and better provision for the health of the Colony," Government Notification No. 341, *The Hong Kong Government Gazette*, 15 September 1894, pp. 795–799.

92 Legislative Council, Hong Kong, "Records of the Meeting of the Legislative Council, 22 December, 1894 Session," *Hong Kong Hansard*, 22 December 1894, pp. 22, 24.

中的所有住客都需要承擔一個人的罪過。何啟批評道：「我看不出這條例能帶來任何正義。令人驚訝的是，人們為了擁有捍衛衛生的好名，並展示為公眾服務的能力，而給房東或窮人帶來這種不公正的待遇……如果你稱這是正義，我不會同意。」官守議員否決了非官守議員提出的所有修正案，展示了政府強硬的姿態。[93] 這清楚地表明，不論是華人上層或基層社會對衛生措施提出的抗議，政府都不會接納。

為了加強對衛生事務的掌控，政府應《1895 年醫務委員會調查報告》（*Medical Committee Report*）建議，於 1895 年 4 月增設衛生醫官（Medical Officer of Health）一職。該職位獨立於首席醫務官（Principal Medical Officer）的掌控，是潔淨局成員之一，充當政府在衛生事務上的顧問。衛生醫官有權進入任何處所，調查該地方的衛生及疾病傳播狀況。[94] 該職位臨時由陸軍醫官韋斯確特（Sinclair Westcott）署任，直至政府於 1895 年 10 月 11 日正式委任克拉克（Francis William Clark）醫生為首任衛生醫官。[95]

東華面對的批評與轉變

政府強硬的態度令香港最具影響力的華人醫療機構——東華醫院繼續受壓。在 1895 年提交給香港行政局的醫療報告中，勞森醫生譴責東華醫院在疫情期間的工作。他聲稱醫院內發生了「醫療和外科罪行」（medical and surgical vice），更指東華的存在「對社區的健康構成嚴重威脅。」勞森的種族偏見令他非常抗拒將香港華人西醫書院畢業生派駐東華醫院的建議：「如果經驗豐富的歐洲醫生都很難做出正確的診斷，那麼請一個受過一半教育的華人進行診斷是不公平的……俗語說：『一知半解是危險的事情（a little knowledge is a dangerous thing）。』」[96]

93 Legislative Council, Hong Kong, "Records of the Meeting of the Legislative Council, 22 December, 1894 Session," *Hong Kong Hansard*, 22 December 1894, pp. 25–28, 32–33.

94 "An Ordinance on the Medical Officer of Heath," Government Notification No. 159, *Hong Kong Government Gazette*, 20 April 1895, p.449

95 Government Notification No. 160, *Hong Kong Government Gazette*, 20 April 1895, p. 450; Government Notification No. 419, *Hong Kong Government Gazette*, 12 October 1895, p. 1069.

96 James A. Lowson, "Correspondence from Lowson to Ayres, 1 March, 1895," in *The Epidemic of Bubonic Plague in 1894, Medical Report*, Hong Kong: Hong Kong Government Printing Office, 1895, pp. 34–35.

勞森及其他西醫紛紛要求政府調查東華醫院的運作，逼使政府於 1896 年 2 月答應他們的請願成立「東華醫院調查小組」。[97] 小組盤問了 13 位證人（8 位歐洲人、5 位華人），亦有就醫院管理、監督非政府醫院、華人民眾對衞生措施的反對等方面詢問其他英國殖民地政府的意見。[98] 小組成員威歇（T. H. Whitehead）於 1896 年 10 月發佈的報告對東華醫院及中醫學術的效能進行全面攻擊。署理殖民地總醫官艾堅信聲稱：「中醫們承認他們沒有手術知識……我認為有十分之九的手術個案是因在東華接受治療而出現喪命情況……從醫學角度來看，我認為應該廢除東華醫院…他們沒有執行法案所規定治療華人民眾病患的目的或宗旨。」陸軍首席醫務長官伊瓦特（George Evatt）進一步批評醫院內的衞生狀況：「被褥非常骯髒……我注意到醫院人員沒有將病人分類……惡臭足以使健康的人感到不適。」雅麗氏利濟醫院院長譚臣醫生（John C. Thomson）更稱東華醫院為「危險的醫院」；「根據我們對診斷的了解，東華醫院內的中醫並沒有真正診斷出疾病的實情。」[99] 有學者直指部分政府西醫平日對東華醫院的中醫醫療服務存有偏見，利用供詞落井下石，批評東華的醫療工作。[100] 儘管如此，小組的調查報告並沒有完全否定東華醫院在香港提供醫療服務的價值，反指出提供西醫醫療服務的政府醫院難以鼓勵華人入院留醫，東華醫院收納大量華人病人，因此在香港醫療架構中擔當重要角色。[101] 小組認定有迫切需要任命一名接受過西醫培訓的華人醫生駐院，以準確記錄病例和死亡人數及檢查醫院內的衞生情況。小組亦希望透過引入華人西醫醫生，策略性地將西醫醫術與服務引入華人醫院，希望對華人接受西醫有潛移默化的幫助。小組同時作出讓步，規定除非東華醫院的中醫或病人明確要求西醫介入，否則駐院西醫不得干預病人的治療。[102]

東華醫院董事局別無選擇，被迫接受報告的建議。1896 年末，鍾本初成

---

97 楊祥銀：〈殖民權力與醫療空間：香港東華三院中西醫服務變遷（1894—1945）〉，《歷史研究》，2 期（2016 年），第 111 頁。

98 T.H. Whitehead, "Commissioners' Reports on the Working of the Tung Wa Hospital," *Hong Kong Sessional Papers for 1896*, 17 October 1896, pp. LXV–LXVI.

99 T.H. Whitehead, "Commissioners' Reports on the Working of the Tung Wa Hospital," *Hong Kong Sessional Papers for 1896*, 17 October 1896, pp. xxii–xxvi.

100 李東海：《香港東華三院一百二十五年史略》，北京：中國文史出版社，1998，第 245 頁。

101 T.H. Whitehead, "Commissioners' Reports on the Working of the Tung Wa Hospital," *Hong Kong Sessional Papers for 1896*, 17 October 1896, pp. xxix–xxx.

102 王惠玲：〈香港公共衞生與東華中西醫服務的演變〉，載劉潤和、冼玉儀主編：《益善行道：東華三院 135 周年紀念專題文集》，香港：三聯書店（香港）有限公司，2006，第 52 至 57 頁；"Recommendations for Reform," *The China Mail*, 12 May 1896.

為首位常駐東華醫院的西醫。[103] 負責監督東華醫院運作的譚臣醫生在 1902 年年度報告中指出，醫院董事局以往對西醫學的抗拒已逐漸消失，駐院中醫亦願意就脫臼或骨折問題請教外科醫生。醫院董事局更於 1902 年通過決議，決定以西醫醫療方式處理所有傳染病。[104] 在 20 世紀上半葉，在東華醫院接受西醫治療的病患者比例持續上升，從 1897 年的 13% 升至 1905 年的 50.57%，到 1938 年已高達 69.55%。西醫學的功效比起中醫學的高，1897 年至 1925 年期間，接受中醫治療病患者的死亡率為 38.12%，而接受西醫治療病患者的死亡率為 22.83%，驅使了更多中醫和華人病患者接納西醫學。[105]

隨着西醫學的影響力日益增加，東華又未能在鼠疫期間捍衛華人利益，令東華機構在華人社會及在香港醫療發展中的影響力下降。醫院董事局在 1894 年強力為中醫辯護，令不少受西方教育的華人對東華的保守態度不滿。1901 年再次發生鼠疫之時，廣州精英分子向東華求助，期望東華能夠說服香港政府解除對鼠疫患者的行動限制。東華機構在答覆中直言不再有任何影響力，難以說服香港政府。[106] 但鼠疫某程度上改變了華人和東華機構對西醫的看法。進入 20 世紀，東華醫院擴展為東華三院，在醫療服務、賑災救災、教育服務等方面繼續發展，仍然是一個很有影響力的華人慈善團體。

鼠疫後續爆發

儘管公共衞生情況有所改善，但鼠疫仍然每年捲土重來。政府雖然堅持實施公共衞生措施，但同時亦意識到避免過分滋擾市民的重要性，其後的爆發並沒有引來嚴重的社會動盪。當鼠疫於 1896 年在香港再度爆發時，政府繼續派遣搜查隊為逐家逐戶進行衞生檢查，但亦有提醒隊伍必須尊重華人居民的私隱。政府沒有如 1894 年般將居民從房屋驅逐到街頭，而是安排居民暫住在大型帆船上，由政府支付住費。當這些帆船空間飽和時，政府在城市附近建造棚屋，以容納更多被逼遷的居民。政府也允許華人居民將病人或屍體運

103 丁新豹：《善與人同：與香港同步成長的東華三院，1870-1997》，香港：三聯書店（香港）有限公司，2010，第 109 頁。

104 J.C. Thomson, "Report of the Principal Civil Medical Officer for the Year 1902," Government Notification No. 393, *The Hong Kong Government Gazette*, 9 April 1903, pp. 950-951.

105 楊祥銀：〈殖民權力與醫療空間：香港東華三院中西醫服務變遷（1894—1945）〉，《歷史研究》，2 期（2016 年），第 113 至 114 頁。

106 Carol Benedict, *Bubonic Plague in Nineteenth-century China*, Stanford, Calif.: Stanford University Press, 1996, p. 148.

往廣州，以防再次因逼遷爭議引起華人社會的反感。[107] 總督羅便臣滿意地指出，香港政府折衷的態度成功令衛生政策得到華人社會的認同，1894 年華人社會的大規模人口流動並沒有再次發生。[108]

政府的衛生措施雖然漸為華人所理解與接受，但對於杜絕鼠疫的作用不大。1896 年，有 1,078 名市民死於鼠疫，當中大多數病例源於太平山區。1894 至 1901 年期間，總共有 8,600 名市民死於鼠疫，即平均每年有約 1,000 名市民患鼠疫而死，致死率高達 95%。[109] 1901 年，1,000 多名華人精英簽署了一封請願書，抱怨政府未能抑制鼠疫每年出現。面對香港精英的壓力，政府於 1902 年初邀請了由流行病學和公共衛生專家辛普森教授（W.J. Simpson）和英國殖民地部衛生專員查維克組成的小組來港，審視城市的衛生情況以及提出應對瘟疫的建議。[110] 在報告中，辛普森及查維克指出了香港鼠疫反覆爆發的起因：瘟疫患者不斷來往香港與中國內地；帶有瘟疫病菌的老鼠、受污染的房屋和衣服將鼠疫傳播開去；大多數華人房屋有人滿之患；以及社會缺少醫療人員及追查感染源頭的機制。[111] 針對華人房屋的衛生問題，政府於 1903 年通過《公共衛生及建築物條例》（*Public Health and Buildings Ordinance*），規定居住的建築物須合符特定標準，包括成人平均居住面積不得少於 50 平方英呎、房屋必須預留至少 1.8 米闊的後巷、住屋不能飼養家禽，以改善公眾衛生，減低鼠疫傳播。[112]

報告特別注意到老鼠與瘟疫的密切關係，37 位受訪醫生中，有超過八成發現瘟疫爆發前會有大批老鼠死亡，認定老鼠是瘟疫傳播的主要媒介。因而，小組倡導將粗製碳酸倒入經常有老鼠出沒的排水渠和僱用捕鼠專員，藉此滅絕殖民地內的老鼠。[113]

107 Moira M.W. Chan-Yeung, *A Medical History of Hong Kong: 1842–1941*, Hong Kong: The Chinese University of Hong Kong Press, 2018, pp. 152–154.

108 William Robinson, *Bubonic Plague in Hong Kong*, London: The Stationery Office, 1896, pp. 4–5.

109 E. G. Pryor, "The Great Plague of Hong Kong," *Journal of the Hong Kong Branch of the Royal Asiatic Society* 15 (1975), p. 64.

110 Moira M.W. Chan-Yeung, *A Medical History of Hong Kong: 1842–1941*, Hong Kong: The Chinese University of Hong Kong Press, 2018, p. 154.

111 William John Simpson, *Report on the Causes and Continuance of Plague in Hongkong and Suggestions as to Remedial Measures*, London: Waterlow, 1903, pp. 5–6.

112 "The Public Health and Buildings Ordinance, 1903", Government Notification No. 94, *The Hong Kong Government Gazette*, 27 Febuary 1903, pp. 162–253.

113 William John Simpson, *Report on the Causes and Continuance of Plague in Hongkong and Suggestions as to Remedial Measures*, London: Waterlow, 1903, pp. 34, 43–44.

接替羅便臣擔任香港總督的卜力（Henry A. Blake）接受了小組的建議，在 1902 年花費總支出的 5.1% 應對鼠疫，為歷年最高，用於僱用大批捕鼠專員和六名日本醫生。為了緩解華人社會對衛生措施的焦慮，政府允許華人患者自行選擇治療模式，病人除了可以到東華醫院接受中醫治療，更可以選擇在家中接受治療。當卜力收到協助消毒隊伍的苦力向住客要求賄賂的投訴時，立即安排華人互助協會的成員陪同消毒隊伍檢視違規行為。雖然政府採取了盡量避免擾民的措施，但民眾對衛生措施的被動抵抗（passive resistance）仍然繼續：消毒隊伍不時發現華人房屋中設置的捕鼠器被預先觸發，而棄置屍體的數目並沒有減少。[114] 儘管如此，卜力推出的衛生政策相當成功，在 1902 年上半年共捕獲了 88,862 隻大鼠，而鼠疫病例數目則減少了一半至 572 宗。[115]

當印度瘟疫委員會在 1905 至 1906 年進行的研究最終確定跳蚤才是鼠疫傳播的主要媒介時，鼠疫已經在香港或多或少得到控制。[116] 顯著改善的衛生情況以及政府的滅鼠運動令香港的鼠疫病例持續減少，最後兩宗本地鼠疫個案在 1929 年出現。[117] 話雖如此，香港政府抑制鼠疫的成效其實難以評估。有學者批評歷屆政府對新的流行病學理論認知不足，認為較果斷的官員應該能夠及時阻止瘟疫的蔓延。[118]

總括而言，1894 年鼠疫可說是香港醫療史的轉捩點。政府拋開了 1842 年起在公共衛生方面不干預華人事務的政策，取而代之的是強行實施公共衛生措施的決心。1894 年與華人社區的衝突卻逼使當局作出讓步，及後的公共衛生政策都小心迴避可能出現的牴觸。可見，香港政府汲取了處理 1894 年鼠疫的教訓。另一方面，東華未能調解政府與華人的糾紛，導致其聲望受損，而 1894 年後政府加強了對東華的管制，進一步限制其影響力。1894 年鼠疫亦促使西醫介入東華醫院，成為傳統華人改變對西醫固有看法的一個契機。往後華人對中西醫學態度轉變，影響到 20 世紀香港醫學史的發展。

---

114 H.A. Blake, *Memorandum on the Treatment of Patients in their Own Homes and in Local Hospitals*, London: The Stationery Office, 1903, pp. 5–6, 10.

115 Moira M.W. Chan-Yeung, *A Medical History of Hong Kong: 1842–1941*, Hong Kong: The Chinese University of Hong Kong Press, 2018, pp. 153–155.

116 E. G. Pryor, "The Great Plague of Hong Kong," *Journal of the Hong Kong Branch of the Royal Asiatic Society* 15 (1975), p. 69.

117 Moira M.W. Chan-Yeung, *A Medical History of Hong Kong: 1842–1941*, Hong Kong: The Chinese University of Hong Kong Press, 2018, p. 156.

118 Myron Echenberg, *Plague Ports: The Global Urban Impact of Bubonic Plague, 1894–1901*, New York: New York University Press, 2010, p. 44.

第四章
二戰以前醫學及醫學教育的發展

鼠疫爆發一役促使政府改變以往的醫療衞生政策，態度由被動走向積極。20 世紀初的政治、社會轉變，亦是促使政府下定決心推動改變的重要原因。首先，英國與清廷於 1898 年簽署《展拓香港界址專條》，租借了新界地域，使香港殖民地範圍和人口大幅增加。其次，九廣鐵路於 1911 年開通，大大增加了兩地人口的雙向流動、物資交流，但也令疾病更容易傳播。隨着香港的急速發展，政府決定改善醫療衞生政策，增建醫療設施。同時，宗教及慈善團體亦積極擴展醫療事業，以應付人口上升帶來的需求。人手培訓及技術提升是改善醫療服務不可或缺的先決條件，香港的醫學教育及研究的發展因而逐漸獲得政府及社會大眾的重視。

一、20 世紀初的醫學發展

醫學理論的突破

19 世紀末，醫生開始廣泛利用顯微鏡研究細胞的活動和結構，醫學界逐漸接納「檢驗醫學」，對香港以至世界各地的醫學教育與研究影響深遠。羅伯・柯霍（Robert Koch）、路易・巴斯德（Louis Pasteur）等人藉着醫療科技的進步，發現疾病與細菌的關係，成功推動細菌學的發展。[1] 香港的醫學界在 1890 年代就「檢驗醫學」和「病菌説」的理論進行了激烈爭論，兩種學説

1　Mark Harrison, *Disease and the Modern World: 1500 to the Present Day*, Cambridge: Polity Press, 2008, pp. 169–173.

都需經過一段過渡期才被廣泛接納為基礎醫學理論。至 1902 年，香港政府才任命第一位政府細菌學家（Government Bacteriologist），並於 1906 年開辦細菌學檢驗所。[2]

1894 年香港鼠疫期間，細菌學家成功鑒定及分離出鼠疫桿菌是「病菌說」一大突破。鼠疫高峰期，兩名細菌學家北里柴三郎教授和亞歷山大・耶爾森博士（Alexandre Yersin）前往香港進行對鼠疫載體和細菌的研究。北里柴三郎早一點抵達香港，成為第一位在鼠疫死者的血液樣本中發現細菌的學者，同時搶先在醫學期刊上描述鼠疫桿菌。可是，及後的調查卻發現北里柴三郎對鼠疫桿菌描述並不準確，抽取的樣本可能受到污染。[3] 耶爾森對鼠疫桿菌有更清晰的描述，因而鼠疫桿菌被命名為耶爾森氏菌（*Yersinia pestis*）。[4]

鼠疫桿菌的發現雖然肯定了「病菌說」提出的理論，但不少醫生繼續質疑鼠疫的傳播是否與細菌有關，顯示「病菌說」在 1890 年代仍未能完全取代先前的醫學理論。西蒙德（Paul-Louis Simond）在 1898 年根據「病菌說」成功證明印度鼠蚤為鼠疫的主要傳播媒介，他的研究卻遭到當時不少醫生的質疑。[5] 有醫生反指鼠疫是一種藉不潔華人及其骯髒房屋傳播的「污穢病」，亦有其他醫學界人士稱鼠疫是通過瘴氣傳播。[6] 連對鼠疫有深入研究的香港醫生也對「病菌說」持有懷疑態度。[7] 香港華人西醫書院創辦人之一的康德黎醫生（James Cantlie）在 1894 年直稱鼠疫為一種「瘴氣病」：「受感染的瘴氣似乎是從土壤產生的，並且在污穢中蓬勃發展。」[8] 香港華人政府醫療人員亦按着「污穢病」和「瘴氣病」的理論來制定燒毀太平山區華人房屋的防疫政策。

---

2 "Appointment of William Hunter as Government Bacteriologist," Government Notification No. 235, *The Hong Kong Government Gazette*, 18 April 1902, p. 644.

3 Kitasato Shibasaburo, "The Bacillus of Bubonic Plague," *The Lancet* 144, no. 3704 (1894), pp. 428–430; Outbreak of Bubonic Plague, 22 June 1894, CO 129/263, #153, pp. 496–497.

4 Alexandre Yersin, "La peste bubonique à Hong-Kong," *Ann. Inst. Pastur.* 2 (1894), pp. 428–430.

5 Robert Peckham, "Hong Kong Junk: Plague and the Economy of Chinese Things," *Bulletin of the History of Medicine* 90, no. 1 (2016), pp. 47–48.

6 Carol Benedict, *Bubonic Plague in Nineteenth-century China*, Stanford, Calif.: Stanford University Press, 1996, pp. 140–141.

7 Mary P. Sutphen, "Not What, but Where: Bubonic Plague and the Reception of Germ Theories in Hong Kong and Calcutta, 1894–1897," *Journal of the History of Medicine and Allied Sciences* 52, no. 1 (1997), pp. 81–113.

8 James Cantlie, "The Plague in Hong Kong: Clinical and Pathological Characters," *The British Medical Journal* 2, no. 1756 (1894), p. 425.

直到有權威性的印度鼠疫委員會於 1905 至 1906 年進行對鼠疫研究後肯定西蒙德的發現，香港醫學界才願接受印度鼠蚤為鼠疫的主要傳播媒介。[9]

常見疾病及治理方法

醫學研究在抗衡香港流行病方面發揮了關鍵作用。結核病在 19 世紀和 20 世紀對香港市民的健康構成重大威脅。1906 年的統計中，患結核病而死的香港居民佔患病死亡人數 11%，冠絕所有疾病。[10] 細菌學家羅伯・柯霍在 1882 年發現結核桿菌是引致結核病的病菌，確定結核桿菌可藉着咳嗽、談話、打噴嚏和隨地吐痰產生的飛沫傳播。[11] 香港殖民地總醫官指「人口密集、通風差劣和貧窮」等因素加速了疾病的擴散，按照英國的評估，應將結核病標籤為一種可通過衛生措施和公共教育控制的「社會疾病」(Social Disease)。[12] 政府根據以上評估推動公共衛生教育，嘗試杜絕華人在街上隨地吐痰的習慣。[13] 然而，結核病繼續流行，直到政府在戰後廣泛實行多項針對性的防控政策，結核病的擴散才受控。[14]

瘧疾是另一個威脅香港公共健康的常見傳染病。自從 1898 年研究指出，蚊子為瘧疾傳播媒介之後，香港政府展開了大規模抗瘧運動，主要任務為搜出和破壞蚊子幼蟲的繁殖地，以及改造舊式水渠，以防止積水成為蚊子的新繁殖地。[15] 建築方面，1903 年通過的《公共衛生及建築物條例》規範了樓宇

9 E. G. Pryor, "The Great Plague of Hong Kong," *Journal of the Hong Kong Branch of the Royal Asiatic Society* 15 (1975), pp. 68–69.

10 Margaret Jones, "Tuberculosis, Housing and the Colonial State: Hong Kong, 1900–1950," *Modern Asian Studies* 37, no. 3 (July 2003), p. 663.

11 Yip Ka-che, Yuen Sang Leung, and Man Kong Timothy Wong, *Health Policy and Disease in Colonial and Post-colonial Hong Kong, 1841–2003*, London: Routledge, 2016, p. 29.

12 "Reports of the Medical Officer of Health, Sanitary Surveyor, and the Colonial Veterinary Surgeon for 1897," Government Notification No. 259, *The Hong Kong Government Gazette*, 11 June 1898, p. 274; Anne Hardy, *The Epidemic Streets: Infectious Disease and the Rise of Preventive Medicine, 1856–1900*, Oxford: Oxford University Press, 1993, pp. 255, 263–264.

13 Legislative Council, Hong Kong, "Records of the Meeting on 10 December, 1908," *Hong Kong Hansard*, 10 December 1908, pp. 155–160.

14 Lee Shiu-Hung, "The 60-year Battle Against Tuberculosis in Hong Kong — A Review of the Past and a Projection into the 21st Century," *Respirology* 13 (2008), p. 50.

15 "Report regarding a research into the prevalence of Mosquitoes and Malaria in the Colony," Government Notification No. 642, *The Hong Kong Government Gazette*, 24 November 1900, p. 1071.

需有開放空間以確保房屋有一定的自然通風，及批准政府人員在場所內進行強制害蟲檢查。[16] 政府還推動了針對瘧疾的公共教育計劃，派發教育市民滅蚊方法的中英對照小冊子。在學校，教育局規定老師需在課堂上講解瘧疾危害，新界地區的學生亦要接受奎寧治療。[17] 從 1900 年開始，瘧疾病例數字穩定下降，到了 1928 年，因瘧疾死亡的個案不到每年死亡人數的 2%。[18]

1928 年，外科軍醫基雲（David Given）發表了一份題為《瘧疾在香港》（*Malaria in Hong Kong*）的報告。報告建議成立專責政府部門，以推行預防及控制瘧疾的工作。政府接納報告的意見，在 1929 年成立「防瘧局」（Malaria Bureau），委任積信醫生（R.B. Jackson）為官方瘧疾學家。官方瘧疾學家負責對蚊子和瘧疾進行醫學研究以及協調抗瘧運動，包括調查香港各地經常滋生瘧蚊的地方，清除蚊卵與幼蟲。當局與細菌學檢驗所的合作成功確認了按蚊（*Anopheles minimus* 及 *Anopheles jeyporiensis*）為在香港傳播瘧疾的主要蚊種。[19] 瘧疾在戰後香港仍然致命，但隨着醫療設施增加、醫學科技改善、以及急速的城市化，1970 年代起本地瘧疾傳播已幾乎絕跡，新案例主要是外來輸入個案，或由無症狀人士透過捐血傳染。[20]

腳氣病（*Beriberi*）在戰前香港構成嚴重健康問題，病因是營養不良導致缺乏硫胺素（*Thiamine*，即維生素 B1）。1905 年，共有 676 名腳氣病患者死亡，為年度腳氣病死亡人數的高峰。[21] 香港醫學界對於腳氣病的由來有不少理論。當時正值「病菌說」流行，許多醫生認為腳氣病是通過土壤或白米中的

---

16 "Medical Officer of Health, the Sanitary Surveyor and the Colonial Veterinary Surgeon—Reports of, for 1903," Government Notification No. 392, *The Hong Kong Government Gazette*, 27 May 1904, pp. 948–949, 957.

17 "Medical and Sanitary Reports for the Year 1914," in *Hong Kong Administrative Reports for the Year 1914*, Hong Kong: Hong Kong Government Printing Office, 1915. pp. 20–22.

18 Yip Ka-che, "Colonialism, Disease, and Public Health: Malaria in the History of Hong Kong," In Yip Ka-che ed., *Disease, Colonialism, and the State: Malaria in Modern East Asian History*, Hong Kong: Hong Kong University Press, 2009, p. 19.

19 A. R. Wellington, "Medical and Sanitary Reports for the Year 1931," *Hong Kong Administrative Reports for the Year 1931*, Hong Kong: Hong Kong Government Printing Office, 1932, pp. 45, 103–116.

20 Arthur E. Starling ed., *Plague, SARS and the Story of Medicine in Hong Kong*, Hong Kong: Hong Kong University Press, 2006, pp. 22–23, 186.

21 Yip Ka-che, Yuen Sang Leung, and Man Kong Timothy Wong, *Health Policy and Disease in Colonial and Post-colonial Hong Kong, 1841–2003*, London: Routledge, 2016, p. 31.

細菌傳播的。[22] 政府細菌學家亨特（William Hunter）的研究否定了這學說。在 1906 年出版的學術論文中，他表示：「並沒有任何證據證明 [腳氣病] 存在病灶，即病毒沒有入侵人體的部位……腳氣病患者的任何器官中均沒有發現導致疾病的微生物。」論文總結稱腳氣病並不是「有高度傳染性的疾病」，人體只需要「調節有益健康的飲食」便可完全康復。[23] 亨特的診斷後來被其他醫生的研究肯定，受到醫學界的廣泛接納。可是，由於腳氣病並非細菌所致的傳染病，對香港公共衛生威脅不大，政府以此為理由拒絕投入資源應對香港人營養不足的問題。戰前政府除了在 1911 年發出提醒民眾均衡飲食重要性的非強制性建議外，沒有實行抗衡腳氣病的實質政策。[24]

新界醫療事務

英國在 1898 年向清廷租借新界，使香港的管轄範圍大幅增加。這片新租借地面積廣闊，大多是鄉村農田和濕地，交通不發達，醫療發展落後。1899 年 4 月接收新界期間，首席民事醫務官艾堅信觀察到新界瘧疾疫情相當嚴重，該年共有 65 名駐守新界的警察因感染瘧疾需送院治療。[25] 為了維持管治團隊的健康，政府採取醫務官建議，把行政總部和各個警局附近的水稻田填平，以杜絕蚊患滋生，並向公務員和警察提供奎寧作預防之用。這些措施頗為奏效，1901 年各區警局因瘧疾而入院的人員比率由往年的 90% 減至 52.5%。[26]

政府任命香港華人西醫書院畢業生何乃合為華人醫官，掌管新界醫療事務，成為駐守當區的唯一一位政府醫生。他的主要職責是為新界的公務員、

---

22 Yip Ka-che, Yuen Sang Leung, and Man Kong Timothy Wong, *Health Policy and Disease in Colonial and Post-colonial Hong Kong, 1841–2003*, London: Routledge, 2016, p. 32.

23 William Hunter and Wilfred Koch, *A Research into the Etiology of Beriberi; Together with a Report on an Outbreak in the Po Leung Kuk*, Hong Kong: Government Printing Office, 1906, pp. 127–128.

24 "Beri-beri produced by consumption of white rice," Government Notification No. 44, *The Hong Kong Government Gazette*, 24 February 1911, p. 59.

25 香港政府在 1897 年將殖民地總醫官的職位改名為首席民事醫務官。
"Report on the New Territory during the First Year of British Administration," *Hong Kong Sessional Papers for 1900*, 17 February 1900, p. 287.

26 "Report on the New Territory for the Year 1900," *Hong Kong Sessional Papers for 1901*, 12 August 1901, pp. 21, 23; "Report on the New Territory for the Year 1901," *Hong Kong Sessional Papers for 1902*, 22 March 1902, pp.17–18.

警察治病，並定期走訪各個警署、村莊，提供基本醫療和疫苗接種服務。[27] 當時新界一些客家鄉村仍使用落後的方法來預防天花，把天花患者的痘痂吹入種痘者鼻中，使種痘者染上輕微天花症狀以獲取免疫。可是，這種做法較為危險，有機會引致種痘者死亡。有見及此，何乃合向四名華人接種員提供本地生產的牛痘疫苗，請他們到偏遠鄉村為小孩接種。[28]

儘管醫務官為當地居民診症及接種牛痘疫苗，新界的公共醫療服務依然有限。接管初期，整個新界只有 1901 年在大埔開設的一所政府醫局(Government Dispensary)，由一位華人醫官提供門診服務，其他地區只能倚靠醫務官寥寥可數的定期到訪。[29] 住院設施更是缺乏，直至九廣鐵路修築工程在 1906 年展開，導致醫療服務需求大增，才不得不建立一間小型醫院，為傷病工人提供即時治療。[30] 政府自 1906 年起亦在大埔滘、沙田、九龍仔等鐵路沿線地區建立醫局服務鐵路僱員及工人，並設立鐵路醫官 (Railway Medical Officer) 一職管理醫務。這些醫局大多在 1910 年鐵路通車前關閉，其中九龍醫局則維持開放，並接受普通民眾前來求診。[31]

27 "Report on the New Territory during the First Year of British Administration," *Hong Kong Sessional Papers for 1900*, 17 February 1900, p. 287.

28 "Report on the New Territory for the Year 1900," *Hong Kong Sessional Papers of 1901*, 12 August 1901, p. 21.

29 Ho Nai Hor, "Report on the New Territory for the Year 1901, Appendix No. 4," *Hong Kong Sessional Papers for 1902*, 24 January 1902, pp. 16–17.

30 "Report of the Medical Officer at Taipo," Government Notification No. 14, *Supplement to Hong Kong Government Gazette*, 17 July 1908, p. 377.

31 "Report of the Railway Medical Officer," *Hong Kong Administrative Reports for the Year 1910*, Hong Kong: Hong Kong Government Printing Office, 1911, p. 49.

表 4.1：新界醫療服務統計數字（1901–1910）[32]

年份	門診治癒人數	接種天花疫苗人數
1901	1267	78
1902	1749	336
1903	2196	516
1904	2464	666
1905	2002	75
1906	2004	86
1907	1895	96
1908	2200	112
1909	1047	303
1910	1254	401

1914 年起，政府在元朗、大埔、荃灣、長洲派駐助產士，為新界婦女提供接生服務。1919 年，元朗各鄉的鄉紳集資成立博愛醫院，服務當區村民。門診服務方面，政府於 1925 年成立元朗醫局；1930 年代，由蔣法賢醫生、胡惠德醫生等創立的新界贈醫會在荃灣、錦田等地建立醫局，服務當區居民，該組織其後併入聖約翰救傷隊。[33] 為了深入偏遠地區，1932 年起政府設立流動醫療車，定期行走新界北部的鄉村，提供基本醫療服務，1933 年起更派醫療船前往離島服務。[34]

華人逐漸接受西醫

1894 年鼠疫爆發後，國家醫院醫生勞森嚴厲批評東華醫院無法治理患者，讓病菌散播，危害社區。他建議關閉東華醫院，另建民間西醫醫院。經過多番討論後，政府決定保留東華醫院，但要求東華必須聘請一名華人駐院西醫，希望藉此對華人接受西醫有潛移默化的幫助。根據巡院醫生報告，

32 資料綜合自歷年《殖民地醫官年度報告》、《新界報告》（*Report on the New Territory*）、《首席民事醫務官報告》（*Report of the Principal Civil Medical Officer*）及《駐九龍新界醫官報告》（*Report of the Medical Officer for Kowloon and the New Territories*）。

33 陳大同等編：〈蔣法賢醫師〉，《百年商業》，香港：光明文化事業公司，1941 年，原書無頁碼。

34 Hong Kong Medical & Sanitary Report for 1932, pp.103–104.

1897年駐守在東華的西醫鍾本初診治了116個病人，隨後選擇西醫治病的華人漸增。鍾本初更於1898年首次在東華醫院內進行大型外科手術，此後在東華醫院接受手術的病人越來越多。[35]

劉鑄伯、何甘棠等華商也於各區創辦華人公立醫局（Chinese Public Dispensaries），提供免費西醫門診服務。西約及東約公立醫局於1905年成為首兩間開業的公立醫局。因大受歡迎，短短三年間於中區、九龍城、紅磡、油麻地各地區也陸續興辦公立醫局，至1907年已有6間公立醫局營運。這些公立醫局與新界的政府醫局不同，依靠社會人士的捐款營運，政府只津貼公立醫局員工的薪金。[36] 港島的公立醫局由管理委員會營運，成員包括華民政務司（Registrar General）、兩名潔淨局（Sanitary Board）的華人成員，而九龍公立醫局的管理委員會則由本地華人組成。公立醫局僱用香港華人西醫書院的畢業生為病人診症、接種疫苗及治病，除了門診外，也有提供外診服務。[37] 管理委員會亦有利用與「街坊」的關係教育華人大眾停止在街道上棄置屍體的惡習，以及鼓勵滅鼠行動。[38] 華人公立醫局相當成功，在1908年為24,353名華人提供門診服務，1911年門診人數已急升至68,566名患者；在街道上發現的屍體則從1905年的1,068具降至1910年的268具。[39]

1911年廣華醫院成立，為九龍和新界華人提供西醫留院和門診服務。從廣華入院登記冊的記錄顯示，踏入1920年代後，越來越多華人選擇以西醫治療，比例從1918年的48%增加至1928年的78%。[40]1929年東華東院成立，建立初期已分別設有中醫和西醫部，更有眼科、產科和婦科等專科部門。[41]

35 王惠玲：〈香港公共衞生與東華中西醫服務的演變〉，載冼玉儀、劉潤和主編：《益善行道：東華三院135周年紀念專題文集》，香港：三聯書店（香港）有限公司，2006年，第53至61頁。

36 "Registrar General's Report for 1906," *Hong Kong Sessional Papers for 1907*, 23 February 1907, pp. 337–338.

37 "Reports on the Health and Sanitary Condition of the Colony of Hong Kong for the Year 1907," Government Notification No. 14, *Supplement to the Hong Kong Government Gazette*, 17 July 1908, pp. 346–347.

38 "Registrar General's Report for the Year 1908," *Hong Kong Administrative Reports for the Year 1908*, Hong Kong: Hong Kong Government Printing Office, 1908. p. 6.

39 Moira M.W. Chan-Yeung, *A Medical History of Hong Kong: 1842–1941*, Hong Kong: The Chinese University of Hong Kong Press, 2018, p. 178.

40 Lee Sam Yuen, Conflict, *Co-existence and Continuity—Chinese versus Western Medicine in Hong Kong: The Case of Kwong Wah Hospital (1910s to 1940s)*, Phd Thesis, Hong Kong: The Chinese University of Hong Kong, 2018, p. 228.

41 王惠玲：〈香港公共衞生與東華中西醫服務的演變〉，載冼玉儀、劉潤和主編：《益善行道：東華三院135周年紀念專題文集》，香港：三聯書店（香港）有限公司，2006年，第64頁。

到了 1930 年代，東華醫院西醫部門的設備和醫護人員數目皆有擴展，增添了解剖室、X 光機、接生房，門診部亦分為內外科、眼科、兒科和接生院等。東華三院於 1931 年合併時，華人已廣泛地接受西醫治療，在 1933 年有超過六成留院病人選擇西醫服務，反映出華人對西醫態度的轉變。[42]

隨着華人對西醫學的認受度上升，宗教團體也開始擴展醫療服務，增建醫療設施。法國沙爾德聖保祿女修會（Sisters of St Paul de Chartres）在灣仔育嬰堂旁增設醫院服務，命名為聖保祿醫院（St. Paul's Hospital），在 1898 年正式開幕。醫院早期設有兩個病房，專門服務窮困的華人，另外附設一間藥房，每年為約 2,000 名婦女及兒童提供醫療服務及藥物。[43] 隨着社會對產科服務需求增加，何啟及倫敦傳道會於 1904 年創立雅麗氏紀念產科醫院（Alice Memorial Maternity Hospital），向華人推廣西式分娩，是香港第一所產科醫院。1906 年，何啟胞姊何妙齡捐款興建何妙齡醫院（Ho Miu Ling Hospital），同樣由倫敦傳道會管理。[44] 1929 年，嘉諾撒醫院（Canossa Hospital）成立，由嘉諾撒仁愛女修會（Canossian Daughters of Charity）管理。

私立醫療機構方面，一群華人醫生和社會賢達成立香江養和園，專門為華人社群提供醫療服務，讓華人可以選擇政府、慈善團體或教會以外的醫療服務。養和園於 1922 年 9 月開業，設有 28 張病床，由五位護士及數名華籍醫生專責照顧病人。[45] 養和園後來發展成香港最著名的私家醫院之一——養和醫院。

二、香港細菌學檢驗所之誕生

自 1894 年鼠疫爆發往後的 30 年，鼠疫在香港每年都會出現周期性爆發，雖然不及剛開始時般嚴重，但仍然對香港經濟發展帶來負面影響。為防範鼠疫，港督卜力向殖民地部提議委派一位經驗老到的細菌學家來香港，設

42 何佩然編：《源與流——東華醫院的創立與演進》，香港：三聯書店（香港）有限公司，2009 年，第 392 至 393 頁。

43 *The History of St. Paul's Hospital: Caring and Serving for 120 Years*, Hong Kong: Centre for Catholic Studies, The Chinese University of Hong Kong, 2018, p. 13.

44 E. H. Paterson, *A Hospital for Hong Kong—The Centenary History of the Alice Ho Miu-ling Nethersole Hospital*, Hong Kong: The Alice Ho Miu-ling Nethersole Hospital, 1987, pp. 44, 47–48.

45 *History of Hong Kong Sanatorium & Hospital, 1922–2017*, Hong Kong: Hong Kong Sanatorium and Hospital, 2017, pp. 14–15.

立細菌學檢驗所。最初，殖民地部對這個提議大有保留，認為公共衞生研究工作跟香港扯不上關係，只需用最省錢的方法控制鼠疫及其他疾病便可。不過，卜力堅持香港財力足夠承擔研究所支出，認為：「惟恐目前情況嚴重的鼠疫會演變成長駐的風土病，會對香港這個重要港口造成沉重損失，因此在本地成立一所從事基礎研究的實驗室十分重要。」[46]

徵詢過醫療顧問白文信醫生的意見後，殖民地部邀請細菌學家亨特出任政府細菌學家一職。亨特畢業於阿伯丁大學（University of Aberdeen），任職倫敦醫院醫學院（London Hospital Medical College）助理細菌學家。他起初推辭了邀請，因為他不想離開倫敦醫院醫學院，而且假若得不到所需的實驗室和儀器，他亦看不出遠赴香港擔任細菌學家的意義。[47] 經過一輪協商，亨特終於答應，聘書在 1901 年 11 月 11 日送出，信中列明聘任的條件之一為承諾興建一所專為細菌學作研究的實驗室。亨特離開英國前，更有權添置任何工作上所需要的設備，金額上限為港幣 7,500 元。[48]

亨特抵達香港後，積極籌劃細菌學檢驗所的事宜。同時，亨特在堅尼地城傳染病醫院（Kennedy Town Infectious Diseases Hospital）成立了一所臨時實驗室，開始研究工作。亨特為了調查鼠疫在香港的規模及散播速度，於 1902 年僱用了三名香港西醫書院畢業生負責解剖工作，在公共殮房解剖了 2,816 具屍體及 117,839 隻老鼠。他同時於政府疫苗所（Government Vaccine Institute）主導天花疫苗的生產過程。[49] 1902 年至 1906 年期間，他進行了不少病理學研究，調查包括結核病、腳氣病、傷寒、肺炎等在香港常見疾病對人口的影響，更成功將其研究結果刊登於英國的醫學期刊上。[50] 香港細菌學

46 Henry Blake to Joseph Chamberlain, 12 June 1901, CO129/305, #25363, p. 353; 何屈志淑：《默然捍衞：香港細菌學檢驗所百年史略》，香港：香港醫學博物館學會，2006 年，第 18、20 頁。

47 "Bacteriological Laboratory", 2 September 1901, CO129/306, #35249, p. 298.

48 何屈志淑：《默然捍衞：香港細菌學檢驗所百年史略》，香港：香港醫學博物館學會，2006 年，第 21 頁。

49 William Hunter, "Report of the Government Bacteriologist, for the Year 1902," *Hong Kong Sessional Papers for 1902*, 14 April 1903, pp. 211–213.

50 William Hunter, "Report of the Government Bacteriologist, for the Year 1903," *Hong Kong Sessional Papers for 1903*, 18 February 1904, p. 262; William Hunter, "Report of the Government Bacteriologist, for the Year 1904," *Hong Kong Sessional Papers for 1904*, 10 February 1905, pp. 476–477; William Hunter, "Report of the Government Bacteriologist," *Hong Kong Sessional Papers for 1905*, 1906, pp. 365–369; Moira M.W. Chan-Yeung, *A Medical History of Hong Kong: 1842–1941*, Hong Kong: The Chinese University of Hong Kong Press, 2018, p. 174.

圖 4.1 香港細菌學檢驗所於 1906 年啟用，負責監察疫症，並提供臨床化驗、生產疫苗等服務。該建築現活化為香港醫學博物館。（香港醫學博物館提供）

檢驗所終於在1906年3月15日落成啟用，開幕禮由新任總督彌敦（Matthew Nathan）主持。檢驗所的主樓共有四間實驗室、圖書館、攝影室、細菌培植室、加熱房和冷凍房。實驗室的長枱都設有水槽、抽屜櫥櫃及抽氣櫥等。主樓旁另建職員宿舍及實驗室動物樓，動物樓可容納多達五頭牛和八隻牛犢，更設有畜欄飼養綿羊、猴子、家禽、老鼠、葵鼠、兔子等動物。[51] 亨特在1906年的檢驗所年度報告中稱讚實驗室的設備一流，尤其滿意用來生產淋巴疫苗的儀器以及加熱房的效能，還打算在實驗室中安裝顯微攝影和電子器材，以便往後進行細菌實驗。[52]

檢驗所的服務

檢驗所初時專門研究流行病（epidemic disease），監察老鼠和蚊子等帶菌體，同時就防疫措施提出建議。檢驗所日常亦負責檢驗水源、疑似受感染的食物與物品、以及生產疫苗及血清供本地使用。除此以外，檢驗所也會為政府醫院提供臨床樣本化驗，並為西醫書院學生提供細菌學課程，畢業生更可選擇在檢驗所實習和工作。

疾病監察

監察和控制鼠疫是細菌學檢驗所早期最重要的工作。1904年初，山道新公眾殮房落成，內設解剖室及專門檢驗老鼠的實驗室，幫助監察鼠疫疫情。該年共檢驗了21,907隻老鼠，及後檢驗數字每年上升。細菌學檢驗所啟用後，公眾殮房仍繼續剖驗老鼠的工作。剖驗老鼠的過程中，若肉眼觀察到老鼠脾臟脹大，代表老鼠有機會帶有鼠疫，檢驗員隨即會把脾臟抹片置於顯微鏡下直接觀察鼠疫桿菌，後將樣本送往細菌學檢驗所作進一步檢驗。[53]

政府細菌學家同時亦需在公眾殮房負責剖屍鑑定死因，由細菌學檢驗所負責預備解剖組織樣本的切片。1902年，政府細菌學家共解剖了2816具人體，1903年則解剖了2326具，全中國以至遠東其他地區沒有一處像香港這

51 W. Chatham, "Report of the Director of Public Works, for the Year 1905," *Hong Kong Sessional Papers for 1905*, 1906, pp. 548–549.

52 "Report of the Government Bacteriologist," *Hong Kong Sessional Papers for 1906*, 1907, pp. 474–475.

53 何屈志淑：《默然捍衛：香港細菌學檢驗所百年史略》，香港：香港醫學博物館學會，2006年，第33至34頁。

樣進行如此大規模、有系統的解剖工作。[54] 1904 年落成的新公眾殮房設有兩間大型殮房，每間可容納 16 具人體，進一步提升解剖效率。[55] 這些驗屍紀錄及數據統計清楚顯示了各時期香港流行的疾病及趨勢，有助監察公眾的健康狀況。

製造疫苗及血清

戰前抗生素還未曾臨床使用，早年應付傳染病的方法仍需依賴疫苗提高個人及群體的免疫能力，對抗多種病原體。20 世紀，香港受到天花、霍亂、腦膜炎等疾病困擾，令細菌學檢驗所的疫苗生產工作更添重要。亨特早已在 1902 年開始生產牛痘疫苗，將 4,616 劑疫苗分發給本地醫院、監獄、軍人及附近港口。[56] 檢驗所的實驗室動物樓曾飼養一批小牛用作製作牛痘疫苗。工作人員會用特製牛床固定小牛，使用「多齒形痘刀」(scarifyer) 輕輕刮損小牛腹部表皮，然後將病毒種入傷口處。數日後，小牛皮膚會出現如泡囊狀的痘，內藏滿載病毒的淋巴液 (lymph)。清除雜質污垢後，把淋巴液加進石碳酸保存，待其成熟便可檢測效能。淋巴液裝配入小筒內，便可分發到市面開始接種工作。[57] 自檢驗所啟用後，疫苗產量大幅上升。細菌學檢驗所能生產足夠的「淋巴液」疫苗，供應香港及鄰近城市，全賴檢驗所內極佳的冷藏設施，足以儲藏一年的生產量。牛痘疫苗一直集中在細菌學檢驗所生產，直至 1973 年薄扶林域多利道免疫學研究所啟用為止。1979 年，天花在全球疫苗接種計劃下，宣佈被成功撲滅；此前牛痘疫苗的生產未曾間斷。[58]

細菌學檢驗所在戰前戰後都須面對大規模疫情。1918 年初，香港首次爆發流行性腦膜炎疫情，有 1,235 名市民患病，引起大眾恐慌。港府向紐約洛克菲勒醫學研究中心 (Rockefeller Institute of Medical Research) 尋求專業意

---

54 何屈志淑：《默然捍衛：香港細菌學檢驗所百年史略》，香港：香港醫學博物館學會，2006 年，第 50 頁。

55 William Hunter, “Report of the Government Bacteriologist,” *Hong Kong Sessional Papers for 1905*, 1906, p. 358.

56 William Hunter, “Report of the Government Bacteriologist, for the Year 1902,” *Hong Kong Sessional Papers for 1902*, 14 April 1903, pp. 223–224.

57 Samson S.Y. Wong, "The Calf Vaccinating Table," *Hong Kong Medical Journal* 23, no. 1 (2017), pp. 101–103.

58 何屈志淑：《默然捍衛：香港細菌學檢驗所百年史略》，香港：香港醫學博物館學會，2006 年，第 39 至 41 頁。

見，該中心派出奧列斯基醫生（P.K. Olitsky）到檢驗所工作兩個月。[59] 奧列斯基在報告中建議由細菌學檢驗所主導疫苗生產工作，在五匹馬身上生產腦膜炎免疫血清，作治療之用。[60] 到 1919 年，檢驗所已生產了 18 至 20 公升腦膜炎免疫血清。[61] 檢驗所早在 1920 年已開始生產霍亂疫苗，重要性僅次於牛痘疫苗，因而在 1961 年 8 月香港爆發嚴重霍亂疫情時，檢驗所能立即將儲備的 840,000 劑霍亂疫苗發放給本地醫院和診所。檢驗所同時加快霍亂疫苗生產速度，每天生產 100,000 多劑。到八月末，香港總人口的 75% 已接種疫苗，細菌學檢驗所成功控制霍亂疫情的貢獻得到各界認同。[62]

水質及食物化驗

直至水務局接掌水塘的食水測試工作為止，細菌學檢驗所一直負責進行食水檢測。檢驗所定期在水塘、水井、石水渠、街喉和水泉等抽取非過濾水及過濾水樣本，在 1950 年共抽查了 2,633 個樣本。[63] 檢測牛奶及奶類製品也是檢驗所的例行工作，測試其中是否含有牛結核或大腸桿菌。檢驗所還會進行產品檢查，檢驗牛奶、酒、茶等飲料及麵粉、糖、人造奶油等食物配料有否遭稀釋或摻雜有害物質。[64] 一旦發生懷疑食物中毒，檢驗所職員會聯同衛生督察前往調查事件，收集食物殘渣樣本及廚房器具化驗。如檢測到受污染食物，衛生部門即向違法者發出警告信，政府細菌學家亦可能需到法庭提供專業證據。[65]

---

59 何屈志淑：《默然捍衛：香港細菌學檢驗所百年史略》，香港：香港醫學博物館學會，2006 年，第 43 頁。

60 "Report on the Investigations of the Outbreak of Epidemic Meningitis in Hongkong by First Lieutenant Peter K. Olitsky, M.R.C., U.S.A., of the Rockefeller institute for Medical Research, New York," *Hong Kong Sessional Papers for 1918*, 17 October 1918, p. 78; "Medical and Sanitary Reports for the Year 1918," *Hong Kong Administrative Reports for the Year 1918*, Hong Kong: Hong Kong Government Printing Office, 1919, p. 67.

61 "Medical and Sanitary Reports for the Year 1919," *Hong Kong Administrative Reports for the Year 1919*, Hong Kong: Hong Kong Government Printing Office, 1920. p. 70.

62 *Hong Kong Annual Departmental Report by the Director of Medical and Health Services for the Financial Year 1961–1962*, Hong Kong: Hong Kong Government Printing Office, 1962, p. 24.

63 "Medical and Sanitary Reports for the Year 1950," *Hong Kong Administrative Reports for the Year 1950*, Hong Kong: Hong Kong Government Printing Office, 1951. p. 136.

64 C.M. Heanley, "Report of the Government Bacteriologist," *Hong Kong Sessional Papers for 1907*, 1908, pp. 483–484.

65 何屈志淑：《默然捍衛：香港細菌學檢驗所百年史略》，香港：香港醫學博物館學會，2006 年，第 47 至 50 頁。

臨床病理樣本化驗

1960 年代以前，香港大多醫院都沒有病理科部門，醫生通常利用細菌學檢驗所的實驗室化驗服務協助診斷工作。[66] 檢驗所成立初期只進行屍體解剖工作，到 1906 年開始為病人提供化驗服務。[67] 公立醫院會將手術切除樣本送往檢驗所進行研究及登記，藉此記錄不同種類癌症在香港出現的頻率。[68] 從 1910 年醫務署年度報告可見，檢驗所通常藉着微生物培植的方式診斷疾病，當時主要的檢測對象為傷寒、白喉、霍亂等疾病。[69] 檢驗所亦會使用血清檢驗來診斷傳染病，包括檢驗梅毒的華氏反應試驗（Wassermann Reaction）及檢驗斑疹傷寒的傷寒凝集試驗（Weil-Felix Test），就經常出現在戰前的檢驗所報告中。[70] 香港時常面臨結核病和瘧疾疫情，檢驗所職員都專長利用抹片、血片、葵鼠接種等測試診斷這兩種傳染病。[71]

對醫學教育及研究的貢獻

細菌學檢驗所開辦不久已與香港醫學教育系統建立緊密關係。1902 年，亨特來港出任政府細菌學家，同年成為香港華人西醫書院的名譽講師，教授病理學課程，病理學和生理學的實習課都在細菌學檢驗所中進行。[72] 檢驗所內有一所病理學資料館（Pathology Museum），展示由香港醫生捐出的樣本，教學價值相當高。[73] 亨特更從 1902 至 1906 年期間僱用西醫書院學生協助

66 〈麥衛炳醫生訪談錄〉，2019 年 10 月 19 日於香港醫學博物館。

67 Frank Browne, "Report of the Government Bacteriologist," *Hong Kong Sessional Papers for 1906*, 1907, p. 493.

68 "Medical Report for the Year 1927," *Hong Kong Administrative Reports for the Year 1927*, Hong Kong: Hong Kong Government Printing Office, 1928, p. 35.

69 J.M. Atkinson and Francis Clark, "Medical and Sanitary Reports for the Year 1910," *Hong Kong Administrative Reports for the Year 1910*, Hong Kong: Hong Kong Government Printing Office, 1911, pp. 64–66.

70 "Medical Report for the Year 1923," *Hong Kong Administrative Reports for the Year 1923*, Hong Kong: Hong Kong Government Printing Office, 1924, p. 34.

71 何屈志淑：《默然捍衛：香港細菌學檢驗所百年史略》，香港：香港醫學博物館學會，2006 年，第 53 至 55 頁。

72 Peter Cunich, *A History of the University of Hong Kong, Vol. I: 1911–1945*, Hong Kong: Hong Kong University Press, 2012, p. 66; Faith C. S. Ho, *Western Medicine for Chinese: How the Hong Kong College of Medicine Achieved a Breakthrough*, Hong Kong: Hong Kong University Press, 2017, p. 12.

73 J.M. Atkinson and Francis Clark, "Medical and Sanitary Reports for the Year 1910," *Hong Kong Administrative Reports for the Year 1910*, Hong Kong: Hong Kong Government Printing Office, 1911, p. 61.

鼠疫研究工作，讓學生取得寶貴的實習經驗。[74] 同時，亨特與首席民事醫務官設立了專為歐裔醫生而設的公共衛生深造文憑課程，專門教授醫務化驗科學。[75] 西醫書院改為香港大學醫學院後，政府細菌學家繼續擔任細菌學和病理學講師一職。[76] 當前任政府細菌學家史葛（H.H. Scott）在 1921 年離職時，香港大學首位病理學系教授王寵益更一度成為署理政府細菌學家，可見檢驗所和大學醫學院在教學與工作上的緊密合作。[77]

醫學研究方面，第一任政府細菌學家亨特在任期間積極從事研究工作。任職短短三年，亨特已發表了四篇學術論文及三份個案報告，研究題材包括鼠疫在貓身上的傳播、疾病在香港的發病率、昆蟲與鼠疫傳播的關係以及預防鼠疫的措施。[78] 亨特研究腳氣病病原方面尤其出色，他嘗試利用多種方式把病人組織轉移至猴子身上，都未能成功，證明了腳氣病並非一種傳染病，推翻了當時對腳氣病的普遍認識。[79] 可惜，亨特在 1909 年英年早逝，未能繼續其研究。往後的政府細菌學家也有發表學術論文及個案報告，接任亨特的麥法蘭醫生（H. MacFarlane）在 1910 年代一直撰寫有關香港蚊種分佈的長期報告，共捕獲及標籤了接近 50,000 隻蚊子，發現不少新品種。[80] 1930 年檢驗所報告中有詳細列出檢驗所職員的研究項目：政府細菌學家除了發表有關因結核病逝世的華人嬰兒及香港水質檢測的兩篇論文，亦對本地鮮奶及水源中發現的大腸桿菌群進行研究；同年，助理政府細菌學家在遠東醫療協會（Far Eastern Medical Association）的年度會議中發表研究糙皮病與食物供應關係的論文。[81] 可見，戰前政府細菌學家積極參與醫學研究，每年頻繁發表學術

74 Blake to Chamberlain, 27 October 1902, CO 129/317, #474, pp. 191–192.

75 Nathan to Lyttelton, 7 April 1905, CO 129/328, #97, pp. 336–339; Nathan to Lord Elgin, 5 February 1906, CO 129/333, #30, pp. 143–145.

76 L.T. Ride, "Report of the Medical Faculty for the Year 1931," 11 March 1932, CO 129/538/1, p. 39.

77 何屈志淑：《默然捍衞：香港細菌學檢驗所百年史略》，香港：香港醫學博物館學會，2006 年，第 58 頁。

78 Moira M.W. Chan-Yeung, *A Medical History of Hong Kong: 1842–1941*, Hong Kong: The Chinese University of Hong Kong Press, 2018, p. 174.

79 何屈志淑：《默然捍衞：香港細菌學檢驗所百年史略》，香港：香港醫學博物館學會，2006 年，第 62 頁。

80 "Medical and Sanitary Reports for the Year 1914," *Hong Kong Administrative Reports for the Year 1914*, Hong Kong: Hong Kong Government Printing Office, 1915, pp. 79–85; "Medical and Sanitary Reports for the Year 1915," *Hong Kong Administrative Reports for the Year 1915*, Hong Kong: Hong Kong Government Printing Office, 1916, p. 75.

81 "Medical and Sanitary Report for the Year 1930," *Hong Kong Administrative Reports for the Year 1930*, Hong Kong: Hong Kong Government Printing Office, 1931, pp. 78–79.

論文及報告。政府細菌學家基夫斯（A.V. Greaves）卻在1932年抱怨日常的工作量日漸增加，令職員難以投放精神與時間進行研究。[82] 這成為檢驗所職員發表論文數目日益減少的原因，戰後的細菌學檢驗所年度報告中再也找不到與研究有關的內容。

三、戰前西醫教育

西醫教育是醫學傳播十分重要的途徑，影響既深且遠。因此，一些教會團體或有心人士希望透過培養本地醫生，擴大西醫學的影響力。包括白文信等外籍醫生亦以此為契機籌建香港華人西醫書院，以訓練華人西醫服務華人社會。開埠初期，西醫全是來自英國、美國、德國、加拿大、葡萄牙、日本等國家。1884年的第一份醫療登記表上的9名醫生全都是外籍人士，但到了1908年，政府開始分開登記華人西醫，當時20名華人醫生中有18名是香港西醫書院的畢業生。[83] 華人西醫的出現，擴大了西醫在香港的影響力，使西醫更容易受華人社會所接受。

華人西醫教育

香港華人西醫教育的起源可以追溯至開埠初期。19世紀到中國的傳教士經常依賴本地華人幫忙翻譯和提供基本醫療援助，以助他們展開醫療傳教工作。不少宣教士隨即開始傳授西醫醫學技術給華人助手，讓他們能履行更多醫療職責。[84] 已知香港最早的西醫教學事例記錄在傳道會醫院（Medical Missionary Hospital）院長合信在1844年6月撰寫的報告中，提到他兩名中國助手正在接受醫療培訓。合信更在報告中呼籲傳道會在香港開辦西醫醫學班，教授6至10位學童。[85] 在香港工作的外國醫生組成的中國醫務醫學會

---

82 "Medical and Sanitary Report for the Year 1932," *Hong Kong Administrative Reports for the Year 1932*, Hong Kong: Hong Kong Government Printing Office, 1933, p. 111.

83 "List of Chinese Medical Practitioners authorized to grant Death Certificates," Government Notification No. 482, *The Hong Kong Government Gazette*, 10 July, 1908, p. 850.

84 James Boyd Neal, "Medical Teaching in China," *The China Medical Missionary Journal* 11, no. 2 (1897), p. 89.

85 Benjamin Hobson, "Report of the Medical Missionary Society's Hospital at Hong Kong to Committee and Friends of Medical Missionary Society, Hong Kong," *Chinese Repository* 13, no. 7 (July 1844), pp. 380–381.

(China Medico-Chirurgical Society) 支持合信的計劃，邀請合信回英國募集捐款。[86] 可惜，籌集到的資金遠遠不夠，傳教士亦對擬議的醫學院應否設置於香港爭論不休。[87] 合信最終被迫放棄培訓華人西醫的夢想。[88]

在西方文化的衝擊下，不少華人知識分子對西方醫學產生了興趣。在西醫教育體系未建立前，漢譯西醫書籍暫時填補了這個空缺。當時流行的有合信著譯的《西醫五種》，及嘉約翰 (John Glasgow) 編譯的《西藥略釋》、《西醫新法》等。[89] 嘉約翰 1866 年更於廣州開設博濟醫校，招收華人學生。合信和嘉約翰寫書的主要目的是為了深化西醫教育，方便培訓華人助手分擔醫務。這些漢譯西醫書籍在民間流傳，在香港一些書店亦有出售，加快了西醫學在香港華人社會的傳播。[90] 其中一家出售這些譯書的書店是香港著名印刷公司「文裕堂」，後來在 1904 年與革命黨成員陳少白創辦的《中國日報》合併。[91]

至 1880 年代，香港才成功建立有一定規模的醫學教育系統。雅麗氏利濟醫院於 1887 年創立，共有兩個開辦理念：第一為向所有有需要的人，特別是華人居民，提供醫療服務；第二為培訓出本地西醫醫生。[92] 為了成就理念，醫院的創辦人同時成立了香港華人西醫書院 (Hong Kong College of Medicine for Chinese，於 1907 年改名為香港西醫書院)，教師和設施都由醫院提供。[93] 該書院設立了一個五年課程，畢業生獲頒《華人西醫書院內科及外科證書》(Licentiate of Medicine and Surgery, College for Chinese)。[94] 西

86 *Transactions of the China Medico-Chirurgical Society for the Year 1845–46*, Hong Kong: Hong Kong Gazette Printing Office, 1846, p. 6.

87 Timothy Man-kong Wong, "Local Voluntarism: The Medical Mission of the London Missionary Society in Hong Kong, 1842–1923," in *Healing Bodies, Saving Souls*, ed. David Hardiman, Leiden: Brill, 2006, pp. 90–91.

88 Benjamin Hobson, "Report of the Medical Missionary Society's Hospital at Hong Kong to Committee and Friends of Medical Missionary Society, Hong Kong," *Chinese Repository* 17, no. 5 (May 1848), p. 259.

89 馬伯英、高晞、洪中立：《中外醫學文化交流史：中外醫學跨文化傳通》，上海：文匯出版社，1993 年，第 372、380 至 381 頁。

90 〈幼童初學各樣書籍發售〉，《循環日報》，1874 年 8 月 5 日。

91 吳倫霓霞：〈香港反清革命宣傳報刊及其與南洋的聯繫〉，《中國文化研究所學報》，第 19 期，1988 年，第 414 頁。

92 Peter Cunich, *A History of the University of Hong Kong, Vol. I: 1911–1945*, Hong Kong: Hong Kong University Press, 2012, p. 44.

93 Faith C. S. Ho, *Western Medicine for Chinese: How the Hong Kong College of Medicine Achieved a Breakthrough*, Hong Kong: Hong Kong University Press, 2017, p. 11.

94 E.H. Paterson, *A Hospital for Hong Kong — The Centenary History of the Alice Ho Miu-ling Nethersole Hospital*, Hong Kong: The Alice Ho Miu-ling Nethersole Hospital, 1987, p. 21.

圖 4.2 香港華人西醫書院創辦人白文信(左)和康德黎(右)。

醫書院的課程與英國各醫科學校相似，第一學年設植物學、化學、解剖學、生理學、藥物學、物理學及臨床診察等課程；第二學年除繼續學習解剖學、生理學外，增設內科、婦產科、病理學、外科學等；第三學年實習增多；第四學年增設法醫學、公共衞生、實用初級外科等；第五學年則注重內科、外科、產科之深造。西醫書院的教學盡量配合實踐活動，學習植物學時，學生多次前往植物園參觀；化學課時，教師通過實驗進行演示，學生還會親自到化學實驗室動手試驗。[95] 20 世紀初，政府准許講師在香港細菌學檢驗所、位於山道的公眾殮房及東華醫院教授病理學、生理學、解剖學和臨床醫學課程。白天時，學生在雅麗氏利濟醫院協助醫療工作，獲取外科手術的實踐經驗，有時還會在太平山和西營盤醫局擔當助手。[96]

95 羅香林：《香港與中西文化之交流》，香港：中國學社，1961 年，第 144 至 146 頁；劉蜀永：〈十九世紀香港西式學校歷史評價〉，載劉蜀永編：《劉蜀永香港史文集》，香港：中華書局(香港)有限公司，2021 年，第 212 頁。

96 Faith C. S. Ho, *Western Medicine for Chinese: How the Hong Kong College of Medicine Achieved a Breakthrough*, Hong Kong: Hong Kong University Press, 2017, pp. 12–14.

西醫書院的教師大部分是在香港執業的外籍醫生，大多擁有博士或碩士學位，有豐富的理論知識與臨床經驗。有醫科碩士學位的華人律師何啟亦在該校兼課，講授生理學與法醫學。除了雅麗氏利濟醫院的醫務人員之外，不少講師同時從事政府或私家醫療工作。[97] 大多數課程在上午或晚上時段講授，以免妨礙兼職講師的工作。[98] 他們向華人學生傳授科學知識而不領取報酬，憑着熱心希望把西方醫學知識傳入中國。1892 年 7 月，康德黎在香港西醫書院首屆畢業典禮上發表演講時說：「我們教育他們（指學生），不受金錢報酬或其他補助，只不過自願奉獻於科學尚不發達的中華帝國而已。」他還鼓勵學生「心目中牢記一個偉大的原則——為把科學和醫術輸入中國而奮鬥」。[99]

西醫書院成立之前，中國內地已有兩所傳授西方醫學知識的學校，一為廣州博濟醫院附設的醫校，一為 1881 年李鴻章等在天津開辦的醫學館。就課程和教學水平而言，香港西醫書院可謂超越了此兩所學校，更成功吸引了一些學生轉學就讀，包括首屆學生孫中山先生。他曾在 1918 年回憶說：「予在廣州學醫甫一年，聞香港有英文醫校開設，予以其學課較優，而地較自由，可以鼓吹革命，故投香港學校肄業。」[100] 西醫書院起初的考試是公開舉行的，考核學生對植物學、化學、物理學、解剖學、骨科學、生理學、草本學和臨床觀察的認識。1888 年 8 月 13 日的《德臣西報》記錄了 8 月 10 日的考試過程，問題包括：「描述股骨的下部兩英寸和脛骨的上兩英寸」；「福勒氏溶液中包含多少砷？」；及「描繪出心臟的血液循環。」《德臣西報》聲稱，「對非專業人士而言」，這些問題的「水平與英國大學及學院的醫學考試問題相同。」[101] 對一般人來說，香港西醫書院是一家相當成功的醫學書院。

可是，從專業醫生的角度來看，西醫書院的教學水準並不達標。有學者批評西醫書院的教學標準，指歐洲醫校的教授大多都專職從事教學和研究工作，香港華人西醫書院的教師只能兼職教學，並沒有進行學術研究。西醫書院更因人手不足，要求講師教授專長以外的課堂，令教學質素受損。[102] 殖民

97 Faith C. S. Ho, *Western Medicine for Chinese: How the Hong Kong College of Medicine Achieved a Breakthrough*, Hong Kong: Hong Kong University Press, 2017, p. 13.

98 E.H. Paterson, *A Hospital for Hong Kong — The Centenary History of the Alice Ho Miu-ling Nethersole Hospital*, Hong Kong: The Alice Ho Miu-ling Nethersole Hospital, 1987, p. 29.

99 "College of Medicine for Chinese," *China Mail*, 23 July 1892.

100 中山大學歷史系孫中山研究等合編：《孫中山全集》，第六卷，北京：中華書局，1985 年，第 229 頁。

101 "Hong Kong College of Medicine for Chinese," *The China Mail*, 13 August 1888.

102 Peter Cunich, *A History of the University of Hong Kong, Vol. I: 1911–1945*, Hong Kong: Hong Kong University Press, 2012, pp. 63–64.

圖 4.3 香港華人西醫書院師生上課的情景。

政府更拒絕修訂《醫生登記條例》(*Medical Registration Ordinance*),西醫書院畢業生始終無法在香港合法行醫,反映教學水平不獲認受。[103] 西醫書院於1892 年向立法局申訴要求覆核時,代理律政司(Acting Attorney General)利奇(A.J. Leach)宣稱:「我很遺憾地說,目前他們通過的考試還不及英格蘭最低要求的課程。因此,目前他們 [學生] 不能根據該條例進行註冊。」[104] 在1896 年,殖民地總醫官艾爾斯和國家醫院院長艾堅信繼續對再次提出的法案有所保留。他們強調西醫書院沒有教授拉丁文或歐幾里得幾何法,亦缺乏合適的教學設施,教學質素低於英國醫學總會(General Medical Council)的最低標準。醫學院教務長譚臣不得不承認:「目前在香港華人西醫書院的課程和考試都不符合 1886 年《醫學法》(*Medical Act*)所要求的標準,學生入學前也不需要通過任何文科考核。」[105] 西醫書院畢業生在 1908 年得到醫學總會部分認可,有權簽發死亡證,但畢業生仍需待西醫書院成為香港大學一部分後,才於 1914 年獲批准在香港註冊。[106]

西醫書院的 25 年歷史中,共有 128 名學生就讀,包括書院最著名的學生:孫中山先生。史學家羅香林曾在 1940 年代研究其中 118 名學生的背景。[107] 其中 86 名學生來自香港本地學校,僅是來自皇仁書院的便有 53 名學生。32 名學生來自香港以外的學校,其中 14 名來自其他英國殖民地,如新加坡、馬六甲和錫蘭,還有 13 名來自中國內地,五名學生來自美國學校。[108] 由於醫學課程僅用英語授課,所有學生都須有英語教育背景,未受過西方教育的華人不能就讀。從 1904 年起,醫學院收緊入學要求,申請人必須參加入學考試,測試其英語、數學、地理、歷史和拉丁文知識。如有任何一科不及格,申請人必須重考所有科目。[109]

103 "Medical Registration Ordinance, 1884," Historical Laws of Hong Kong Online, University of Hong Kong, accessed January 7, 2021, https://oelawhk.lib.hku.hk/items/show/1103.

104 Legislative Council, Hong Kong, "Records of the Meeting of the Legislative Council, 14th December 1892 Session," *Hong Kong Hansard*, 14 December 1892, p. 44.

105 "Reservations by Dr Ayres and Dr Atkinson," annexed to *Hong Kong Sessional Papers for 1896*, 15 July 1896, pp.480–481.

106 Dafydd Emrys Evans, *Constancy of Purpose: An Account of the Foundation and History of the Hong Kong College of Medicine and the Faculty of Medicine of The University of Hong Kong, 1887–1987*, Hong Kong: Hong Kong University Press, 1987, p. 42.

107 羅香林:《國父之大學時代》,重慶:獨立出版社,1945 年,第 45 頁。

108 羅香林:《國父之大學時代》,重慶:獨立出版社,1945 年,第 56 至 57 頁。

109 Faith C. S. Ho, *Western Medicine for Chinese: How the Hong Kong College of Medicine Achieved a Breakthrough*, Hong Kong: Hong Kong University Press, 2017, p. 18.

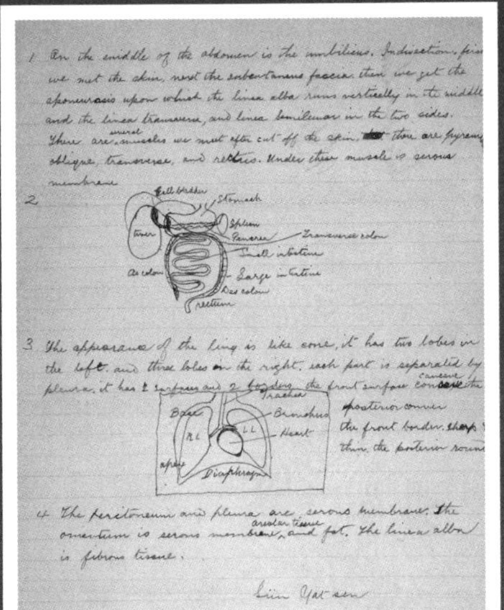

1 In the middle of the abdomen is the umbilicus. In dissection, first
we met the skin, next the subcutaneous fascia, then we get the
aponeurosis upon which the linea alba runs vertically in the middle
and the linea transverse, and linea semilunar in the two sides.
There are several muscles we meet after cut off the skin, there are pyramid,
oblique, transverse, and rectus. Under these muscle is serous
membrane

2

3 The appearance of the lung is like cone, it has two lobes in
the left, and three lobes in the right, each part is separated by
pleura, it has 2 surfaces and 2 borders, the front surface concave the
posterior convex
the front border sharp
thin, the posterior round

4 The peritoneum and pleura are serous membrane. The
omentum is serous membrane, areolar tissue and fat. The linea alba
is fibrous tissue.

Sun Yat-sen

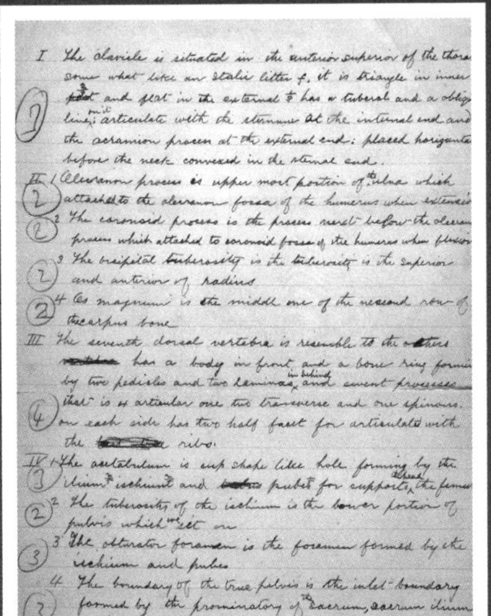

I The clavicle is situated in the anterior superior of the thorax
some what like an Italic letter f. it is triangle in inner
part and flat in the external & has a tuberal and a oblique
line; it articulate with the sternum at the internal end and
the acromion process at the external end: placed horizontal
before the neck convexed in the sternal end.

II 1 Olecranon process is upper most portion of the ulna which
attached to the olecranon fossa of the humerus when extension
2 The coronoid process is the process next below the olecranon
process which attached to coronoid fossa of the humerus when flexion
3 The bicipital tuberosity is the tuberosity is the superior
and anterior of radius
4 Os magnum is the middle one of the second row of
the carpus bone

III The seventh dorsal vertebra is resemble to the others
has a body in front and a bone ring forming
by two pedicles and two laminas in behind and seven processes
that is 4 articular one two transverse and one spinous.
on each side has two half facet for articulate with
the ribs.

IV 1 The acetabulum is cup shape like hole forming by the
ilium, ischium and pubes for supports the head the femur
2 The tuberosity of the ischium is the lower portion of
pelvis which we sit on
3 The obturator foramen is the foramen formed by the
ischium and pubes
4 The boundary of the true pelvis is the inlet boundary
formed by the prominatory of the sacrum, sacrum ilium
articulation, ilio pectineal line and the pubic crest

Sun Yat-sen

圖 4.4 孫中山在香港華人西醫書院讀書時的考試試卷。
（Wellcome Collection）

香港西醫書院開辦以來共有60名成功畢業的學生，他們畢業後面臨就業困難。[110] 西醫書院的課程不獲英國醫學總會認可，1890年代畢業生無法在香港註冊為醫生，就業前景欠佳。除了藥劑師的職位外，其他政府資助的醫療工作一概不能從事。慈善醫院或私人醫療團體的職位空缺又寥寥可數。因此，初期畢業生大多輾轉到海峽殖民地行醫。[111] 到了1890年代中期，香港醫療業界就業機會逐漸增多。鼠疫頻繁出現、人口膨脹等因素，加上政府對華人社會醫療問題更為關注，令華人醫護人員的認受性上升。[112] 1900年代，畢業生已能在東華醫院、雅麗氏利濟醫院、細菌學檢驗所（Bacteriological Institute）和政府資助的公立醫局任職，亦有不少加入私人執業的行列。[113]

1908年初，時任港督盧吉（Lugard）與西醫書院評議會（Hong Kong College of Medicine Senate）展開將西醫書院合併入未來香港大學醫學院的討論。[114] 西醫書院的贊助者、傳教士和教職員都擔憂合併將終結西醫書院的運作，對計劃表示懷疑。[115] 大學與西醫書院代表經過激烈辯論後，才於1912年3月協定將西醫書院的學生、教職員和資產全數轉至香港大學。[116] 協議亦保證西醫書院的講師能在新大學系統下保留教席，並確保將所有兼職教職員轉為全職前有一定的過渡期。[117] 香港大學的內外全科醫學士學位（MBBS）很快取得英國醫學總會的認可，使畢業生能在大英帝國的各個殖民地行醫。[118]

110 60名畢業生中，51人獲頒華人西醫書院內科及外科證書，9人獲頒香港大學內外全科醫學士學位。
"List of Graduates in Order of Year of Graduation, Hong Kong College of Medicine," Appendix II, in Faith C. S. Ho, *Western Medicine for Chinese: How the Hong Kong College of Medicine Achieved a Breakthrough*, Hong Kong: Hong Kong University Press, 2017.

111 College of Medicine for Chinese, 13 September 1900, CO 129/304, #82, pp. 315–316.

112 "Commissioners' Report on the Working of the Tung Wa Hospital, evidence given on 10 April 1896," *Hong Kong Sessional Papers for 1896*, 10 April 1896, p. 24.

113 Frank Ching, *130 Years of Medicine in Hong Kong: From the College of Medicine for Chinese to the Li Ka Shing Faculty of Medicine*, Singapore: Springer, 2018, pp. 53–67.

114 Peter Cunich, *A History of the University of Hong Kong, Vol. I: 1911–1945*, Hong Kong: Hong Kong University Press, 2012, p. 76.

115 E.H. Paterson, *A Hospital for Hong Kong—The Centenary History of the Alice Ho Miu-ling Nethersole Hospital*, Hong Kong: The Alice Ho Miu-ling Nethersole Hospital, 1987, p. 56.

116 Dafydd Emrys Evans, *Constancy of Purpose: An Account of the Foundation and History of the Hong Kong College of Medicine and the Faculty of Medicine of The University of Hong Kong, 1887–1987*, Hong Kong: Hong Kong University Press, 1987, pp. 34–35.

117 Faith C. S. Ho, *Western Medicine for Chinese: How the Hong Kong College of Medicine Achieved a Breakthrough*, Hong Kong: Hong Kong University Press, 2017, p. 106.

118 "General Medical Council," *The British Medical Journal 1*, no. 2735 (1913), p. 491.

香港立法局亦通過《醫生登記條例》的修訂，讓香港大學醫科畢業生可在香港註冊和執業，而西醫書院畢業生獲頒的《西醫書院內科及外科證書》也在同一個修訂法案中獲得認受。[119]

香港大學獲政府與財團商人支持，建設專業醫療設施。大學於 1910 年代設立解剖學學院以及病理學和熱帶醫學學院，並在 1930 年代增設外科學院。[120] 官方的支持令政府醫療部門和大學醫學院之間的合作關係更為緊密。醫學院的臨床教學地點在 1914 年從雅麗氏利濟醫院轉至國家醫院，於 1937 年再移至新建的政府醫院——瑪麗醫院（Queen Mary Hospital）。[121] 細菌學檢驗所與醫學院關係尤其密切，醫學院的病理學教授經常在該所進行病理學課程的講學。[122] 這些專業設施大大提升了研究及教學質素，1930 年代更被視為醫學院學術研究的高峰，香港大學的醫科教授成為香港、中國內地和英國等地學術會議的常客。[123]

香港大學醫學院的收生情況與香港西醫書院類近：大多數學生來至香港，但也有不少來自中國內地或東南亞地區。[124] 除了香港西醫書院教授的七個科目外，香港大學的醫科生還需修讀病理學、公共衛生、熱帶醫學、助產、外科和臨床醫學課程。學生要在畢業前完成兩段各為期三個月的臨床實習培訓，當中包括擔當外科手術助手和見習工作的職責。[125] 醫學界普遍對香港大學醫科生評價甚高。政府曾在 1937 年成立委員會評估大學財務狀況，報告稱

119 "Medical Registration Ordinance, 1923," *Historical Laws of Hong Kong Online*, accessed 13 July 2021, https://oelawhk.lib.hku.hk/archive/files/89ab3afbebe41b7ec5545cac3acd1c73.pdf.

120 Peter Cunich, *A History of the University of Hong Kong, Vol. I: 1911–1945,* Hong Kong: Hong Kong University Press, 2012, pp. 213, 218, 317–318.

121 Dafydd Emrys Evans, *Constancy of Purpose: An Account of the Foundation and History of the Hong Kong College of Medicine and the Faculty of Medicine of The University of Hong Kong, 1887 - 1987*, Hong Kong: Hong Kong University Press, 1987, pp. 46 - 47.

122 Arthur E. Starling ed., *Plague, SARS and the Story of Medicine in Hong Kong*, Hong Kong: Hong Kong University Press, 2006, pp. 180 - 181.

123 Peter Cunich, *A History of the University of Hong Kong, Vol. I: 1911 - 1945,* Hong Kong: Hong Kong University Press, 2012, pp. 218, 273 - 275; Frank Ching, *130 Years of Medicine in Hong Kong: From the College of Medicine for Chinese to the Li Ka Shing Faculty of Medicine*, Singapore: Springer, 2018, pp. 128, 131.

124 Dafydd Emrys Evans, *Constancy of Purpose: An Account of the Foundation and History of the Hong Kong College of Medicine and the Faculty of Medicine of The University of Hong Kong, 1887 - 1987*, Hong Kong: Hong Kong University Press, 1987, p. 72.

125 Peter Cunich, *A History of the University of Hong Kong, Vol. I: 1911–1945,* Hong Kong: Hong Kong University Press, 2012, pp. 176–177.

讚醫學教授和學生的質素；英國醫學總會在 1939 年派員視察醫學院，擔任代表的尼達姆爵士（Richard Needham）表示：「我可以有信心地說，香港的醫學生在臨床醫學和外科手術方面接受了良好的培訓。」[126] 香港大學學生會醫學會 1922 年創立的醫學學術期刊《啟思》（*Caduceus*）迅速成為中國數一數二的醫學期刊，進一步證明了港大醫科生的優秀能力。[127] 到了 1941 年，香港大學在短短 30 年間已經獲得培育優秀醫生的良好聲譽。

雖然學習西醫學的華人人數逐漸增加，香港西醫書院和香港大學醫學院畢業生也愈來愈多，但華人西醫一直缺乏一個具代表性的組織。直到 1920 年，本地畢業的醫生才成立了香港中華醫學會（今香港醫學會），旨在維護及提高香港醫學執業水準，提供建立專業關係的社交平台，促進本地和國際醫學界的交流，並向公眾傳播醫學知識等。[128] 類似組織在往後陸續出現，促進了香港醫學界的發展。

護理教育

戰前香港護理教育與西醫教育兩者皆始於倫敦傳道會創立的醫院。在雅麗氏利濟醫院的姊妹醫院那打素醫院，護士長史提芬夫人於 1893 年招收華人阿桂為護理學徒，是香港有記錄的第一個護理培訓案例。[129] 起初的見習護士大多是出身低下階層、曾被賣給富裕家庭當「妹仔」的婦女。當時西方醫學界認為女性更適合擔當護理工作，令曾跟傳教士學習英語的「妹仔」成為接受護理訓練的優質人選。史提芬夫人在那打素醫院任職期間，招收不少「妹仔」為護理學徒，並撰寫了如何幫病人穿衣潔身的護理指南。[130]

126 Frank Ching, *130 Years of Medicine in Hong Kong: From the College of Medicine for Chinese to the Li Ka Shing Faculty of Medicine*, Singapore: Springer, 2018, pp. 141–142; *Report of a Committee on the Development of the University*, Hong Kong: Hong Kong University Press, 1939, pp. 15–21.

127 C.Y. Ng, "Notes and Comments," *Caduceus* 1, no. 1 (1922), p. 5.

128 方玉輝、陳錦良：《香港醫療體制的前瞻》，香港：俊良文化事業有限公司，2004，第 25 頁。

129 E.H. Paterson, *A Hospital for Hong Kong — The Centenary History of the Alice Ho Miu-ling Nethersole Hospital*, Hong Kong: The Alice Ho Miu-ling Nethersole Hospital, 1987, pp. 32–33.

130 Kang Jong Hyuk, "Missionaries, Women, and Health Care: History of Nursing in Colonial Hong Kong (1887–1942)," PhD Thesis, Chinese University of Hong Kong, 2013, pp. 11, 67–68, 85–86.

20世紀初期的護理教育依然由倫敦傳道會主導。[131] 在1910年代，由於申請人數眾多，那打素醫院的護理課程提高了入學要求，申請人須具有一定的教育水平和對護理有真正興趣，學徒亦需繳交每年六元的學費。因此，申請人大多有中上層階級的背景。學徒人數增加，促使倫敦傳道會在那打素醫院旁興建可容納24人的護士宿舍。[132] 那打素的護理課程要求學徒學習生理學、解剖學、實用護理和醫療工具應用等護理課程，並從1914年起要求考試合格才可畢業。課程在1922年額外加入語言培訓，在1923年還添加了配藥、外科護理、婦科護理和傳染病護理的課程。[133] 由於大多數醫院沒有開辦護理培訓課程，從那打素護理課程畢業的護士受到香港各醫院的青睞。當護理培訓於1931年移至新建的雅麗氏利濟醫院時，更新設了額外的專業護理訓練，如心理、牙科和私人護理課程。[134] 倫敦傳道會繼續在1930年代實現了不少香港護理界的突破。1938年，畢業於北京協和醫學院護理深造課程的張中興女士（Cheung Chung Hing）來到新雅麗氏利濟醫院擔任香港首位華人護理講師。孫愛陶女士（Suen Oi To）亦於1936年前往上海仁濟醫院接受為期六個月的訓練，成為首位到境外深造的香港護士。[135] 倫敦傳道會創辦的醫院在戰前戰後一直推動護理培訓，對香港護理教育貢獻良多。

相比之下，政府和非慈善私立醫療機構的護理培訓發展較慢。由於政府不願為華人居民提供公共醫療服務，政府旗下的醫院起初沒有僱用華人護士的需要，反而聘請了會說英語的歐人和日本人護士。[136] 國家醫院於1896年開始招收見習護士，但流失率奇高，1896至1904年期間接受訓練的16名見習護士中，只有5位成功完成為期三年的課程，僅有一名華人畢業生在香港

131 Timothy Man-kong Wong, "Local Voluntarism: The Medical Mission of the London Missionary Society in Hong Kong, 1842--1923," in *Healing Bodies, Saving Souls*, ed. David Hardiman, Leiden: Brill, 2006, p. 101.

132 羅婉嫻：《香港西醫發展史》，香港：中華書局（香港）有限公司，2018年，第187至189頁。

133 Kang Jong Hyuk, "Missionaries, Women, and Health Care: History of Nursing in Colonial Hong Kong (1887–1942)," PhD Thesis, Chinese University of Hong Kong, 2013, pp. 128–130, 156–158.

134 Kang Jong Hyuk, "Missionaries, Women, and Health Care: History of Nursing in Colonial Hong Kong (1887–1942)," PhD Thesis, Chinese University of Hong Kong, 2013, pp. 116–120, 182–183.

135 Kang Jong Hyuk, "Missionaries, Women, and Health Care: History of Nursing in Colonial Hong Kong (1887–1942)," PhD Thesis, Chinese University of Hong Kong, 2013, pp. 205–206.

136 Supply of Nurses for Government Civil Hospital, 2 July 1888, CO 129/238, #180, pp. 3–14.

就職。[137] 雖然國家醫院及後亦繼續取用見習護士，但其規模和專業培訓方面都及不上倫敦傳道會旗下醫院提供的護理培訓課程。國家醫院於 1921 年才開辦比較有系統的普通科護士訓練學校，首屆學生有 9 名女見習護士，7 名見習助產士和 8 名男外科手術助手，全為華人。[138] 在 1937 年取代國家醫院成為政府主要醫院的瑪麗醫院，極其重視普通科護士訓練學校的發展。瑪麗醫院的護理教育規模龐大，首屆共有 45 名女培訓生及 18 名男培訓生。瑪麗醫院利用與香港大學的緊密合作關係，邀請大學教授到護士訓練學校講學，見習生薪金亦比那打素畢業的護士還要高，大大提升了課程的吸引力。[139]

在倫敦傳道會和政府旗下醫院之後，其他慈善及非慈善私立醫療機構也開始開辦護理培訓課程。廣華醫院在 1922 年成為第一家開辦西方護理培訓計劃的華人醫院。為期三年的課程包括兩年的普通護理培訓以及一年的產科護理培訓，首屆有六名學徒。[140] 五年後，東華醫院也設立培訓課程，首屆共有 24 名訓練生，課程教授生理學、普通護理、外科護理和產科護理的知識。[141] 據《東華醫院招學習看護女生簡章》，申請人年齡需在 20 至 25 歲左右，體質強壯無疾病，身家清白，略通中英文。[142] 1929 年，東華東院成為東華三院最後一間開辦護理培訓課程的醫院。東華三院的護理培訓課程迅速增長，到了 1940 年，東華醫院共收到 214 份申請，廣華醫院 124 份，東華東院 85 份。[143] 養和園（養和醫院）則成為第一家獲政府批准提供非資助護士課程的私立醫院，於 1927 年開始接收華人培訓生。首屆取錄的三名學生均於 1930 年完成三年的課程。[144]

137　Nursing Probationers, October 22 1904, CO 129/324, #378, p. 185.

138　王惠玲：〈東華護士專業〉，載劉潤和冼玉儀主編：《益善行道：東華三院 135 周年紀念專題文集》，香港：三聯書店，2006，第 303 頁。

139　C.M. Fung, *A History of Queen Mary Hospital Hong Kong, 1937–1997*, Hong Kong: Queen Mary Hospital, 1997, pp. 2, 51.

140　"Medical Report for the Year 1921," *Hong Kong Administrative Reports for the Year 1921*, Hong Kong: Hong Kong Government Printing Office, 1922, p. 20.

141　李東海編：《香港東華三院一百二十五年史略》，北京：中國文史出版社，1998，第 64 頁。

142　戴東培編：《港僑須知》，香港：永英廣告社，1933，第 451 頁。

143　Kang Jong Hyuk, "Missionaries, Women, and Health Care: History of Nursing in Colonial Hong Kong (1887–1942)," PhD Thesis, Chinese University of Hong Kong, 2013, pp. 153–195.

144　*History of Hong Kong Sanatorium & Hospital, 1922–2017*, Hong Kong: Hong Kong Sanatorium and Hospital, 2017, p. 27.

各護理培訓計劃相繼成立，促使政府加強對護理服務的監管。1931 年通過的《護士登記條例》(*Nurse Registration Ordinance*) 要求所有護士具備認可的學歷證明並進行註冊，才可在香港執業。[145] 登記的程序及規管交由包含政府和宣教團體代表的護士局 (Nursing Board) 負責。護士局規定實習護士必須通過專業考試才可註冊，使香港的護理培訓進一步專業化，[146] 為戰後擴大護理服務建立了堅實的基礎。

助產士培訓

19 世紀的香港政府及宗教慈善團體對提供助產服務的關注度不高。西醫助產服務的需求根本不大，因為大多華人孕婦都主動避開西醫醫院，選擇在「穩婆」或「執媽」(中國傳統的助產士) 的幫助下分娩。1880 年，只有兩宗華人產婦在國家醫院分娩的個案，而這兩位產婦都非自願接受西方助產服務，而是由警察送進醫院的。[147] 到了 19 世紀末，西醫界批評華人產婦傳統分娩方法導致香港嬰兒死亡率高企，令香港政府及宗教團體漸趨關注助產服務。國家醫院院長艾堅信在 1889 年年度報告中描述華人產婦在醫院中分娩的情況時說：「遺憾的是這些分娩案例沒有及早接受醫院的服務，因為穩婆絕對沒有任何產科技能。」[148] 西醫界對中國傳統助產士的抨擊，促使政府和宗教團體開辦西醫助產士培訓課程。

國家醫院於 1897 年設立產科病房，邁出提供西醫產科服務的第一步。[149] 醫院從 1905 年起推出助產士培訓計劃，希望藉此向華人社會推廣西式分娩，讓產婦可在訓練有素的助產士幫助下在家分娩。可是，傳統分娩的影響力仍然強大，最終只有兩名華人婦女參加培訓課程。[150] 雅麗氏利濟醫院於 1898

145 "Draft Bill: Nurses Registration," Government Notification No. 35, *The Hong Kong Government Gazette (Supplementary)*, 30 January 1931, pp. 996–1000.

146 "Results of the Nurses Board Examination," Government Notification No. 540, *The Hong Kong Government Gazette*, 12 June 1936, pp. 633–634.

147 "Reports of Colonial Surgeon and Other Sanitary Papers," *Hong Kong Administrative Reports for the Year 1880*, Hong Kong: Hong Kong Government Printing Office, 1881.

148 P.B.C. Ayres, "Colonial Surgeon's Annual Report," Government Notification No. 308, *The Hong Kong Government Gazette*, 13 July, 1889, p. 596.

149 "The Principal Civil Medical Officer's Report for 1897," *Hong Kong Sessional Papers for 1898*, 27 June 1898, p. 378.

150 "The Principal Civil Medical Officer's Report for 1902," *Hong Kong Sessional Papers for 1902*, 9 April 1898, p. 253.

年開始提供助產服務，倫敦傳道會更於1904年進一步擴大服務規模，創立雅麗氏紀念產科醫院。[151] 西比醫生（Alice Sibree，婚後改稱克寧夫人Alice Hickling）被任命為產科醫院的主管，工作職責之一為「令當地女性接受西方助產學培訓」。[152] 西比醫生起初招收了三名實習產科護士，由西比親自主導三年培訓計劃中的實習訓練，另外由香港西醫書院的教師負責相關的醫學講學。經驗豐富的西比醫生大大提升了培訓計劃的質素，計劃亦同時促進了雅麗氏紀念產科醫院與政府醫療部門之間的合作。1905年，產科醫院因應首席民事醫務官的請求接收了國家醫院一名實習生，並為兩名政府僱用的助產士提供額外培訓。[153] 到1907年，西比將產科和普通護士的培訓分開，申請人需先完成普通護士培訓才可入讀產科課程。[154] 在1900年代，政府和宗教團體辦理的醫院就提供助產士培訓方面有顯著進步。

政府於1910年通過《助產士登記條例》（*Midwives Ordinance*），成立相應的助產士委員會，將助產士工作專業化。條例要求所有已畢業的助產士經過註冊程序才能執業；規定分娩之前和期間必須採取的衛生措施；以及重申向首席民事醫務官報告所有出生和死亡數字的必要性。[155] 在助產士委員會主席克寧夫人的推動下，贊育醫院於1922年成立，由華人公立醫局管理。[156] 贊育醫院專門從事產科教育，與香港大學婦產科部門建立了牢固的關係，大學醫學生至今仍在贊育醫院接受產科培訓。[157] 到1920年代，西式助產服務

151 Timothy Man-kong Wong, "Local Voluntarism: The Medical Mission of the London Missionary Society in Hong Kong, 1842–1923," in *Healing Bodies, Saving Souls*, ed. David Hardiman, Leiden: Brill, 2006, p. 98.

152 Janet George, "The Lady Doctor's "Warm Welcome": Dr Alice Sibree and the Early Years of Hong Kong's Maternity Service, 1903–1909," *Journal of the Hong Kong Branch of the Royal Asiatic Societ* 33 (1993), p. 87.

153 E.H. Paterson, *A Hospital for Hong Kong—The Centenary History of the Alice Ho Miu-ling Nethersole Hospital*, Hong Kong: The Alice Ho Miu-ling Nethersole Hospital, 1987, pp. 44–45.

154 Kang Jong Hyuk, "Missionaries, Women, and Health Care: History of Nursing in Colonial Hong Kong (1887–1942)," PhD Thesis, Chinese University of Hong Kong, 2013, p. 111.

155 Francis Clark, "Rules under the Midwives Ordinance, 1910," Government Notification No. 288, *The Hong Kong Government Gazette*, 22 September 1911, pp. 400–403.

156 Faith C.S. Ho, *Western Medicine for Chinese: How the Hong Kong College of Medicine Achieved a Breakthrough*, Hong Kong: Hong Kong University Press, 2017, p. 77.

157 Arthur E. Starling ed., *Plague, SARS and the Story of Medicine in Hong Kong*, Hong Kong: Hong Kong University Press, 2006, p. 108.

及產科教育在香港站穩腳跟，註冊助產士的人數增加至 60 多名，令首席民事醫務官能在 1922 年信心十足地說：

「在 1922 年，除了政府助產士協助的分娩外，還有大約 2,800 名華人產婦在該殖民地的各個西方醫療機構分娩。按人口比例，這不是一個很大的數字，但已是五年前的三倍。這是華人居民對現代醫學信心日益增強的又一個跡象。」[158]

在 20 世紀上半葉，香港政府除了展現出比以往積極的態度維護公共衛生，亦開始願意投放資源在本地醫學教育的長遠發展上。慈善及私人醫療團體在醫療服務及人員培訓方面繼續負起重擔，發揮重要角色。政府亦有支持醫療研究，成功促進對本地常見疾病的認識，更按着研究結果及醫生意見加強監察、預防及控制常見疾病的醫療系統。20 世紀上半葉的香港醫學及醫學教育發展，為香港未來醫療系統的擴展及演變設立了良好根基。

158 羅婉嫻：《香港西醫發展史》，香港：中華書局（香港）有限公司，2018 年，第 196 至 197 頁；"Medical Report for the Year 1922," *Hong Kong Administrative Reports for the Year 1922*, Hong Kong: Hong Kong Government Printing Office, 1923, p. 31.

第五章
戰爭對醫療發展的影響

一、大戰前夕香港醫療發展

1920年至1930年代間，受全球經濟不景氣及國民黨南京政府實施新關稅等因素拖累，香港的轉口貿易增長放緩。[1]與此同時，中國國內政局動蕩，資金與人力流入香港，製造業得以發展。受到華南地區工人運動的影響，香港的工人開始政治覺醒，透過罷工爭取醫療和工作環境上的權益。工人運動此起彼落，當中規模最大的為海員大罷工及省港大罷工。英方擔心共產主義在香港傳播，威脅管治，因此着手研究改善工人的工作和生活環境，以維持社會安定。[2]

1922年，政府率先通過《兒童工業僱傭條例》(*Industrial Employment of Children Ordinance*)，規管童工從事各類工作的最低年齡及工作時數。[3]往後十多年間，政府陸續立法改善工人工作環境，也嘗試採取措施減少工人慢性中毒及患上職業病的問題。1938年，勞工事務主任畢打士（Henry R. Butters）撰寫了一份有關香港勞工狀況的詳細報告，建議擴大勞工福利立法，

1 陳詩啟：〈南京政府的關稅行政改革〉，《歷史研究》，3期（1995年），第133至144頁。

2 Yip Ka-che, Yuen Sang Leung, and Man Kong Timothy Wong, *Health Policy and Disease in Colonial and Post-colonial Hong Kong, 1841–2003*, London: Routledge, 2016, pp. 38–39.

3 "Ordinances passed and assented to: Dangerous Goods Amendment, No. 19 of 1922, Evident Amendment, No. 20 of 1922, Perjury, No. 21 of 1922, Industrial Employment of Children, No. 22 of 1922, Zetland Hall Trustees Incorporation, No. 23 of 1922," Government Notification No. 400, *The Hong Kong Government Gazette*, 29 September 1902, pp. 373–376.

報告更涵蓋各種職業健康議題。[4] 雖然政府就改善工人工作環境做了不少研究並提倡改善方法，但抗日戰爭的爆發令這些建議無法實現。[5] 政府亦於1936年進行衞生機構改革，將潔淨局改組為市政局，把分散的醫療衞生事務和權力統一起來。[6]

政府在1920年通過撥款，在九龍建立一間醫院。經過五年時間的籌劃、招標及興建，九龍醫院在1925年建成啟用。自啟用後，醫院病房床位一直不敷應用。1937年，日軍侵華導致難民湧入香港，增加了醫療設施的負擔。九龍醫院很快變得擁擠不堪，這情況在戰後也沒有改善，直至1963年伊利沙伯醫院落成後才得以紓緩醫院病床不足的情況。[7] 宗教慈善團體亦有在這時段設立不少醫院，如在1937年寶血女修會創辦的寶血醫院（Precious Blood Hospital）及在1940年法國沙爾德聖保祿女修會（Sisters of St Paul de Chartres）創辦的聖德肋撒醫院（Saint Teresa's Hospital）等。[8]

新界方面，政府積極擴展政府醫局的服務範圍。至1939年，新界已有六家政府醫局，涵蓋東西南北四個分區，形成一個農村醫療服務網絡。醫局服務大受華人歡迎，求診人次由1934年的34,813人次大幅增加至1939年的92,868人次。期間，政府為解決新界地區部分居民因路程問題難以到醫局求診的困難，於1932年開通政府流動醫局（Government Motor Travelling Dispensary）服務，每周定期向道路和鐵路沿線的居民提供基本醫療服務。[9]

香港淪陷前夕，呼吸系統疾病被視為流行疾病中的頭號殺手。1938年，患結核病喪生的病人達4,920人，而1939年更錄得7,591宗病例，令結核病

4 Henry Robert Butters, "Report on Labour and Labour Conditions in Hong Kong," *Sessional Papers for the Year of 1939*, 11 April 1939, paragraph 180–202, 215–241.

5 Yip Ka-che, Yuen Sang Leung, and Man Kong Timothy Wong, *Health Policy and Disease in Colonial and Post-colonial Hong Kong, 1841–2003*, London: Routledge, 2016, p. 39.

6 劉潤和：《香港市議會史（1883–1999）──從潔淨局到市政局及區域市政局》，香港：香港歷史博物館，2002，第70至74頁。

7 Arthur E. Starling ed., *Plague, SARS and the Story of Medicine in Hong Kong*, Hong Kong: Hong Kong University Press, 2006, pp. 110–113.

8 Robin Gauld and Derek Gould, *The Hong Kong Health Sector: Development and Change*, Hong Kong: The Chinese University Press, 2002, p. 42.

9 楊祥銀：〈近代香港醫療服務網絡的形成與發展（1841–1941）〉，載李建民主編：《從醫療看中國史》，台北：聯經出版社，2008年，第561頁。

升級成為必須向市政局呈報的疾病。[10] 政府在多項報告中指出，呼吸系統疾病橫行，歸因於居住環境擠迫、社會貧窮以及吐痰等不衛生的習慣。但政府只靠公共衛生教育及宣傳，呼籲市民不要隨地吐痰，卻沒有推行具體政策或提供社會福利以改善現況。對比之下，政府在處理瘧疾的態度上則積極得多，制定了一系列控制政策，例如聘請瘧疾專家設立研究部門，更在香港各地建設排污系統，令病情受到控制。[11] 政府在處理兩種疾病態度上的不同，主要是因為成本開支考慮。與建造排污系統相比，提供社會福利、重建不合規格的房屋、建造新房屋等的成本昂貴得多。政府也擔心過多干預會影響到香港自由經濟政策所帶來的利益。因此，政府選擇專注於防治瘧疾，以減低措施成本和損失。

日本發動侵華戰爭後，大量難民從中國內地湧入香港。1939 年 6 月，香港人口約有 180 至 220 萬人，當中約 70 萬是難民。政府設立了八個難民營和採用閒置的火車車廂安置新來港人士。難民居住空間擁擠骯髒、缺乏通風設施，以致疾病叢生。部分難民更帶有一些在香港已絕跡疾病的病菌，如天花病毒。1930 年代中期，天花疫情在香港受到控制，但難民的出現令天花病例再度上升。[12] 因此，政府積極為難民和市民進行預防天花和霍亂的疫苗注射，同時加強衛生教育。[13]

東華三院當時積極救濟由內地湧至的難民，但資源有限，擬向政府請求增加補助。經過多番商討，政府應允全面補助東華三院之醫務經費，但同時要求東華進行改革。政府向東華三院提出七項改革建議，最具爭議的一項是要求逐漸廢除以中醫藥治理留院病人的慣常做法。東華總理認為廢除中醫藥有違東華創院之宗旨，萬萬不可接受。經過多番詳細討論，中醫治療得以保留，但腳氣病、瘧疾、營養不足的病人則規定由西醫診治。另一個重要的改革是設立醫務委員會管理東華三院之醫務，成員包括政府醫務總監、東華醫

10 Arthur E. Starling ed., *Plague, SARS and the Story of Medicine in Hong Kong*, Hong Kong: Hong Kong University Press, 2006, p. 226;「香港的結核病和抗癆服務歷史」，衛生署衛生防疫中心胸肺科，www.info.gov.hk/tb_chest/tb-chi/contents/c13.htm（瀏覽日期：2021 年 8 月 2 日）

11 Yip Ka-che, Yuen Sang Leung, and Man Kong Timothy Wong, *Health Policy and Disease in Colonial and Post-colonial Hong Kong, 1841–2003*, London: Routledge, 2016, p. 42.

12 Arthur E. Starling ed., *Plague, SARS and the Story of Medicine in Hong Kong*, Hong Kong: Hong Kong University Press, 2006, p. 26.

13 Yip Ka-che, Yuen Sang Leung, and Man Kong Timothy Wong, *Health Policy and Disease in Colonial and Post-colonial Hong Kong, 1841–2003*, London: Routledge, 2016, p. 43.

圖 5.1　日本發動侵華戰爭後，大量難民從中國內地湧入香港，面臨饑餓、營養不足等問題，社會上一些志願團體派發食物救濟難民。圖為灣仔救世軍施食廠外排隊輪候食物的長長人龍，攝於 1941 年　。（University of Wisconsin-Milwaukee Libraries）

院顧問兩名、東華醫院總理三名、巡院醫官及東華三院院長三名。委員會的成立標誌港府把東華醫務納入直接監管的醫院之中，有權力參與東華三院的決策。[14]

世界局勢動蕩，加上人口上升，令藥物、糧食等各種物資供不應求。物價上漲，不少人無法負擔高昂的醫藥費，亦無法改善飲食，導致腳氣病等營養不足引起的疾病橫行。為免讓飢荒或疫症爆發影響社會安寧，政府不得不透過控制糧食的入口與價格，確保多數人有能力購入食物，同時支援志願團體、難民營和福利中心，為貧窮人士提供免費膳食。政府於 1938 年設立營養研究委員會（Nutrition Research Committee），研究難民營所提供膳食的營養價值，設計出一個廉價但營養充足的餐單，鼓勵各階層人士維持均衡的飲食，並透過中文報紙和廣播節目宣傳。[15]

綜合來說，香港的醫療水平與醫院質素在這段時間有所改善。可是，政府通常等到出現危害到香港統治或經濟的緊急狀況下才採取應變措施，對醫療衛生的態度仍然消極，缺乏承擔。其中一個例子為政府在籌備建設瑪麗醫院時撥款和預算不足，導致醫院初期設施較為簡陋，影響醫療質素。另外，根據 1938 年一份研究改善香港醫院和診所設施的報告，當地醫院病床短缺高達約 3,300 張。報告提出增加病床、改善門診服務、提供社會福利等方案，雖然得到政府和殖民地部的批准，但都因戰亂無法實現。[16]

二、日佔時期的醫療衛生

1941 年至 1945 年的日佔時期是香港醫療衛生發展一個特別的時期。有人認為，相比起歷屆英屬香港政府對華人醫療情況放任的態度，日本軍方設立的香港總督部積極干涉華人社會的衛生狀況，推動醫療改革。[17] 然而，有學者指出日軍對香港醫院設施的利用方式，其實並沒有帶來真正的改革。實際

14 丁新豹：《善與人同：與香港同步成長的東華三院（1870–1997）》，香港：三聯書店，2010 年，第 216 至 231 頁；《1947 東華醫院歷年年報》，香港：東華醫院，1947 年，第 11 至 12 頁。

15 Yip Ka-che, Yuen Sang Leung, and Man Kong Timothy Wong, *Health Policy and Disease in Colonial and Post-colonial Hong Kong, 1841–2003*, London: Routledge, 2016, p. 43.

16 Robin Gauld and Derek Gould, *The Hong Kong Health Sector: Development and Change*, Hong Kong: The Chinese University Press, 2002, p. 42.

17 李威成：〈日據時期香港醫療衛生的管理模式：以《香港日報》為主要參考〉，《臺大文史哲學報》，88 期（11 月 2017 年），第 123 頁。

圖 5.2 18 天戰爭期間，英軍在多個地方設立臨時醫院治療傷兵，聖士提反書院書院大樓是其中一處，日軍在 1941 年 12 月 25 日闖入大樓，屠殺傷兵及醫護人員。

上，日軍對居民利益無足輕重的態度，正體現了他們視香港為「大東亞戰爭」的工具，以及日軍的醫療中心。1942 年，日軍將九龍醫院改為軍用醫院，作為「香港陸軍病院」的本院，可容納 2,000 名傷兵，後來又改名為「第一陸軍醫院」。喇沙書院（La Salle College）、瑪利諾修院學校（Maryknoll Convent School）及拔萃男書院（Diocesan Boy's School）的校舍成為第一陸軍醫院的分院。聖德肋撒醫院、荔枝角傳染病醫院、明德醫院（Matilda Hospital）、戰爭紀念醫院（War Memorial Hospital）、瑪麗醫院等 17 間醫院曾被徵用為軍用醫院，主要為在南太平洋和東南亞戰事中受傷，由醫療船運往香港的日本士兵治療。[18] 戰時，醫療船在香港停泊共 48 船次，每次卸下的傷兵數量少至數百，多至近千。[19]

經歷十八日戰爭後的香港醫療系統處於混亂狀態，公共衛生情況惡劣。最初，歐籍醫護人員被命令留守崗位，維持醫療服務。[20] 儘管醫護人員努力維持服務，仍未能阻止香港的衛生情況迅速惡化。在 1942 年 3 月一個香港公民寫給海外妻子的一封信中，寫信人稱自 1941 年 12 月以來沒有人清掃港九的街道，令蚊子和蒼蠅數目急劇增加。市民缺少飲用水、食物和藥物，痢疾及霍亂疫情爆發機會大增。[21] 除了公共衛生的危機外，醫護人員的另一個憂慮為日軍對醫療設備的破壞。香港大學所有科學儀器均被運往日本，醫學院的記錄被日軍燒毀。[22] 養和醫院亦被迫交出醫院內操作 X 光儀器所需的鐳（radium）儲備。[23]

1942 年 2 月，第 23 軍醫長江口豐潔中佐主管的總督部衛生課發動了香港醫療系統結構性重組。[24] 大多數歐籍醫護人員被禁錮在赤柱拘留營中，只有由兩名衛生官員、一名醫務官員和六名衛生檢查員組成的小組獲准在營外

18 Fung Chi Ming, *A History of Queen Mary Hospital Hong Kong, 1937–1997*, Hong Kong: Queen Mary Hospital, 1997, pp. 36–37; 鄺智文：《重光之路：日據香港與太平洋戰爭》，香港：天地圖書有限公司，2015，第 278 至 279 頁。

19 鄺智文：《重光之路：日據香港與太平洋戰爭》，香港：天地圖書有限公司，2015，第 279 頁。

20 Peter Cunich, *A History of the University of Hong Kong*, Hong Kong: Hong Kong University Press, 2012, p. 405.

21 Recent Conditions in Hongkong, 21 March 1942, CO 129/590/23, pp. 143–144.

22 Peter Cunich, *A History of the University of Hong Kong*, Hong Kong: Hong Kong University Press, 2012, pp. 402–403.

23 Li Shu-fan, *Hong Kong Surgeon*, New York: E.P. Dutton & Co., 1964, pp. 127–128.

24 李威成：〈日據時期香港醫療衛生的管理模式：以《香港日報》為主要參考〉，《臺大文史哲學報》，88 期（11 月 2017 年），第 124 頁。

繼續處理醫療事務。這小組由前醫務總監司徒永覺（Selwyn Selwyn-Clarke）醫生領導。[25] 據司徒永覺記錄，江口中佐對醫療小組向被拘留者分發人道物資的行動持同情態度，在任期間出力維護他們的工作。可是，江口中佐被調任後不久，醫療小組成員隨即被控從事間諜活動，於 1943 年 5 月被捕。[26] 與歐籍醫護人員不同，華人醫生獲許繼續行醫。「香港日華醫師公會」於 1942 年 1 月成立，王通明醫生擔任主席職位。[27] 醫師公會負責規管香港西醫執業情況，未經註冊的西醫不可在香港執業，最終約有 300 名華人西醫註冊。[28] 中醫方面也設有類近性質的組織，名為「總督部香港中醫學會」，共有約 1,000 名中醫註冊。[29] 醫療系統的重組加強了香港總督部對香港醫護人員的管制，所有華人醫生都被迫強制學習日語。[30] 當時流傳日軍在香港捉拿不少醫生，加以酷刑拷打，強迫他們屈服為日本人服務，不少醫生擔心遭到迫害而選擇逃離香港。[31]

選擇留守香港的醫護人員難免面對英方的各種猜疑。在司徒永覺的請求下，著名牙醫周國榮（Kenneth Chaun）醫生及公共衛生與傳染病專家楊國璋醫生同意留港，分別提供牙科醫療服務及負責抗疫工作。[32] 儘管他們極力維持香港的醫療公共衛生水平，更曾被日方監禁，兩名醫生戰後仍被指控與日本政權過於親密，須由前同事和殖民地官員作出辯護。[33] 連司徒永覺也難以避免通敵的指控，英軍服務團的指揮官賴廉士（Lindsay T. Ride）上校曾在

25 P.S. Selwyn-Clarke, *Report on Medical and Health Conditions in Hong Kong for the Period 1st January, 1942 – 31st August, 1945*, London: His Majesty's Stationery Office, 1946, pp. 3–4.

26 Selwyn Selwyn-Clarke, *Footprints: The Memoirs of Sir Selwyn Selwyn-Clarke*, Hong Kong: Sino-American Publishing Company, 1975, p. 70.

27 李威成：〈日據時期香港醫療衛生的管理模式：以《香港日報》為主要參考〉，《臺大文史哲學報》，88 期（11 月 2017 年），第 130 頁。

28 Report by Gordon King (Brief Report on Conditions Prevailing in Hong Kong during the Period 25th December, 1941 to 17th February, 1942), 23 April 1942, CO 129/590/23, pp. 134–142.

29 謝永光：《三年零八個月的苦難》，香港：明報，1994，第 205 頁。

30 Zia I-ding, *The Unforgettable Epoch, 1937–1945,* Hong Kong: Chi Sheng Publishing, 1969, p. 47.

31 李崧：《李崧醫生回憶錄》，香港：香港商報，1987，第 136 頁。

32 Selwyn Selwyn-Clarke, *Footprints: The Memoirs of Sir Selwyn Selwyn-Clarke*, Hong Kong: Sino-American Publishing Company, 1975, pp. 101–102.

33 Interview with Dr J.P. Fehily, 18 December 1942, CO 129/590/22, pp. 159–166.

1942 年指控司徒永覺與日本政權有不當的勾結。英國外交部和殖民地部的官員在通訊中作出反駁，認為司徒永覺為戰俘提供人道物資的工作相當重要。[34]

設施重組也是日佔時期香港醫療系統的重要改變。前文已提及，香港總督部着重醫療系統在軍事上的用途，力求將香港改造成為日軍的療養基地。[35] 沒有軍事用途的醫療設施大多被關閉，如香港癩醫院、香港家畜檢疫所等。[36] 除了醫院外，戰前的香港醫療網絡還包括分佈於各區的公立醫局和福利中心，主要負責藥物分發和門診服務。衛生課認為這些設施沒有軍事價值，把它們轉交給私人執業的華人醫生使用。為了擴建啟德機場，總督部甚至將設備最為齊全的九龍城公立醫局拆掉，可見當局對公立醫局和民眾健康的忽視。[37]

日佔時期香港只有六間民用醫院開放給市民求診。由於衛生課專注於營運軍用醫院，只向民用醫院提供少量資金，私立醫院為民眾提供的醫療服務更為重要。九龍區唯一一家民用醫院廣華醫院很快就有人滿之患，有些病人甚至被逼躺臥在病床下的空間休養。[38] 港島方面，養和醫院、東華醫院、那打素醫院、聖方濟各醫院繼續為民眾提供服務。[39] 雖然港島的醫院床位總數較多，但因病人眾多，床位仍不敷應用。有見及此，司徒永覺推動衛生課於 1942 年中旬重開西營盤醫院（之前的國家醫院）和贊育醫院。西營盤醫院更成為罕有地由衛生課直接營運的民用醫院，改名為「香港市民醫院第二醫院」，為市民提供免費的醫療服務。[40] 然而，由於缺乏資金，兩家醫院又於 1944 年再次關閉。[41]

為加強管制，衛生課積極介入香港醫院的運作。衛生課招募了不少日本醫護人員來港，安排他們在醫院中擔當領導角色。根據那打素醫院見習護士

34 G.E.J. Gent to L.F. Field, 28 July 1942, CO 129/590/23, p. 72.

35 A Brief Report on the Conditions Existing at Hong Kong Between the Dates 25/12/41 and 11/5/42, Submitted by E.J.M. Churn, 19 October 1942, CO 129/590/24, pp. 63–66.

36 「香港癩醫院」原名為「痲瘋病醫院」（Leper Settlement）。謝永光：《三年零八個月的苦難》，香港：明報，1994，第 204、213 頁。

37 鄺智文：《重光之路：日據香港與太平洋戰爭》，香港：天地圖書有限公司，2015，第 217 頁。

38 Yip Ka-che, Yuen Sang Leung, and Man Kong Timothy Wong, *Health Policy and Disease in Colonial and Post-Colonial Hong Kong, 1841–2003*, London: Routledge, 2016, p. 46.

39 P.S. Selwyn-Clarke, *Report on Medical and Health Conditions in Hong Kong for the Period 1st January, 1942–31st August, 1945*, London: His Majesty's Stationery Office, 1946, p. 15.

40 李威成：〈日據時期香港醫療衛生的管理模式：以《香港日報》為主要參考〉，《臺大文史哲學報》，88 期（11 月 2017 年），第 126 頁。

41 P.S. Selwyn-Clarke, *Report on Medical and Health Conditions in Hong Kong for the Period 1st January, 1942–31st August, 1945*, London: His Majesty's Stationery Office, 1946, p. 15.

陳永嫺女士的口述，日佔時期的護士長和高級護士全為日本人，而橫井憲一醫生更於 1943 年 6 月取代胡惠德醫生成為那打素醫院院長。[42] 由於教學和工作主要以日語溝通，華人醫護人員須出席必修的日語課程。不少見習護士對此極為反感，將學習日語視為向日本政權低頭的行為。[43]

日佔時期的東華三院反映出戰時香港各間民用醫院的艱苦情況。香港淪陷初期，東華東院被改造為日本海軍專用醫院，命名為「大日本海軍戰地醫院」。[44] 東華醫院和廣華醫院則繼續為平民服務，但經常缺乏資金和藥物。1941 年 12 月，兩家醫院都因缺乏西藥而只能提供兒科和婦科服務，每天限制只接收 300 名住院病人，直到 1942 年 6 月才恢復全面服務。[45] 然而，東華三院於 1944 年 8 月因缺乏資金而實施緊縮措施，再次被迫縮減服務，停止在東華醫院及廣華醫院分發昂貴的中藥。直到英國重佔香港，東華和廣華醫院只提供西醫治療服務。[46] 戰時的東華三院亦須應付不斷增加的住院人數。由於東華和廣華醫院合共的 1,100 張病床未能滿足平均每天 1,700 名住院病人的需求，兩家醫院都在後花園中搭起棚子以提供更多床位。[47] 廣華護士鄭秀鸞女士憶述，在每層樓房輪班 12 小時的護士只有兩名，根本沒法同時負責檢查體溫、配藥、清潔等眾多責任。醫院在空襲時最為繁忙，需處理不少骨折和頭部受傷個案，護士因而必須謹守崗位，不能到空襲避難所避難。[48] 她指出，當時廣華醫院在民眾中的形象特別差，因為只有最貧窮、最絕望的人才會到廣華接受免費治療，更有傳言說只有五分之一的病人在廣華醫院接受治療後能康復。[49]

---

42 劉智鵬、周家建：《吞聲忍語：日治時期香港人的集體回憶》，香港：中華書局（香港）有限公司，2009， 第 182 頁；E.H. Paterson, *A Hospital for Hong Kong—The Centenary History of the Alice Ho Miu-ling Nethersole Hospital*, Hong Kong: The Alice Ho Miu-ling Nethersole Hospital, 1987, p. 82.

43 劉智鵬、周家建：《吞聲忍語：日治時期香港人的集體回憶》，香港：中華書局（香港）有限公司，2009，第 182 至 183 頁。

44 謝永光：《三年零八個月的苦難》，香港：明報，1994，第 204 頁。

45 丁新豹：《善與人同：與香港同步成長的東華三院，1870–1997》，香港：三聯書店（香港）有限公司，2010，第 245 頁。

46 丁新豹：《善與人同：與香港同步成長的東華三院，1870–1997》，香港：三聯書店（香港）有限公司，2010，第 249 至 251 頁。

47 關禮雄：《日佔時期的香港》，香港：三聯書店（香港）有限公司，2015，第 179 頁。

48 劉智鵬、周家建：《吞聲忍語：日治時期香港人的集體回憶》，香港：中華書局（香港）有限公司，2009，第 194 至 197 頁。

49 劉智鵬、周家建：《吞聲忍語：日治時期香港人的集體回憶》，香港：中華書局（香港）有限公司，2009，第 204 至 205 頁。

為實現改造香港成為日軍療養基地的計劃，總督部衞生課起初對香港的公共衞生高度重視。1942 年 5 月逃離香港的俄羅斯裔英國公民米連科先生（Milenko）雖然指香港淪陷初期衞生情況惡劣，但又同時肯定香港衞生部門工作效率高，能在 1941 年 12 月戰鬥結束後立即恢復工作。[50] 防疫局於 1942 年 2 月成立，促進了香港傳染病院及九龍傳染病院（之前的荔枝角傳染病醫院）的重新運作。[51] 衞生課也有舉行清潔運動，進行街道清洗及通過講座、汽車廣告和海報向市民推廣衞生的重要性。[52] 在 1942 年 2 月舉行的「滅蠅運動」中，衞生課為鼓勵市民參與，以二両蒼蠅換取一斤白米作獎勵，活動成功殺滅 306.8 両蒼蠅。[53] 食物衞生方面，衞生課於 1942 年 4 月通過 14 條法律，對餐館的衞生條件加以規管，要求所有餐廳工作人員接受疫苗接種，並徹底消毒炊具。三名衞生官員和約 50 名衞生視察員負責巡查餐館，有權將屢犯法律的餐館停牌。[54] 執法方面，〈香港警察犯處罰令〉賦予警察執法權力，所列的 74 項法規中，17 項與公共衞生有關，可見公共衞生的重要性。該法案賦予警察監督強制性清潔或疫苗接種運動的權力，拒絕參與的公民可被判處最高監禁三個月。[55] 這些接連在 1942 年和 1943 年實行的衞生措施突顯了衞生課初期期望改善香港衞生環境的決心。

衞生課以一系列的抗疫運動作為改善香港公共衞生的核心政策。日據初期，不少傳染病在香港廣泛傳播。1942 年 4 月，瑪麗醫院一名醫生在報告中表示霍亂和痢疾的感染個案「驚人地高」（appallingly high）。[56] 為了控制疫情，細菌學檢驗所被委託生產霍亂疫苗及負責直腸拭子檢驗（rectal swabbing）。[57] 衞生課最初提供免費的疫苗接種服務，沿主要道路設立防疫

50　Brief Report of the Impressions Gained in Regard to the Conditions Prevailing in Hong Kong during the Three Months Following its Fall on December 25, 1941, 25 May 1942, CO 129/590/23, pp. 47–54.

51　謝永光：《三年零八個月的苦難》，香港：明報出版社，1994，第 204 頁。

52　〈注重公共衞生・逐日洗行人路〉，《香港日報》，1944 年 6 月 27 日，第 3 頁。

53　G.B. Endacott and Alan Birch, *Hong Kong Eclipse,* Hong Kong: Oxford University Press, 1978, pp. 144–145.

54　謝永光：《三年零八個月的苦難》，香港：明報出版社，1994，第 212 頁。

55　李威成：〈日佔時期香港醫療衞生的管理模式：以《香港日報》為主要參考〉，《臺大文史哲學報》，88 期（11 月 2017 年），第 143 頁。

56　Kukong Intelligence Summary No. 1, 26 May 1942, CO 129/590/24, pp. 157–162.

57　P.S. Selwyn-Clarke, *Report on Medical and Health Conditions in Hong Kong for the Period 1st January, 1942–31st August, 1945*, London: His Majesty's Stationery Office, 1946, p. 12.

注射站，並招募了香港大學的醫科生負責注射霍亂疫苗。[58] 路過防疫注射站的市民必須向憲兵出示防疫注射證書，當局甚至派出工作人員在渡海小輪上檢查注射證，未能出示證書的市民會被強制接種疫苗。[59] 但是，注射站的衛生措施不足，未經消毒的針頭在多人身上重複使用，導致不少人出現發炎、紅腫等副作用。[60] 衛生課為了提升疫苗接種率，更宣佈出示防疫注射證書可獲取一張額外食米配給證。不幸的是，有些人為了獲取多張食米配給證而重複注射疫苗，最後因疫苗接種過量而死亡。[61]

衛生課抗疫措施的執行及成效受到不少醫學專家質疑。司徒永覺批評衛生課利用市民自費的強制性直腸拭子檢驗牟利，指出即使在霍亂疫情高峰期，首 10,000 宗直腸拭子檢驗中只有一宗呈陽性個案。[62] 前往廣州和澳門的旅客必須出示防疫注射證書並接受直腸拭子檢驗，而憲兵亦會利用過境健康檢查來檢驗過境人士的身份。[63] 李樹芬醫生笑稱霍亂在富人當中傳播率尤其「高」，因他不少商人朋友在過境健康檢查中被檢驗出為霍亂患者，需支付幾百元才放行。[64] 儘管抗疫運動的成效受到質疑，亦造成不少貪污和擾民的情況出現，但這些運動在限制疫情擴散方面取得一定的成功。司徒永覺在戰後的回顧報告中稱流行病「在各種死因中相對不重要」。[65] 除了在 1942 年 2 月和 3 月爆發的霍亂疫情之外，香港在 1943 至 1945 年期間都沒有全港性的流行病爆發。

然而，衛生課因財困問題而將衛生措施商業化，導致香港整體衛生情況開始惡化。1944 年，衛生課決定將糞便處理工作外判給香港九龍糞務公司，

---

58 Peter Cunich, *A History of the University of Hong Kong*, Hong Kong: Hong Kong University Press, 2012, p. 403.

59 〈衛生當局加緊防疫 · 特派員隨船注射〉，《香港日報》，1943 年 9 月 21 日，第 4 頁。

60 P.S. Selwyn-Clarke, *Report on Medical and Health Conditions in Hong Kong for the Period 1st January, 1942–31st August, 1945*, London: His Majesty's Stationery Office, 1946, p. 13.

61 鄺智文：《重光之路：日據香港與太平洋戰爭》，香港：天地圖書有限公司，2015，第 217 至 218 頁。

62 P.S. Selwyn-Clarke, *Report on Medical and Health Conditions in Hong Kong for the Period 1st January, 1942 – 31st August, 1945*, London: His Majesty's Stationery Office, 1946, p. 13.

63 謝永光：《三年零八個月的苦難》，香港：明報，1994，第 211 頁。

64 Li Shu-fan, *Hong Kong Surgeon,* New York: E.P. Dutton & Co., 1964, pp. 136–137.

65 P.S. Selwyn-Clarke, *Report on Medical and Health Conditions in Hong Kong for the Period 1st January, 1942–31st August, 1945*, London: His Majesty's Stationery Office, 1946, pp. 6–7.

無法支付每月費用的住戶須自行處理排泄物。[66] 為了節省燃料，總督部更要求清潔工以手推車取代卡車運送垃圾，阻礙了街道清潔工作。衞生課同時逐漸減少清潔工的人數，到了 1943 年，街道清潔服務基本上停止，由市民季度清潔運動取而代之。[67] 糞便和垃圾處理系統萎縮令堅尼地城、九龍城、大角咀及其他地區的街道上出現垃圾堆，而高昂的殮葬費用亦令不少屍體被棄於路邊。[68]

香港衞生情況惡化，使香港島出現區域性的瘧疾爆發。街道清潔服務停止令街道上遺留不少廢棄的容器，當中的積水成為蚊子的滋生地。[69] 蚊子數目倍增，在香港仔及筲箕灣引致區域性的瘧疾爆發，有七成到當區公立醫局接受診斷的病人患有瘧疾。[70] 在 1943 年底之前，衞生課並不重視瘧疾問題：到了 1943 年 10 月，日方半官方報紙《香港日報》才第一次報道在黃竹坑和筲箕灣舉行的滅蚊運動。[71] 1944 年 8 月，衞生課配合〈防遏瘧疾規則〉發起了更大規模的抗瘧運動，要求市民在明渠和池塘旁清除雜草並排走積水。[72] 但是，這些措施未能減慢瘧疾的傳播。雖然瘧疾未成為全港性的流行病，但戰後瘧疾在香港島某些地區的蔓延仍然給重返香港的港英當局帶來不少麻煩。[73]

雖然衞生課針對香港的公共衞生情況推出了各種抗疫和衞生措施，卻無法解決嚴重缺乏糧食及藥物的根本問題。由於日軍將香港的糧食儲備大量投放於軍用，造成香港出現嚴重的糧食短缺問題。[74] 總督部於 1942 年初設立了白米配給制度，每人每天只可配給四両白米，價錢為每斤 20 錢，分量後來增

66 〈統理香港糞務聯業總公司啟事〉，《香港日報》，1944 年 6 月 10 日，第 3 頁。

67 〈桐林課長與記者談防疫運動・半月來市民受注射逾十五萬・清潔運動將分春秋二季舉行〉，《香港日報》，1943 年 3 月 18 日，第 3 頁。

68 鄺智文：《重光之路：日據香港與太平洋戰爭》，香港：天地圖書有限公司，2015，第 218 頁。

69 Li Shu-fan, *Hong Kong Surgeon*, New York: E.P. Dutton & Co., 1964, p. 103.

70 P.S. Selwyn-Clarke, *Report on Medical and Health Conditions in Hong Kong for the Period 1st January, 1942–31st August, 1945*, London: His Majesty's Stationery Office, 1946, pp. 11–12.

71 李威成：〈日佔時期香港醫療衞生的管理模式：以《香港日報》為主要參考〉，《臺大文史哲學報》，88 期（11 月 2017 年），第 135 至 136 頁。

72 〈公示第五〇號〉，《香港日報》，1944 年 7 月 27 日，第 4 頁。

73 P.S. Selwyn-Clarke, *Report on Medical and Health Conditions in Hong Kong for the Period 1st January, 1942–31st August, 1945*, London: His Majesty's Stationery Office, 1946, p. 12.

74 劉智鵬、周家建：《吞聲忍語：日治時期香港人的集體回憶》，香港：中華書局（香港）有限公司，2009，第 44 頁。

加至六両四錢。[75] 隨着日本的運輸船日益受到盟軍襲擊威脅，香港的白米供應量急劇減少，價格大幅上漲，不少市民開始在黑市購買價格昂貴、良莠不齊的糧食。[76] 1944 年 4 月，日佔政府甚至廢除了配給制度，將配給糧食的責任移交給民食合作社及港九白米批發商聯合會等非政府組織。[77] 嚴重的糧食短缺問題令香港在 1944 年和 1945 年爆發飢荒，市民過着三餐不繼的日子，更傳言有人食人的情況出現。[78] 各種疾病中，司徒永覺指營養不良才是香港的頭號殺手，驗屍調查顯示至少三分之一的死者因罹患腳氣病等與營養不良相關的疾病死亡。[79] 有東華醫院護士回憶，日治時期腳氣病是最普遍的疾病。一些腳氣病病人的腳部腫脹腐爛，因不會處理，更嚴重至生蟲。護士用敷料桶盛載消毒藥水，讓病人浸腳部的患處，再以棉花清洗和敷藥，最後用布包紮病人腳患。由於棉花、布料等敷料缺乏，他們不得不把這些用具以滾水消毒洗淨後再用。[80] 據楊紫芝教授回憶，日佔時期不少病人因缺乏維他命 B 而周身腫脹，影響心功能而致命，她大哥當時在東華醫院當醫生，教他們多吃紅米和豆類，不吃白米，以攝取更多維他命。[81] 另外，營養不良亦會減低抵抗力，使身體更容易患上疾病和流行病，因此當時結核病等慢性病的死亡率同樣急劇上升。[82]

---

75 劉智鵬、周家建：《吞聲忍語：日治時期香港人的集體回憶》，香港：中華書局（香港）有限公司，2009，第 60 至 61 頁。

76 Fung Chi Ming, *A History of Queen Mary Hospital Hong Kong, 1937–1997*, Hong Kong: Queen Mary Hospital, 1997, pp. 36–37; 劉智鵬、周家建：《吞聲忍語：日治時期香港人的集體回憶》，香港：中華書局（香港）有限公司，2009，第 81 至 82 頁。

77 劉智鵬、周家建：《吞聲忍語：日治時期香港人的集體回憶》，香港：中華書局（香港）有限公司，2009，第 67 至 69 頁。

78 Yip Ka-che, Yuen Sang Leung, and Man Kong Timothy Wong, *Health Policy and Disease in Colonial and Post-Colonial Hong Kong, 1841–2003*, London: Routledge, 2016, p. 44.

79 P.S. Selwyn-Clarke, *Report on Medical and Health Conditions in Hong Kong for the Period 1st January, 1942–31st August, 1945*, London: His Majesty's Stationery Office, 1946, p. 6.

80 「日治後期在東華醫院任學護的記憶」，香港記憶計劃，2009 年 4 月 8 日，www.hkmemory.hk/collections/oral_history/All_Items_OH/oha/records/index_cht.html（瀏覽日期：2022 年 9 月 7 日）。

81 〈楊紫芝教授訪談錄〉，2019 年 9 月 9 日於瑪麗醫院。

82 P.S. Selwyn-Clarke, *Report on Medical and Health Conditions in Hong Kong for the Period 1st January, 1942–31st August, 1945*, London: His Majesty's Stationery Office, 1946, p. 7.

香港同時面臨嚴重缺乏藥物的問題，令醫生難以治療與營養不良相關的疾病。[83] 化學檢驗所檢驗的阿的平（atebrine）[84]、奎寧、磺胺（sulphanilamide）等藥物當中，有不少是含摻有假化學物質或代設劑的假冒產品。連某家著名本地製藥商出產的維生素 B 補充劑中，維生素的含量只為每立方厘米液體 6 毫克，而不是正常的 10 毫克。[85] 中藥房同樣缺乏足夠的藥物，尤其因總督部禁止中藥房購買從中國內地進口的中藥材料。中藥房被迫使用在香港生產的生草藥以取代進口藥材，如利用牛大力代替杜仲。[86]

由於中藥材供應緊張，加上財政上出現重大危機，東華三院甚至不得不結束中醫留院服務，改變成立 75 年來一直運行的傳統。在 1945 年 7 月 8 日董事局會議上，東華做出了兩個重要決定。其一是東華醫院與廣華醫院的免費留醫病人全部採用西藥治療，自此東華三院的中醫留醫服務宣告結束。其二是打破「贈醫施藥」傳統，改為「贈醫不施藥」，中醫內科門診診金免費，藥費則由病人承擔，而中醫跌打門診只施外敷藥，內服藥則「贈方不施藥」。[87]

日軍對香港醫療衛生的所謂改革，就是把香港變為日軍的醫療中心。眾多民用醫院被改造為軍用醫院。剩下的少數民用醫院因資金、醫藥短缺，經營極為困難，甚至被迫關閉。日軍似乎重視香港的公共衛生狀況，又搞「滅蠅運動」，又推行抗疫打疫苗。目的並非為香港市民福祉，而是為了保障香港作為日軍醫療中心的正常運作。日軍統治下，糧食和藥物嚴重短缺，則是日佔後期香港公共衛生狀況更為惡劣的重要原因。

83 Kukong Intelligence Summary No. 1, 26 May 1942, CO 129/590/24, pp. 157–162;〈楊紫芝教授訪談錄〉，2019 年 9 月 9 日於瑪麗醫院。

84 阿的平（atebrine）是一種治瘧藥，英名又拼寫為 atabrine，正式學名是奎納克林（quinacrine）。參見芮耀誠主編：《實用藥物手冊》，香港：中華書局，第 564 頁。

85 P.S. Selwyn-Clarke, *Report on Medical and Health Conditions in Hong Kong for the Period 1st January, 1942–31st August, 1945*, London: His Majesty's Stationery Office, 1946, pp. 13–14.

86 謝永光：《三年零八個月的苦難》，香港：明報，1994，第 206 至 207 頁。

87 楊祥銀：《殖民權力與醫療空間：香港東華三院中西醫服務變遷（1894–1941 年）》，北京：社會科學文獻出版社，2018 年，第 10 頁。

第六章
戰後醫療系統的發展

1945 年 8 月 15 日，日本宣佈投降，8 月底英軍抵達香港，建立臨時軍政府，重新恢復統治。當時香港百廢待興，經濟、行政、民生等系統與設施皆需重建。日軍統治時強徵醫療設施和物資，令醫院診所設備短缺，無法運作。有些醫院遭日軍改為軍用醫院，沒有直接軍事用途的醫療設施大多被關閉，戰後需將這些設施復原。日治時期，大多數駐港的外籍醫護人員都被拘禁在戰俘營中，身體及精神健康狀況大多不佳，戰後不少醫護人員辭職回鄉或需長期休養，醫院中出現人手嚴重不足的問題。[1] 以上因素，令香港政府難以控制戰後初期傳染病廣泛傳播的情況，市民缺醫少藥，怨聲四起。政府無法延續戰前為華人市民提供醫療服務的消極態度，戰後逐步進行醫療改革，改善香港公共衛生情況。

一、加強衛生工作

戰後港人陸續回歸，加上中國政局動盪，數以十萬計的難民湧到香港避難，使香港人口暴增。香港人口由 1945 年 8 月僅約 60 萬人，至 1947 年年中已增至 175 萬人，迅速回升的人口很快超越戰前的人數；到 1950 年年中，香港人口上升至空前的 223.7 萬人。[2] 人口急速上升，除了大大加重香港醫療服務的負擔，亦引起房屋短缺的問題。難民居住在簡陋的寮屋村與天台屋，擁擠和惡劣的聚居環境令結核病、白喉、麻疹、肺炎、腸胃炎、腸熱病等疾病肆虐。

1 *Hong Kong Government Annual Report of the Medical Department for 1946*, Hong Kong: Local Printing Press, 1947, pp. 1–3.

2 Fan Shuh Ching, *The Population of Hong Kong*, Paris: CICRED, 1974, p. 2; *Hong Kong Statistics, 1947–1967*, Hong Kong: Census and Statistics Department, 1969, p. 14.

圖 6.1 香港戰後人口急升，因房屋供應不足，不少市民只能居住在山邊自行搭建的木屋，這些地區衞生環境惡劣，缺乏自來水與排污系統，是傳染病的温床。圖為 1960 年代港島天后廟道山坡上的寮屋。（高添強提供）

戰後香港的大規模重建需要大量資金，而政府運作及市民生活質素亦與城市的經濟繁榮息息相關，因此戰後政府的首要任務為促進香港經濟復甦。同時，戰後民族主義興起，殖民地紛紛獨立，英國聲望弱化，香港政府急需穩定其殖民統治。城市的衛生狀況是維持經濟穩定的根基，故香港政府需保障市民的健康，維持各區清潔，重視公共衛生，加強對疾病的防範及控制。[3] 戰爭雖然帶來破壞，但正因百廢待興，給予政府機會重新建設香港醫療及衛生系統。

戰前政府應對傳染病疫情已有一套模式，戰後恢復相關機制。香港人口急速膨漲，令不少市民被逼居住在木屋區或天台屋，缺乏自來水與衛生措施，貯水缸成為蚊蟲繁殖之所，瘧疾肆虐。[4] 政府積極應對瘧疾問題，決定重組防瘧局及重啟研究工作，並執行預防瘧疾的措施，包括在水池噴灑煤油、定期清除積水等。政府改良了排水系統，防止積水出現。而瘧疾局亦同時使用更有效消滅瘧蚊及幼蟲的新式殺蟲劑，令市區的瘧疾傳播得以控制。[5] 然而，由於新界範圍大，人口稀疏，遍佈水稻田，政府難以採用在市區執行的措施，因此瘧疾感染人數仍然高企，到 1960 年代後期才得以改善。[6] 戰前推行的疫苗接種計劃成功制止天花傳播，但難民湧入令天花再度威脅市民健康。戰後政府立即恢復疫苗接種計劃，在人口不斷增長的情況下，仍能控制天花的威脅，1950 年代在香港的天花病案寥寥可數。[7] 政府也透過疫苗接種計劃控制霍亂傳播，取得莫大成功，1947 年至 1961 年期間不再有霍亂病例出現。[8]

起初，政府認為在中國政局穩定後，難民會如以往般返回內地。因擔心提供過於豐厚的社會福利會吸引更多難民來港，政府不願投放資源在難民身上。政府劃出了一些區域設置難民營，只提供基本的衛生和醫療服務，為難民進行疫苗接種，防禦天花及霍亂等疾病散播，並在難民營噴灑殺蟲劑。市

---

3 Yip Ka-che, Yuen Sang Leung, and Man Kong Timothy Wong, *Health Policy and Disease in Colonial and Post-colonial Hong Kong, 1841–2003*, London: Routledge, 2016, p. 52.

4 〈市政局昨開會研究撲滅蚊蚋〉，《工商晚報》，1956 年 4 月 18 日。

5 *Annual Departmental Report by the Director of Medical and Health Services for the Financial Year 1950–1*, Hong Kong: Noronha & Company, 1951, pp. 122–125.

6 *Hong Kong Annual Departmental Report by the Director of Medical and Health Services for the Financial Year 1961–1962*, Hong Kong: Government Press, 1962, pp. 47–49.

7 *Hong Kong Annual Departmental Report by the Director of Medical and Health Services for the Financial Year 1955–1956*, Hong Kong: Government Press, 1956, p. 67.

8 *Hong Kong Annual Departmental Report by the Director of Medical and Health Services for the Financial Year 1961–1962*, Hong Kong: Government Press, 1962, p. 18.

政局則在難民營設立公共廁所和供水系統，以及教導難民處理垃圾的正確方式等公共衛生習慣，提供最基本的服務。[9]

傳染病流行的挑戰與應對

戰後，香港的傳染病案例日益減少。在政府積極執行接種政策下，自 1952 年，天花不再在香港境內出現，世界衛生組織（World Health Organisation）在 1979 年認證香港已成功撲滅天花。[10] 一直困擾着香港的瘧疾也因健康教育的普及、撲滅蚊患政策，以及急速城市化等因素得以控制，到了 1970 年已沒有本地感染的案例。[11] 除了隨越南難民傳入的病例以外，1970 年代後瘧疾基本上已在香港杜絕。儘管如此，香港醫療系統仍然無法完全控制其他傳染病散播，一些新型傳染病的出現，更是醫療衛生服務面對的一大挑戰。

霍亂

香港在戰後曾多次爆發霍亂疫症。1961 年 8 月初，霍亂在臨近城市廣州及澳門擴散。8 月 15 日香港診斷出首兩宗霍亂病例，政府在 8 月 18 日正式宣佈香港為疫埠。[12] 疫情持續至 10 月 12 日，期間 129 人診斷患上霍亂，731 人被隔離，當中 30% 為水上人。[13] 疫情初期，香港政府召開緊急會議以制定應對措施，將廣東和澳門定為霍亂疫區，禁止兩地人士入境，並將已入境人士隔離。政府徵用了荔枝角傳染病醫院和漆咸道軍營（Chatham Road Camp）作為隔離場所，分別隔離患者和疑似患者，並大量製造霍亂疫苗，展開廣泛的接種計劃，尤其針對沿岸居民和水上人等高危人群。政府在私家診所設立霍亂診斷服務，加強住宅、食肆、食物與食水品質的檢驗，確保符

9 *Hong Kong Annual Departmental Report by the Director of Medical and Health Services for the Financial Year 1952–1953*, Hong Kong: Government Press, 1953, pp. 10–11; Yip Ka-che, Yuen Sang Leung, and Man Kong Timothy Wong, *Health Policy and Disease in Colonial and Post-colonial Hong Kong, 1841–2003*, London: Routledge, 2016, pp. 54–55.

10 *The Global Eradication of Smallpox: Final Report of the Global Commission for the Certification of Smallpox Eradication, Geneva, December 1979*. Geneva: World Health Organization, 1980, p. 100.

11 *Hong Kong Annual Departmental Report by the Director of Medical and Health Services for the Financial Year 1970–1971*, Hong Kong: Government Press, 1971, p. 8.

12 *Hong Kong Annual Departmental Report by the Director of Medical and Health Services for the Financial Year 1961–1962*, Hong Kong: Government Press, 1962, p. 20.

13 Arthur E. Starling ed., *Plague, SARS and the Story of Medicine in Hong Kong*, Hong Kong: Hong Kong University Press, 2006, p. 42.

合衞生標準，亦同時進行衞生教育，呼籲市民遵守衞生條例，儘快注射免費的霍亂疫苗。[14] 疫情高峰期，許多國家停止輸入在香港製造的食品和貨物，也禁止國民到訪香港，對香港的出口貿易和旅遊業造成負面影響，經濟大受打擊。是次疫情結束後，醫務衞生署撰寫的檢討報告《香港霍亂爆發報告》(*Report on the Outbreak of Cholera in Hong Kong Covering the Period 11th August to 12th October 1961*) 建議政府與周邊地區設立區域聯絡架構，交換衞生訊息，提早得知疾病的地區性擴散情況，同時建議政府定期為市民注射霍亂疫苗及加強健康與衞生教育。[15]

1960 年代香港水源有限，經常實施制水措施。不少食肆為維持生計，不得不使用井水或山水等未經過檢驗的水源，造成潛在的衞生危機。1964 年 5 月，香港制水期間，油麻地廟街一間餐館店主違例使用井水作餐館供水。建築結構結缺陷導致廁所的污水滲入井水，剛巧有一名員工帶有霍亂弧菌，污染了整個餐館的供水系統。此次爆發造成 14 宗病例，當中 4 人死亡。[16] 1986 年 8 月 2 日，政府再一次宣佈香港為霍亂疫埠。[17] 為了應對疫情，醫務衞生署設立了八個預防霍亂注射中心，免費為公眾打針防疫，亦加緊拘捕違反衞生條例的人士。[18] 由於疫情有蔓延趨勢，當局決定成立「控制霍亂統籌委員會」，專責執行一切有關霍亂的預防、診治及宣傳教育等工作。[19] 香港在 8 月 20 日解除「疫埠」之名，是次霍亂疫情總共發現 22 個病例。[20] 霍亂現今尚未完全杜絕，偶爾還會有規模不大的霍亂疫情。[21]

---

14 *Hong Kong Annual Departmental Report by the Director of Medical and Health Services for the Financial Year 1961–1962*, Hong Kong: Government Press, 1962, pp. 23–24.

15 Hong Kong Medical and Health Department, *Report on the Outbreak of Cholera in Hong Kong Covering the Period 11th August to 12th October 1961*, Hong Kong: Government Printer, 1961, pp. 35–40, quoted in Yip Ka-che, Yuen Sang Leung, and Man Kong Timothy Wong eds., *A Documentary History of Public Health in Hong Kong*, Hong Kong: Chinese University of Hong Kong Press, 2018, pp. 337–339.

16 Arthur E. Starling ed., *Plague, SARS and the Story of Medicine in Hong Kong*, Hong Kong: Hong Kong University Press, 2006, pp. 46–49.

17 〈香港宣佈成疫埠．市民須小心飲食〉，《華僑日報》，1986 年 8 月 3 日。

18 〈續有六名病者．懷疑患染霍亂〉，《華僑日報》，1986 年 8 月 4 日。

19 〈港霍亂有蔓延趨勢．兩萬人昨打防疫針〉，《大公報》，1986 年 8 月 5 日。

20 〈本港宣佈解除疫埠名稱〉，《華僑日報》，1986 年 8 月 20 日。

21 *Epidemiology, Prevention and Control of Cholera in Hong Kong*, Hong Kong; Centre for Health Protection, 2011, p. 7.

圖 6.2 為加強防控，政府派員在羅湖口岸為入境人士注射霍亂疫苗，攝於 1950 年代。

結核病

戰後初期社會百廢待興、資源不足，引致不少市民出現營養不良的問題，再加上大批難民湧入香港造成人口擠迫情況，令結核病難以控制，一度成為香港首號死因。[22] 政府在 1946 年設立官方的胸肺服務單位（The Tuberculosis & Chest Service），1947 年在夏慤道成立第一所結核病診所，又在元朗、大埔、赤柱、香港仔等地設立附屬診所對抗結核病。由於缺乏資金和人手，這些規模有限的診所只能為求醫的人士提供最基本的門診醫療服務。[23]

社會上不少非官方組織在此時成立，提供針對結核病的醫療服務。當中規模最大、最活躍的是在 1948 年由律敦治（Jehangir Hormusjee Ruttonjee）、周錫年、胡兆熾等熱心人士設立的「香港防癆會」（The Hong Kong Anti-Tuberculosis Association，即今天的「香港防癆心臟及胸病協會」）。防癆會在 1948 年將前皇家海軍醫院改建成專治結核病的律敦治療養院（Ruttonjee Sanatorium），並分別在 1956 年和 1957 年先後設立傅麗儀療養院（Freni Memorial Convalescent Home）和葛量洪醫院，前者為肺癆康復者提供療養服務，後者則為癆病病人提供治療。[24] 律敦治療養院和葛量洪醫院亦先後與醫務衞生署和英國醫學研究會（Medical Research Council of the United Kingdom）合作，研究結核病和擬定適合香港的治療方案，對治療病人和控制病情有莫大的幫助。[25]

愛爾蘭聖高隆龐修會在律敦治的邀請下，派出專業醫護人員負責律敦治療養院日常運作。其中修女區桂蘭（Sister Mary Aquinas Monaghan）、紀寶儀（Sister Gabriel O'Mahony）致力研發結核病治療方案，研究領域包括結核桿菌的抗藥特性、結核病復發患者的治療和抗癆病藥物的副作用、脊柱結核

22 A.S. Moodie, Analysis and Evaluation of the Tuberculosis in the British Crown Colony of Hong Kong, 6 September 1951, CO 129/629/10, pp. 6–14.

23 A.S. Moodie, Analysis and Evaluation of the Tuberculosis in the British Crown Colony of Hong Kong, 6 September 1951, CO 129/629/10, p. 17; Arthur E. Starling ed., *Plague, SARS and the Story of Medicine in Hong Kong*, Hong Kong: Hong Kong University Press, 2006, p. 228.

24 香港防癆心臟及胸病協會：《70 周年紀念特刊》，香港：香港防癆心臟及胸病協會，2018 年，頁 57。

25 Sister Mary Aquinas, W.G.L. Allan, P.A.L. Horsfall, P.K. Jenkins, Wong Hung-Yan, David Girling, Ruth Tall, and Wallace Fox, "Adverse reactions to daily and intermittent rifampicin regimens for pulmonary tuberculosis in Hong Kong," *British Medical Journal* 1, no. 5803 (1972), pp. 765–771.

病等。她們自1952年起於港大醫學院兼任教學工作，出版逾百篇醫學論文，是結核病臨床研究的先驅及權威。[26]

工聯會屬下工人醫療所曾為醫治肺結核做出不少貢獻。醫療所克服困難設立X光檢驗所，照X光片只收回成本，讓工人及早接受檢查，發現毛病後盡快治理。醫治肺結核需要注射針藥，但由於美國在1950年代初實施禁運，而藥物屬於禁運物資，使藥物供應極為緊張，針藥價格極其高昂。富人可以高價買藥，但窮人衣、食、住都有困難，萬一得了肺結核，就好像判了死刑一樣。在不近人情的藥物管制下，針藥供應只能依賴配給。工聯會旗下各個屬會，發動工人在休班時間義務為工人醫療所前往碼頭輪藥，使醫所得到珍貴的藥物，醫治有需要的患病工人。當年在工人醫療所X光檢驗所照X光片的工人，證實自己患上肺結核並到工人醫療所就診的時候，病情往往已達肺葉出現空洞的程度，有效治理肺結核的抗生素又價格高昂。義務醫生李崧醫生參考其他醫生和醫學雜誌有關醫治肺結核患者的方法之後，開始在工人醫療所為有空洞的肺病患者進行氣腹療法，療效很好，收費又很少。每個月差不多有200個患肺病的勞苦大眾，排隊到工人醫療所請李崧醫生進行氣腹手術。工人醫療所為此專門設立了一間氣腹室。[27]

1950年代，醫生主要使用胺基水楊酸（aminosalicylic acid）治療結核病，1951年及1952年分別增添鏈黴素（streptomycin）及異烟肼（isoniazid）為病人進行藥物治療。到了1962年，新穎的療程提倡使用包含胺基水楊酸和異烟肼的藥物，治療期為一年半至兩年，但只有四分一病人能完成療程。因此，政府在1962年引入6個月的全監督藥物治療（1972年改成3個月），治療期維持不變，病人須在家中完成剩下的療程。此時治療結核病的最大障礙為患者對藥物產生耐藥性，除了無法為患者提供有效的治療外，更增添傳播的危險。這類患者必須先送院接受6個月的密切治療，其後再送往胸肺科診所繼續18個月的療程。[28] 踏入1970年代，治療藥物供應日漸充足，而且醫學界對結核病認識加深，政府因而於1979年推出短期（六個月）治療，療程

26 香港防癆心臟及胸病協會：《60周年紀念特刊》，香港：香港防癆心臟及胸病協會，2008年，頁51；M. Humphries, "Sister Mary Gabriel O'Mahoney", *Hong Kong Medical Journal*, Vol. 12, No. 5, October 2006, p. 402; Arthur E. Starling ed., *Plague, SARS and the Story of Medicine in Hong Kong*, Hong Kong: Hong Kong University Press, 2006, p. 244.

27 劉蜀永、姜耀麟：《植根基層70載：香港工會聯合會工人醫療所簡史》，香港：和平圖書有限公司，2020年，第50至52頁。

28 *Hong Kong Annual Departmental Report by the Director of Medical and Health Services for the Financial Year 1962–1963*, Hong Kong: Government Press, 1963, pp. 30–31.

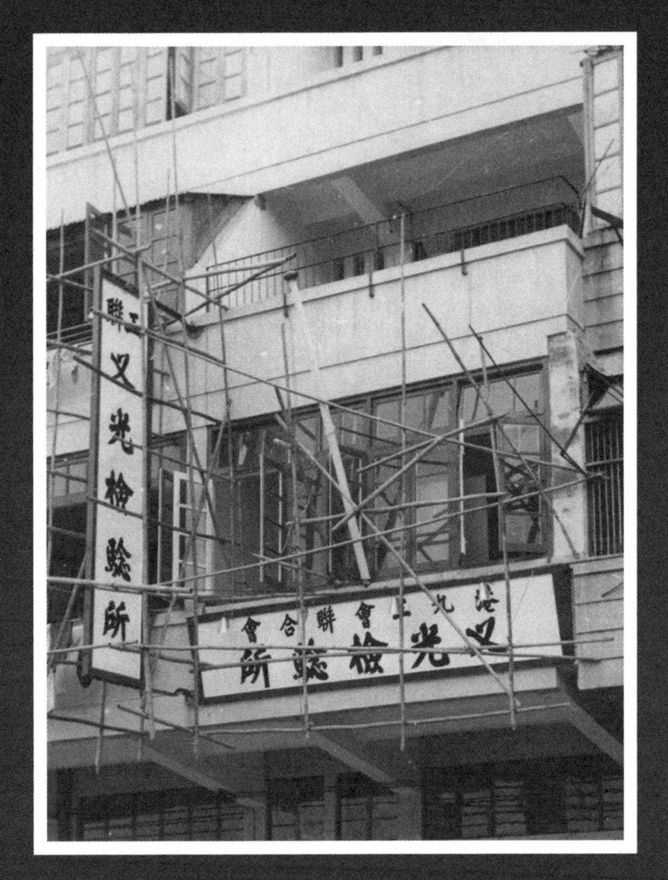

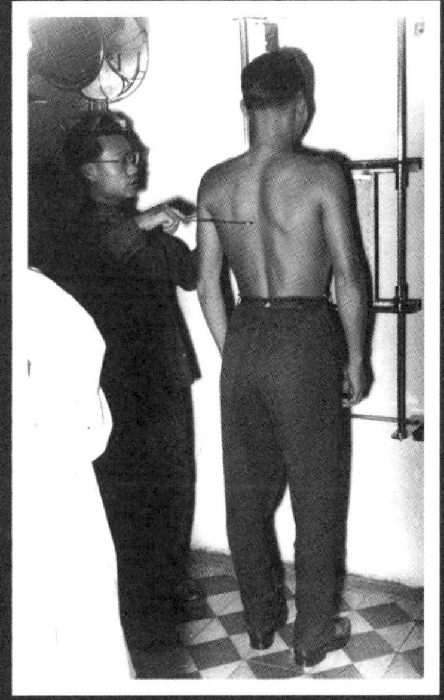

圖 6.3　戰後肺結核盛行，政府和社會組織向民眾提供針對結核病的醫療服務。其中工聯會屬下工人醫療所開設 X 光檢驗所（左），設有 X 光儀器（右上），為病人提供肺部 X 光檢驗服務（右下）。（工人醫療所提供）

中醫生會組合異烟肼、利福平（rifampin）、吡嗪酰胺（pyrazinamide）、乙胺丁醇（ethambutol）、鏈黴素等不同藥物來為患者提供治療。這個方法成為香港往後治療結核病的常規治療程序。[29]

及早檢驗出結核病個案有效防止病症在社區中流傳，政府的胸肺科和民間的療養院因而積極投放資源提升檢驗結核病能力。胸肺科最初嘗試透過載着 X 光儀器的貨車為香港各地的市民提供流動性 X 光檢驗，但由於成本過高，加上成效有限，幾年後停止服務。香港防癆會等民間團體則為大型企業的員工提供常規 X 光檢驗，並透過派發免費的教育單張和小冊子、舉辦展覽和講座，將結核病知識普及化，這些教育和宣傳工作後來由胸肺科接手。胸肺科也透過電視廣告、海報和傳單等宣傳手法鼓勵市民參加自願性檢驗活動，但成效有限。強制檢驗患者接觸圈子仍為最有效的檢驗方法。[30]

香港早在 1952 年已為 2 至 15 歲的兒童注射卡介苗預防結核病。當時世界衞生組織將兩歲以下的兒童排除在注射計劃外，但香港因結核病死亡的人數中至少有 34% 為 5 歲以下的孩童，香港政府決定為兩歲以下的孩童注射疫苗。[31] 到了 1971 年，幾乎沒有幼兒因結核病而死亡，反映出計劃的成功。[32]

醫學進步和普及化，令針對結核病的綜合醫療服務效能有所進步，再加上大眾的生活質素、居住及工作環境改善，成功令結核病病情漸受控制，死亡率隨之減少，從 1971 年的 30.9% 下降到 1983 年 8.4%。政府大肆宣傳以及檢驗技術改進，使更多病例能提早發現，病人及時得到治療，只有病情嚴重的病人才需送院接受免費治療。[33] 結核病死亡率大幅下降，更促使原本用來照顧結核病病人的醫院改變醫療對象：葛量洪醫院於 1982 年改為心臟胸肺科專科醫院，而律敦治療養院則於 1991 年改建成全科醫院。

29 Tuberculosis & Chest Service, Department of Health, Hong Kong, *Tuberculosis Control in Hong Kong*, Hong Kong: Centre of Health Protection, 2000, accessed 12 August 2021, www.info.gov.hk/tb_chest/doc/TBcon.pdf.

30 Lee, Shiuhung, "The 60-year Battle Against Tuberculosis in Hong Kong—A Review of the Past and a Projection into the 21st Century," *Respirology* 13 (2008), p. 50; Arthur E. Starling ed., *Plague, SARS and the Story of Medicine in Hong Kong*, Hong Kong: Hong Kong University Press, 2006, p. 239.

31 〈王淦基醫生訪談錄〉，2019 年 11 月 21 日於銅鑼灣。

32 W. G. Allan, "Tuberculosis in Hong Kong, ten years later," *Tubercle* 54, no. 3 (1973), p. 236.

33 *Hong Kong Annual Departmental Report by the Director of Medical and Health Services for the Financial Year 1971–1972*, Hong Kong: Government Press, 1972, pp. 14–15; *Hong Kong Annual Departmental Report by the Director of Medical and Health Services for the Financial Year 1983–1984*, Hong Kong: Government Press, 1984, pp. 3–4.

香港流感

1968 年 7 月 13 日，香港突然出現大量疑似患上流感的病人求醫。香港人口密度高令病毒迅速散播，估計全城人口 15%（50 萬人）在高峰期受感染。疫情維持了六個禮拜，幸好其殺傷力不大，死亡病例很少。[34] 政府病毒科檢驗後，發現引起此次疫情的病毒和當時流行的 H2N2 不同。樣本送往世界衞生組織作更深入研究，結果發現是新型的 H3N2 病毒。香港流感在世界各地傳播，當中包括新加坡、越南、菲律賓、印度、澳洲北部、美國、歐洲、日本、南非和南美洲等地，疫情持續到 1969 年才結束。[35]

乙型肝炎（Hepatitis B）

肝癌是一種在香港發病率高的癌症，1983 年至 1990 年期間為香港男性新症及死亡數目第二高的癌症。[36] 醫學界一直找不出肝癌發病率高的原因，需等到 1965 年才發現原來乙型肝炎病毒與肝癌有直接關係，為導致肝癌出現的主因。香港在 1975 年開始檢驗捐血人士是否乙肝病毒攜帶者，以防病毒傳播，又在 1983 年起為市民提供乙型肝炎疫苗注射服務。最初接種服務只為醫務人員而設，計劃後來擴展至為母親為病毒攜帶者的嬰兒注射疫苗，而市民也能到公立或私立診所和醫院注射。到了 1988 年，所有在香港出生的嬰兒在六個月內皆會接受三次疫苗接種。[37] 根據研究，注射疫苗成功令接種人士產生乙型肝炎表面抗體，有效減少慢性乙肝病毒攜帶者的數目，而衞生署 2019 年的報告也顯示乙肝病毒攜帶者的數目在接種計劃展開後來急劇下降。[38]

---

34 W. K. Chang, "National Influenza Experience in Hong Kong, 1968," *Bulletin of the World Health Organisation* 41, no. 3 (1969), p. 351.

35 Robert Peckham, "Viral Surveillance and the 1968 Hong Kong Flu Pandemic," *Journal of Global History* 15, no. 3 (2020), p. 452.

36 〈癌症統計數字查詢系統〉，香港癌症資料統計中心，www3.ha.org.hk/cancereg/tc/allages.asp（瀏覽日期：2021 年 8 月 13 日）。

37 〈楊紫芝教授訪談錄〉，2019 年 9 月 9 日於瑪麗醫院；Arthur E. Starling ed., *Plague, SARS and the Story of Medicine in Hong Kong*, Hong Kong: Hong Kong University Press, 2006, pp. 57–58.

38 Yuen Man-fung, Lim Wei-ling, Annie On-on Chan, Danny Ka-ho Wong, Simon Siu-man Sum, and Lai Ching-lung, "18-year follow-up study of a prospective randomized trial of hepatitis B vaccinations without booster doses in children," *Clinical Gastroenterology and Hepatology* 2, no. 10 (2004), pp. 941–945; *Surveillance of Viral Hepatitis in Hong Kong, 2019 Report*, Hong Kong: Viral Hepatitis Control Office, Department of Health, 2020, pp. 15–17, 30–33, 38–40.

愛滋病（Acquired Immunodeficiency Syndrome [AIDS]）

雖然香港政府在 1932 年禁娼，但私娼活動仍然存在。[39] 1952 年 1 月，港府通過《1952 年性病條例》，規定診所若發現性病患者，須通報醫務衞生署並逼使病人接受強制檢驗與治療。[40] 戰後最受關注的性傳播疾病為愛滋病，源自於人類免疫缺乏病毒（Human Immunodeficiency Virus [HIV]），1981 年在美國首次通報愛滋病毒感染案例。[41] 由於目前為止沒有任何藥物能有效治癒愛滋病，因此全球各地都十分重視病毒的擴散情況。在香港，政府於 1984 年成立了愛滋病服務組（AIDS Unit，後在 1990 年成為愛滋病顧問局秘書處）推行預防愛滋病的公共衞生工作、提供有關臨床服務以及宣傳與疾病有關的教育資訊等。同時，政府病毒科為公立和私立醫院與診所提供 HIV 篩查服務，亦免費為篩查 HIV 的私家醫學實驗室核對樣本結果。香港紅十字會輸血服務中心也在 1986 年開始檢驗志願捐血人士是否帶有 HIV，以防止病毒散播。[42] 因大眾對愛滋病認識不深，對感染病毒患者帶有誤解，令不少高危人士抗拒檢驗，造成潛在的危險。因此，政府設立了一些保證檢驗者私隱的特殊診所，鼓勵檢驗。到了 1996 年，政府又設立由衞生署愛滋病服務組主理的紅絲帶中心，主要任務為推廣預防愛滋病的知識和醫學研究。[43]

香港在 1984 年出現首宗 HIV 感染個案，第一宗愛滋病個案則在 1985 年出現。[44] 香港衞生署從 1996 年開始為愛滋病人提供免費的高效抗逆轉錄病毒藥物治療（Highly Active Anti-Retroviral Therapy），有效延長病人的壽命。衞生署又在 2001 年全面實施產前愛滋病病毒抗體測試，為受感染的孕婦及時提供合適的治療方案，成功將嬰兒受感染率減低一半。[45] 根據愛滋病監測工作室截至 2021 年 3 月 31 日的紀錄，香港一共累積了 10,886 宗 HIV 感染和

39 〈管制性病傳染預料不久執行〉，《工商晚報》，1952 年 1 月 3 日。

40 〈1952 年香港法令規章〉，《香港年鑑》，第六回，中卷，香港：華僑日報社，1953 年，第 37 頁。

41 Victoria A. Harden, *AIDS at 30: A History*, Washington, D.C.: Potomac Books, 2012, pp. 17–24.

42 Lin Oi-chu, William H. F. Kam and Chan Suk-yan, "HIV/AIDS in Hong Kong," in Lu Yichen, Max Essex and Ellen Stiefvater (eds.), *AIDS in Asia*, New York: Springer, 2004, pp. 146–148.

43 Arthur E. Starling ed., *Plague, SARS and the Story of Medicine in Hong Kong*, Hong Kong: Hong Kong University Press, 2006, p. 59.

44 Andrew Y.T. Chan and W. D. Ng, "First case of AIDS in Hong Kong," *The Journal of the American Medical Association* 254, no. 6 (1985), p. 751.

45 P.M. Lee and K.H. Wong, "Universal Antenatal Human Immunodeficiency Virus (HIV) Testing Programme is Cost-effective Despite a Low HIV Prevalence in Hong Kong," *Hong Kong Medical Journal* 13, no. 3 (2007), pp. 199–200.

2,254 宗愛滋病個案。[46] 作為一個每年都有約 1,500 萬人出入的繁忙都市，受感染的人數可說是相對的少，反映出香港成功透過檢驗、教育、監控、防止藥物濫用等政策避免病毒的散播。

改善公共衛生的成效

為確保香港持續發展，政府十分重視勞動人口的健康，着力預防疫症和傳染病的爆發，因此投放大量資源擴展和改善香港的公共衛生服務。政策在 1960 年代中開始見效，香港人口的死亡率趨勢和模式有所改變，從以致死率高的傳染病佔多數，轉移到以致死率較低的長期病佔多數，港人平均壽命也有所提高。[47]

表 6.1 香港人口的死亡率趨勢統計數據（每千人）[48]：

	1960 年	1970 年	1980 年
香港的粗略死亡率	6.4	5.3	5.16
嬰兒死亡率	41.5	19.6	11.8
孕產婦死亡率	0.49	0.19	0.05

香港的嬰兒死亡率在 1975 年已比美國及許多歐洲國家低，就連粗略死亡率也能與英國、美國和日本等比肩。[49]

除此以外，傳染病和寄生蟲病的案例也逐漸減少，因這些疾病而喪生的人數也從 1965 年的 10% 減到 1975 年的 4.0%。相反，非傳染性疾病（Non-infectious Diseases）的案例大增，例如因腫瘤喪命的患者從 1965 年的 18.1%

46 〈香港愛滋病病毒感染及愛滋病每季最新公佈數字〉，香港愛滋病網上辦公室，www.aids.gov.hk/chinese/surveillance/quarter.html（瀏覽日期：2021 年 8 月 16 日）

47 David R. Phillips, "Epidemiological Transition: Implications for Health and Health Care Provision," *Geografiska Annaler: Series B, Human Geography* 76, no. 2 (1994), pp. 75–78.

48 *Hong Kong Annual Departmental Report by the Director of Medical and Health Services for the Financial Year 1965–1966*, Hong Kong: Government Press, 1966, pp. 68–69; *Hong Kong Annual Departmental Report by the Director of Medical and Health Services for the Financial Year 1970–1971*, Hong Kong: Government Press, 1971, pp. 70–71; *Hong Kong Annual Departmental Report by the Director of Medical and Health Services for the Financial Year 1980–1981*, Hong Kong: Government Press, 1981, pp. 1–2.

49 *Hong Kong Annual Departmental Report by the Director of Medical and Health Services for the Financial Year 1975–1976*, Hong Kong: Government Press, 1976, p. 2.

增加至 1975 年的 24.2%，大多死者為年長人士。[50] 時任醫務衛生署署長蔡永業在 1970 至 1971 年的報告中直指，除了非傳染性疾病案例的上升以外，工業化、城市化以及人口老化等趨勢亦會為照顧病患者和傷殘人士增添困難，對未來香港醫療服務發展表示擔憂。[51]

二、醫療制度的改革

香港政府在戰後初期延續以往的政策，將援助難民和貧窮人士的大部分工作，包括安置難民、提供社會服務、物質、食物等援助項目，交由慈善志願團體負責。美國天主教福利會（National Catholic Welfare Conference）、普世教會協會（World Council of Churches）等組織提供臨時的救援物資和日常用品；聯合國、香港紅十字會、香港明愛（Caritas Hong Kong）、救世軍（The Salvation Army）、東華三院等國際或本地組織則為難民提供衣物、糧食和醫療服務。[52] 另外，香港工會聯合會亦於 1950 年創辦第一所工人醫療所，由義務醫生免費診症，只酌收 2 元藥費，服務貧苦階層。[53]

1958 年，醫務署改名為醫務衛生署（Medical and Health Department），屬下的衛生部（Health Division）負責制訂和執行疾病預防措施，醫療部（Medical Division）則負責治病和研究工作。衛生部的職責十分廣泛，除了維持市區的清潔與衛生外，也負責協調免疫接種計劃、預防瘧疾、結核病等工作。除此以外，衛生部也須監督社會衛生科、主導母嬰、學校、港口及工業衛生服務等。戰後重組的市政局延續戰前的工作，負責改善環境和食物衛生，消滅疾病媒介，從而預防及控制傳染病的爆發，同時也主導清拆寮屋區和重置居民的工作。除了瘧疾等有專屬特殊部門負責的傳染病外，市區流行的其他傳染病由醫療與衛生官員負責控制；在新界，相關環境和衛生服務由

50 *Hong Kong Annual Departmental Report by the Director of Medical and Health Services for the Financial Year 1965–1966*, Hong Kong: Government Press, 1966, p. 70; *Hong Kong Annual Departmental Report by the Director of Medical and Health Services for the Financial Year 1975–1976*, Hong Kong: Government Press, 1976, p. 1.

51 *Hong Kong Annual Departmental Report by the Director of Medical and Health Services for the Financial Year 1970–1971*, Hong Kong: Government Press, 1971, p. 1.

52 王惠玲：〈救濟、保護與募捐〉，收入劉潤和冼玉儀主編：《益善行道：東華三院 135 周年紀念專題文集》，香港：三聯書店，2006，第 201 至 204 頁；Robin Gauld and Derek Gould, *The Hong Kong Health Sector: Development and Change*, Hong Kong: The Chinese University Press, 2002, p. 44.

53 劉蜀永、姜耀麟：《植根基層 70 載：香港工會聯合會工人醫療所簡史》，香港：和平圖書有限公司，2020 年，第 13 至 15 頁。

醫務衞生署負責，政府也鼓勵和教育當地居民維持區內環境衞生清潔。[54]

保健服務的擴展

政府推行醫療衞生改革，其中一個目的為確保香港未來有健康的勞動人口。當局十分重視改善孕婦、產婦以及幼兒的醫療及保健服務，包括建設母嬰健康院等福利中心、提供免費產前產後輔導服務和醫療教育、以及為母嬰接種各種預防疫苗。如果檢查出母親或孩童患病，會立即轉介至適合的醫療部門接受治療。為學童健康着想，政府設立了學校健康服務，提供健康與衞生教育，宣傳疾病預防資訊，同時定期檢查學校的清潔、衞生以及通風狀況，更會在需要時為學校提供接種各類疫苗的服務。然而由於資源有限，加上需求日益漸增，上述服務供不應求。直到 1950 年代後期大量母嬰健康院落成，才能為孕婦及幼兒提供綜合醫療服務，而學校保健服務則要到 1964 年醫療服務發展改革推出後才有大規模的改善。[55]

香港製造業發展迅速，工人的健康成為經濟發展的重要因素，令政府開始關注工業安全與衞生。勞工處對工廠的運作和工作環境進行實地巡查，並在 1960 年代中為常接觸毒素的工人進行例行血液和尿液檢查。志願團體亦積極推廣工業安全，由香港聖約翰救護機構（Hong Kong St. John Ambulance）為工業界提供急救課程。[56] 同時，香港的旅遊業和運輸業興旺，香港成為繁忙的國際港口，經常面對輸入性傳染病（imported infectious disease）的威脅。港口衞生處負責維持港口與機場的衞生，確保傳染病不會從海陸空三路傳入香港。海路上，為來港船隻提供健康篩檢服務，並用薰蒸方法消除船上的老鼠和害蟲。空路方面，除了在機場巡查外，亦為從受疫情影響的國家到港的飛機進行消毒。陸路上，負責檢查入境人士，為所有尚未注射天花疫苗的新移民進行接種，並實行防蚊措施。[57]

54　劉潤和：《香港市議會史（1883–1999）——從潔淨局到市政局及區域市政局》，香港：香港歷史博物館，2002，第 74 至 75 頁。

55　*Hong Kong Annual Departmental Report by the Director of Medical and Health Services for the Financial Year 1955–1956*, Hong Kong: Government Press, 1956, pp. 21–25.

56　*Hong Kong Annual Departmental Report by the Director of Medical and Health Services for the Financial Year 1962–1963*, Hong Kong: Government Press, 1963, pp. 63–64; *Hong Kong Annual Departmental Report by the Director of Medical and Health Services for the Financial Year 1965–1966*, Hong Kong: Government Press, 1966, pp. 23–24.

57　*Hong Kong Annual Departmental Report by the Director of Medical and Health Services for the Financial Year 1962–1963*, Hong Kong: Government Press, 1963, pp. 46–47; *Hong Kong Annual Departmental Report by the Director of Medical and Health Services for the Financial Year 1963–1964*, Hong Kong: Government Press, 1964, pp. 44–45.

治療性醫療服務的革新

香港政府在戰後至 1960 年代期間，將醫療衞生政策重點放在預防疾病傳播上。透過增加設施、推行針對性政策，政府成功在 1960 年代末控制大多數傳染病。對傳染病控制的重視，令治療性醫療服務相對被忽略，公立醫院和診所的醫療服務供不應求。[58] 政府缺乏足夠的資金和人手同時發展預防性和治療性的醫療服務，故難以提供全面又可持續的醫療衞生政策。[59]

醫療服務的不足

公立醫療制度中分為兩種醫院：由醫務署營運的公營醫院，以及由東華、仁濟、博愛等慈善團體營運的補助醫院。[60] 1945 年至 1962 年間，政府只興建了兩所新公營醫院，分別為 1955 年開幕的新贊育醫院和 1961 年開幕的青山醫院，同時開始擴建不敷應用的瑪麗醫院。1963 年 12 月，伊利沙伯醫院開幕，為香港最大規模的綜合型急症全科醫院之一，可惜公營醫院提供的床位仍遠遠不足以應付華人對住院服務的需求。因此，政府繼續依靠本地及國外的慈善、宗教和志願團體等，為負擔不起私家醫療服務的港人提供廉價醫療服務，雅麗氏何妙齡那打素醫院與東華三院等都在戰後積極擴展其服務。可是，由於公立醫療服務價格便宜，治療結核病等某些傳染病更不用支付醫療費用，補助醫院 90% 的開支需由政府津貼，反而帶給政府沉重的經濟負擔。

門診服務方面，政府同樣須為負擔不起私家診所費用的市民提供基本醫療服務。戰前華商在香港島和九龍各區設立的華人公立醫局在戰後由醫務署接管，為華人提供門診服務。[61] 在新界各區設立的九間政府醫局及兩間流動醫局每年為約十萬名病者提供門診服務，促進新界居民對西醫學的認受。[62] 愈來愈多港人選擇西醫醫療服務，使公立醫院和診所負擔增加。[63] 按政府當時的估計，需要政府資助才能接受門診服務的市民佔人口五成，至少八成市民需得到政府

58　Yip Ka-che, Yuen Sang Leung, and Man Kong Timothy Wong, *Health Policy and Disease in Colonial and Post-colonial Hong Kong, 1841–2003*, London: Routledge, 2016, pp. 62–63.

59　Steve Tsang, *A Modern History of Hong Kong*, London: I. B. Tauris, 2004, p. 205.

60　〈高永文醫生訪談錄〉，2020 年 10 月 7 日於佐敦。

61　*Report of the Director of Medical Services for 1947*, Hong Kong: Government Press, 1948, pp. 18–26.

62　*Hong Kong Government Annual Report of the Medical Department for 1946*, Hong Kong: Local Printing Press, 1947, p. 22; *Annual Report of the Director of Medical Services for the Period 1st January, 1948 to 31st March, 1949*, Hong Kong: Government Press, 1948, p. 40.

63　羅婉嫻：《香港西醫發展史》，香港：中華書局（香港）有限公司，2018 年，第 267 至 268 頁。

資助才可住院。[64] 為了舒緩公立醫院、私立醫院及診所的負擔，政府在 1960 年開辦各個普通科門診診所，主要照顧病情穩定的長期病患者以及症狀相對較輕的偶發性疾病病人，同時提供一般護理服務和健康風險評估。普通科門診診所積極教育病人基本衛生健康知識，提醒大眾定期進行體檢，提早察覺嚴重疾病並儘早接受治療。[65] 除此以外，在 1949 年政府協助下成立的街坊會亦積極為所屬區域的街坊提供醫療服務。政府同時宣揚孝道以鼓勵港人為自己和家人負責所有醫療開支，期望減低市民對政府的依賴。[66]

1960 年代期間，香港只有香港大學醫學院開辦內外全科醫學士課程，可是醫學院每年只培訓出 35 至 50 名畢業生，無法應付香港對醫務人員的急切需求。香港同時也缺乏培訓專科醫生的設施與課程，有意深造的醫科畢業生不得不離開香港，到英國繼續學業。[67] 部分人畢業後留在英國行醫，造成人才流失。另一方面，由於香港規模比較大的醫院，如瑪麗醫院、伊利沙伯醫院、東華三院、雅麗氏何妙齡那打素醫院及養和醫院等，都設有護士學校，培訓的護士數量反而尚算充足，足以應付 1950 年至 1960 年代初香港醫院和診所對護士的需求。[68]

1964 年《香港醫療服務發展》白皮書

面對着病人數目持續增加及醫療人員短缺的情況，醫務署在 1957 年籌劃推出一個為期十五年的計劃，期望為香港醫療系統的發展制訂長遠方針。可是，專家在研究計劃細節的過程中卻發現政府缺乏準確的人口數字，未來的人口及經濟變化難以預測。為了提供較有彈性的方案，計劃改為每五年一期，當局在 1959 年提出從 1960 至 1965 年的第一期計劃。[69] 由於伊利沙伯醫院和廣華醫院於 1960 年代中期分別完成興建及重建工程，而香港亦在 1961 年進行大型人口普查，可參考準確的人口數字，當局決定修改醫療發展計劃，

---

64 Robin Gauld and Derek Gould, *The Hong Kong Health Sector: Development and Change*, Hong Kong: The Chinese University Press, 2002, p. 46.

65 *Hong Kong Annual Departmental Report by the Director of Medical and Health Services for the Financial Year 1961–1962*, Hong Kong: Hong Kong Government Press, 1962, pp. 80–81.

66 Chan Chak Kwan, *Social Security Policy in Hong Kong: From British Colony to China's Special Administrative Region*, Lanham: Lexington Books, 2011, pp. 90–97.

67 *Hong Kong Annual Departmental Report by the Director of Medical and Health Services for the Financial Year 1961–1962*, Hong Kong: Government Press, 1962, pp. 109–110.

68 *Hong Kong Annual Departmental Report by the Director of Medical and Health Services for the Financial Year 1961–1962*, Hong Kong: Government Press, 1962, pp. 110–111.

69 *Development of Medical Services in Hong Kong*, Hong Kong: Government Press, 1964, p. 7.

在1964年發表《香港醫療服務發展》(*Development of Medical Services in Hong Kong*)白皮書，為1963年至1972年的醫務發展作規劃。白皮書建議政府加建診所和醫院，注重發展住院服務，為現有公立醫院增添病床，從每千人2.91張增至4.25張。除此以外，白皮書提到使用西醫門診服務的病人數字增加，建議將門診視為醫療體系中的一個重要補助服務。[70] 政府隨着白皮書的建議發展住院及門診服務，興建新的醫院、門診診所、專科診所和擴建原有的醫院，再加上私家醫院的同步發展，10年間成功達到目標，將病床增加到每千人4.26張。[71] 儘管如此，市民傾向選擇廉價的公立醫療服務，公立醫院床位不足的問題仍未能解決，常常須要加開臨時的「帆布床」應急。

1974年《香港醫療及衞生服務的進一步發展》白皮書

1974年，政府發表了《香港醫療及衞生服務的進一步發展》白皮書(*Further Development of Medical Services in Hong Kong*)，為香港未來十年的醫療衞生服務籌謀。白皮書的基礎原則為：「保障及促進社會公共衞生和確保本港市民，特別是社會上依靠補助醫療服務的廣大市民，獲得醫療和個人健康服務。」[72] 這原則往後成為香港醫療體制遵守的宗旨，在及後的醫療改革計劃中時常提及。[73] 白皮書指出醫療服務跟不上人口的增長，因此再度建議加建和擴建醫院，令病床比例能增至每千人5.5張，同時增加急症病床的數量。有關醫院運作的其他建議包括：加強醫務人員的培訓、增加人手、為醫院增添新設施和器材、發展新服務如開設老人科病床、興建新精神科醫院等。新市鎮的發展吸引不少市民移往新界，白皮書因而提出重新整理及擴大醫院網絡，將全港劃分為香港島、九龍東、九龍西、新界東和新界西五區，每區設立一所區域醫院提供專科醫療服務，與區內較小規模的醫院以及提供普通科醫療服務的診所互補長短，更有效率地為市民提供合適的醫療服務，減少公營醫院的負擔。所有公營醫院和政府補助醫院都必須參與計劃，但後者有權選擇不實施統一的床位價格。在公共衞生方面，當時普遍認為傳染病已非

70 *Development of Medical Services in Hong Kong*, Hong Kong: Government Press, 1964, pp. 17–26.

71 *Hong Kong Annual Departmental Report by the Director of Medical and Health Services for the Financial Year 1970–1971*, Hong Kong: Government Press, 1971, pp. 1–2, 47–48.

72 《香港醫療及衞生服務的進一步發展》，香港：香港政府印務局，1974年，第1頁。

73 《掌握健康．掌握人生：醫療改革諮詢文件》，香港：食物及衞生局，2008年，第57頁。

重大威脅，故白皮書只建議成立一個中央教育小組以及添加家庭計劃、美沙酮（methadone）戒毒和學童牙科保健等基層醫療服務。[74]

然而，計劃推行不如理想，一些市民不願被轉介到收費較貴的醫院，同一區域內的醫院亦對資源分配有不同意見，而且派發到區域辦公室處理醫院管理事務的公務員缺乏經驗和靈活性，導致醫院間衝突出現。到了1983年，病床與人口的比例為每千人4.3張，跟目標的每千人5.5張距離甚遠，各方面的醫療服務仍然供不應求。[75] 除此以外，白皮書注重改善醫院服務，卻忽略兼顧整體醫療體制，也忽略了醫療設施和藥物的質量，沒有提出如何應對市民過於依賴醫療補貼、人口結構變化等問題。[76]

三、醫管局的成立

踏入1980年代，市民對公立醫院和診所的需求有增無減，醫療系統面對嚴重壓力，情況更有變本加厲的趨勢。有醫生回憶當時醫院管理效率甚低的情況：

> （當時）政府醫院實行較官僚式的中央管理，沿用公務員制度，醫生、護士、工作人員都是公務員，彈性不大。前線醫院購買一部打字機，也要取得醫務衛生署批准，整體管理效率很低。[77]
>
> 我加入醫務衛生署時，管理上並沒有分區，後來為方便管治，劃分了香港、九龍東、九龍西及新界四區。後來因為管豁範圍太大，政府條例手續繁複，例如申請買個儀器要等五年才批，等到批了，那個儀器可能早已不合時宜，申請人可能已經調走甚至退休。[78]

74 《香港醫療及衛生服務的進一步發展》，香港：香港政府印務局，1974年，第54頁。

75 Yip Ka-che, Yuen Sang Leung, and Man Kong Timothy Wong, *Health Policy and Disease in Colonial and Post-colonial Hong Kong, 1841–2003*, London: Routledge, 2016, p. 80.

76 Robin Gauld and Derek Gould, *The Hong Kong Health Sector: Development and Change*, Hong Kong: The Chinese University Press, 2002, p. 48.

77 〈高永文醫生訪談錄〉，2020年10月7日於佐敦。

78 〈麥衛炳醫生訪談錄〉，2019年10月19日於香港醫學博物館。

政府在1985年委託澳洲顧問公司W.D. Scott Pty. Co審視香港公立醫院的運作，並公佈了簡稱《司格報告書》(*Scott Report*)的檢討報告。報告批評區域醫院覆蓋範圍過大，導致管理上缺乏關聯性，醫療體制不靈活，未能應付一連串的問題。另外，報告指出雖然各公立醫院有增加病床數目，但香港人口也同樣增長，到了1985年每千人只有約4.5張病床，一些補助醫院的病床未能充分使用，公立醫院仍然過分擁擠。[79]

報告建議成立一個獨立於政府的醫院管理局，所需經費大部分由政府資助，將所有公營和補助醫院一同收編管理，以提高醫療服務效能和效率。就醫院擠迫問題，報告提倡擴大急症室旁的觀察病房，及加強對在急症室工作的初級醫務人員的督導，以減少濫收病人入院的情況。醫護人員方面，倡導統一所有員工的待遇，聘請更多醫護人員以減輕目前員工的負擔。收費方面，報告建議調整住院費和成本，同時為急症室、手術室及主要醫療程序增設特別收費。[80] 經過多方熱烈討論後，政府最終決定接納報告建議，設立醫院管理局以改革公立醫療體制。

政府在1988年成立臨時醫院管理局，由前行政、立法兩局首席議員鍾士元擔任主席，負責商議及制訂醫管局的整體架構、醫院管理、公立醫院一體化、立法、財務、人事及教學醫院等事項。[81] 在統籌醫院管理局的同時，政府亦接受了報告的另一個建議，於1989年4月將醫務衞生署重組成衞生署及醫院事務署兩個部門。前者是政府的衞生事務顧問，也是執行醫護政策和法定職責的部門，工作包括促進健康、預防疾病、醫療和康復等服務，轄下有多間提供資助醫護服務的診所及健康中心。後者則為負責管理公營、補助醫院和專科診所的臨時部門。[82]

醫院管理局(簡稱醫管局)於1990年12月根據《醫院管理局條例》(*Hospital Authority Ordinance*)成立，自1991年12月起，負責管理全港公立醫院及相關的醫療服務。幾年後，醫管局更接管了之前由衞生署管理的普

79 《香港一九八六年：一九八五年的回顧》，香港：香港政府印務局，1986，第95頁；《關於醫院提供的醫療服務報告書概覽》，香港：香港政府印務局，1986，第2至3頁。

80 《關於醫院提供的醫療服務報告書概覽》，香港：香港政府印務局，1986，第4至14頁。

81 《臨時醫院管理局報告書》，1989年，頁i。

82 Robin Gauld and Derek Gould, *The Hong Kong Health Sector: Development and Change*, Hong Kong: The Chinese University Press, 2002, p. 65.

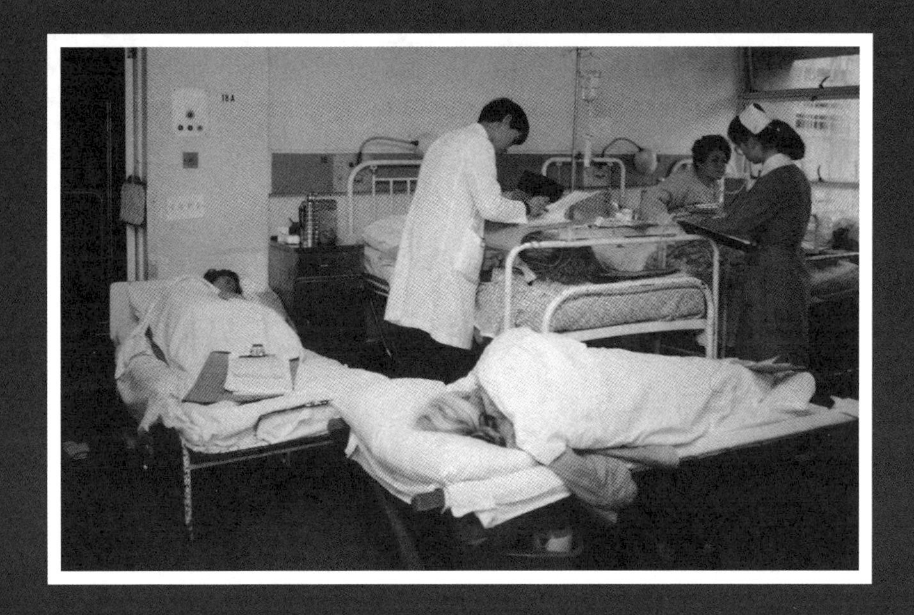

圖 6.4 1980 年代公立醫院病床嚴重不足，需在病房內加設臨時帆布床安置病人。（醫院管理局提供）

通科門診服務。[83] 根據條例，醫管局的職責包括管理及發展公立醫院系統、規管及建立公立醫院、向政府建議恰當的收費政策以及促進、協助及參與培訓醫院或有關服務的人才。[84] 成立初期，醫管局一共管轄 38 間醫院，截至 2021 年 3 月，醫管局管轄的醫院已增至 43 間公立醫院和醫療機構及 73 間普通科門診診所。[85] 在醫管局管轄下，香港的公立醫院現今除了提供醫療服務之外，還發展成亞洲區數一數二的醫療技術、教育及研究中心。

83 〈高永文醫生訪談錄〉，2020 年 10 月 7 日於佐敦。

84 "Hospital Authority Ordinance," Hong Kong e-Legislation, Department of Justice, The Government of Hong Kong Special Administrative Region, accessed 20 August 2021, www.elegislation.gov.hk/hk/cap113!en?INDEX_CS=N.

85 *Hospital Authority Annual Report*, 2020–2021, Hong Kong: Hospital Authority, 2021, pp. 1, 24.

第七章
醫療技術的發展

一、專科在香港的發展

19 世紀的香港醫學界沒有清晰的「專科」分界線。隨着醫學水平提高，治療病症的方式漸趨複雜，醫生需要接受更專門的醫學訓練。戰後香港的醫療服務走向專門化，各種醫療專科應運而生，至近年專科體系內更細緻地分出不同的「亞專科」(subspecialty)，反映香港醫學專科發展日趨成熟。

內科 (Internal Medicine)

內科在香港擁有悠久的歷史。醫學界出現專科分類之前，可大致分為外科和內科兩大領域。[1] 然而，19 世紀的香港缺乏訓練有素的醫生，內科醫生 (Physician) 和外科醫生 (Surgeon) 都經常擔起全科醫生的職責。掌管香港醫療事務的殖民地總醫官英文名稱雖然是 Colonial Surgeon (意思即為殖民地外科醫生)，但須同時負責治療內科疾病。從 1877 年《殖民地總醫官報告》可見，當年殖民地總醫官在國家醫院僅進行了 23 次大型手術，反而以內科方式治療或小型手術處理的個案則有 950 個。[2]

1 Toby Gelfand, "The History of the Medical Profession," in *The Companion Encyclopaedia of the History of Medicine*, eds. W.F. Bynum and Roy Porter, Oxford: Taylor & Francis, 1993, p. 1134.

2 P.B.C. Ayres, "Colonial Surgeon's Annual Reports, 1877," *The Hong Kong Government Gazette*, 6 July 1878, p. 330.

香港西醫書院和戰前香港大學的課程繼續將醫學籠統分為外科和內科教授。[3] 至 1948 年，麥花臣（A.J.S. McFadzean）教授出任香港大學醫學院內科學系系主任，着手改革醫學課程，更為重視內科專門領域上的培訓。他委派部門內一些年輕醫生到海外深造特定領域，例如達安輝和潘蔭基兩位醫生，分別獲安排到蘇格蘭進修血液學和到美國進修心臟科，楊紫芝醫生亦在 1958 年獲安排到蘇格蘭同時進修血液學和內分泌學。這些醫生在外國吸收了先進的專業知識、技能和經驗，回港後設立他們擅長領域的專門培訓和臨床服務，為香港內科的醫學發展作出貢獻。[4]

以往深造內科的醫科畢業生需前往英國參加專科考試，帶給他們沉重的財政負擔。經過達安輝教授向英國皇家內科醫學院游說，自 1975 年起，考試的筆試部分得以在香港舉行，但考生仍要到英國參加臨床考試及口試。直至 1985 年，香港成為全球首個獲授權舉行英國皇家內科醫學院考試的海外中心，考生可在香港完成整個專科考試，不需再遠赴英國，是香港內科專科發展的一大突破。[5] 1986 年，香港內科醫學院成立，標誌內科發展更上一層樓。隨着深化專科發展的趨勢，內科學院現設 18 個亞專科，包括安寧緩和醫療（Palliative Care）、風濕病學、心臟學、免疫學等。[6] 這些亞專科已取得不少成就：從 2002 年內科醫學院培訓計劃中畢業的第一批傳染病醫生在 2003 年 SARS 流行期間表現出色；而面對人口老化的問題，香港成為亞洲首個提供老人醫學培訓計劃的地區。[7] 其中一個亞專科「家庭醫學」更從內科分拆出來獨立發展，為社區提供專業的基層醫療服務。香港家庭醫學學院於 1977 年

3 Peter Cunich, *A History of the University of Hong Kong, Volume I, 1911–1945,* Hong Kong: Hong Kong University Press, 2012, pp. 176–177.

4 Rosie Young, "Tribute," in *Centenary Tribute to Professor A.J.S. McFadzean: A Legacy for Medicine in Hong Kong*, ed. Richard Yu, Hong Kong: Hong Kong Academy of Medicine Press, 2015, pp. 10–11;〈楊紫芝教授訪談錄〉，2019 年 9 月 9 日於瑪麗醫院。

5 Lam Wah-kit, "Examinations," in *Sapientia et Humanitas: A History of Medicine in Hong Kong*, ed. Richard Yu, Hong Kong: Hong Kong Academy of Medicine Press, 2011, p. 73.

6 "Overview," Hong Kong College of Physicians, accessed on 27 August 2021, www.hkcp.org/hkcp/about-hkcp/introduction.html.

7 Thomas S.T. Lai and Nelson L.S. Lee, "Infectious Disease," in *Sapientia et Humanitas: A History of Medicine in Hong Kong*, ed. Richard Yu, Hong Kong: Hong Kong Academy of Medicine Press, 2011, pp. 152–153; Ng Ngai-sing, Edward M.F. Leung and Wong Chun-por, "Geriatric Medicine," in *Sapientia et Humanitas: A History of Medicine in Hong Kong*, ed. Richard Yu, Hong Kong: Hong Kong Academy of Medicine Press, 2011, pp. 145–146.

成立，與內科醫學院一同成為香港醫學專科學院的創院分科學院。[8] 內科學及其眾多亞專科對香港醫學的發展維持龐大的影響力。

外科 (General Surgery)

外科學和內科學為最早在香港出現的醫療領域。早於 1843 年，政府已設立殖民地總醫官一職，由外科醫生領導政府醫療架構。[9] 可是，外科手術對 19 世紀香港華人來説是一個陌生的概念。因缺乏理解，大多數華人對外科手術產生了抵觸的心理，而解剖、截肢這些過程更使華人矚目驚心，所以早期接受手術的主要是西方人。1872 年，東華醫院董事局向政府提出特別請求，着令警察不要把因意外事故受傷的華人送到國家醫院去，因為華人對截肢手術十分反感。[10] 直到 1896 年末，鍾本初醫生被任命為東華醫院的駐院外科醫生，並首次在東華醫院中施行手術治療病人，華人社會對手術的恐懼才逐漸消除。[11]

康德黎及狄比教授是香港戰前外科發展的重要人物，二人先後於香港華人西醫書院及香港大學醫學院教授外科學，奠定該學科的根基。康德黎考證左右肝之分界，發現以其名字命名的「康德黎線」，對後世肝臟解剖學及手術的發展有莫大影響；狄比原為港大解剖學教授，後於 1915 至 1923 年兼任何東臨床外科學教授 (Ho Tung Professor of Clinical Surgery)，其後正式擔任外科學系教授，同時任政府及公立醫院的外科顧問。[12] 狄比教授研究領域廣泛，他在香港工作期間，對肝內膽管結石尤有研究，是首位外科醫生在國際醫學文獻上記述這個香港華人常見的疾病症狀。[13]

8 Edmund W.W. Lam ed., *Strengthening Primary Health Care for All: The First 30 Years of the Hong Kong College of Family Physicians*, Hong Kong: The Hong Kong College of Family Physicians, 2007, pp. 37–42.

9 Arthur E. Starling and Faith C.S. Ho eds., *Plague, SARS and the Story of Medicine in Hong Kong*, Hong Kong: Hong Kong University Press, 2006, p. 2.

10 "Deputation of Chinese to H.E. Sir Arthur Kennedy," *Hong Kong Daily Press*, 5 May 1873.

11 Elizabeth Sinn, *Power and Charity: A Chinese Merchant Elite in Colonial Hong Kong*, Hong Kong: Hong Kong University Press, 2003, p. 204.

12 〈盧寵茂教授訪談錄〉，2019 年 12 月 16 日於瑪麗醫院；Julia L. Y. Chan and N. G. Patil, *Digby: A Remarkable Life*, Hong Kong: Hong Kong University Press, 2006, pp. 5–7.

13 Julia L. Y. Chan and N. G. Patil, *Digby: A Remarkable Life*, Hong Kong: Hong Kong University Press, 2006, pp. 23–24.

日佔時期造成香港醫療人才流失，醫療設施亦遭受嚴重的破壞。幸好，外科在戰後迅速恢復發展。[14] 戰後香港外科發展歷程中其中一位極具影響力的人物為王源美教授（G.B. Ong）。王教授從 1964 年到 1983 年擔任香港大學醫學院外科學系系主任，是一名世界知名的外科醫生，除了在 1964 年進行香港首次開胸手術（open-heart surgery），更是膀胱增強手術（bladder augmentation surgery）的創始者。為了表揚他對外科學的貢獻，英國皇家外科醫學院（Royal College of Surgeons of England）授予王教授「亨特講座教授（Hunterian Professorship）」榮譽稱號。[15] 除了在香港大學指導下一代外科醫生的工作外，王教授亦熱衷推動外科界內的合作，參與創辦 1964 年成立的香港外科學會。[16]

藉着王源美教授和其他外科醫生的努力，香港已成為受全球公認的外科學研究和創新中心。香港中文大學外科學系在 1982 年成立，研究團隊推動了不少創新的外科手術，當中最出眾的為通過內視鏡鼻膽管引流治療「復發化膽管炎」（recurrent pyogenic cholangitis），將逾 30% 的死亡率降低到不足 1%。[17] 香港大學外科系亦積極推動醫療研發，近年最具影響力的研究為范上達教授和盧寵茂教授的活體肝移植技術。他們於 1993 年成功進行首次活體肝移植，並於 1996 年完成全球首個成人右肝活體肝移植手術，時至今日這項技術於亞洲廣泛應用，對全球的肝移植手術發揮重大影響。[18]

---

14 Peter Cunich, *A History of the University of Hong Kong, Volume I, 1911–1945,* Hong Kong: Hong Kong University Press, 2012, pp. 426–428, 431–433.

15 王源美教授的學生梁智鴻醫生亦藉着發明用胃取代膀胱的手術，治療患膀胱癌的病人，成為香港下一個「亨特講座教授」，參考〈梁智鴻醫生訪談錄〉，2019 年 9 月 26 日於中環；G.B. Ong, "Colocystoplasty for bladder carcinoma after radical total cystectomy," *Annals of the Royal College of Surgeons of England* 46, no. 6 (1970), p. 320; Lau Chak-sing ed., *Shaping the Health of Hong Kong: 120 Years of Achievements*, Hong Kong: The University of Hong Kong Li Ka Shing Faculty of Medicine, 2006, p. 39.

16 C.H. Leong, "The Hong Kong Surgical Society," in *Healing with the Scalpel: From the First Colonial Surgeon to the College of Surgeons of Hong Kong*, eds. C.H. Leong, Shiu Man-hei and Frank Ching, Hong Kong: Hong Kong Academy of Medicine Press, 2010, p. 88.

17 「復發化膽管炎」曾經在香港很常見，故又被稱為「香港疾病」（Hong Kong Disease），參考〈盧寵茂教授訪談錄〉，2019 年 12 月 16 日於瑪麗醫院；Arthur K.C. Li, "The College of Surgeons of Hong Kong," in *Healing with the Scalpel: From the First Colonial Surgeon to the College of Surgeons of Hong Kong*, eds. C.H. Leong, Shiu Man-hei and Frank Ching, Hong Kong: Hong Kong Academy of Medicine Press, 2010, pp. 119–120.

18 Paul K.H. Tam, Anette S. Jacobsen and Nguyen Thanh Liem, "Hong Kong, Singapore and Vietnam," in *A History of Surgical Paediatrics*, eds. Robert Carachi, Dan G. Young and Cenk Buykunal, Singapore: World Scientific Publishing Pte. Ltd., 2009, pp. 216–217;〈盧寵茂教授訪談錄〉，2019 年 12 月 16 日於瑪麗醫院。

圖 7.1 2005 年，港大醫學院外科學系科研小組以「成人右葉活體肝移植」研究項目獲得中國國家科學技術獎一等獎。左起為四位獲獎者：陳詩正、范上達、盧寵茂、廖子良。（香港大學提供）

婦產科（Obstetrics and Gynaecology）

在19世紀，香港華人婦女普遍以傳統方式在家分娩，由「穩婆」或女性長輩接生，遇有難產只能用落後的處理方法。有報紙曾刊登「婦人難產三四日危在旦夕妙方」，稱用白芷一錢炒黑、百草霜一錢，共研細末，另用當歸五錢煎湯沖服，孩子就能生出來。[19] 然而，西醫界認為傳統穩婆及中醫的醫學知識有限，衞生概念不足，導致產婦和嬰兒的死亡率高企。國家醫院院長曾批評中醫對解剖學和分娩的機制一竅不通，無法幫助難產婦女，除非有西醫救援，否則母嬰性命往往不保。[20] 不過，由於香港的醫院未設立產科病房，難產產婦不得不被送進普通病房，冒感染敗血病（Sepsis）的風險。為此，國家醫院多次向政府爭取興建產科病房，甚至曾建議在東華醫院建立專為產婦而設的病房，有需要時向西醫求援。[21] 國家醫院和雅麗氏利濟醫院分別於1897年及1898年建立了產科病房及提供助產服務，1904年，雅麗氏產科醫院啟用。1922年，贊育醫院成立，為華人產婦提供產科服務，由華人公立醫局負責營運，該醫院在1934年收歸官辦，成為公立婦產科醫院。[22]

香港的婦產科培訓可追溯至20世紀初，由香港首位女醫生克寧夫人（Alice D. Hickling）和夏鐵根（William Hartigan）醫生在香港西醫書院教授「婦女助產和疾病」課程。[23] 戰前時期，托特納姆（Richard Tottenham）教授從1925年至1935年期間擔任香港大學首位婦產科首席教授，積極推動香港婦產科的發展。[24] 他治療了許多因中國傳統穩婆使用鈍器而導致的女性生殖道和

---

19 〈應驗妙方〉，《循環日報》，1881年9月1日。

20 P.B.C. Ayres, "Colonial Surgeon Report for the year 1882," Government Notification No. 255, *The Hong Kong Government Gazette*, 21 July 1883, p.639.

21 P.B.C. Ayres, "Colonial Surgeon's Report for 1880," *Hong Kong Administrative Reports for the Year 1880,* Hong Kong: Hong Kong Government Printing Office, 1881; P.B.C. Ayres, "Colonial Surgeon Report for the Year 1882," Government Notification No. 255, *The Hong Kong Government Gazette*, 21 July 1883, p.639.

22 〈港聞・贊育醫院接生院落成〉，《香港華字日報》，1922年10月9日；〈贊育醫院明年收歸官辦〉，《天光報》，1933年12月3日。

23 *Our Journey towards Excellence: 90th Anniversary Monograph*, Hong Kong: Department of Obstetrics and Gynaecology, University of Hong Kong, 2015, p. 3.

24 "About Us," Department of Obstetrics and Gynaecology, Li Ka Shing Faculty of Medicine, The University of Hong Kong, accessed 27 August 2021, www.obsgyn.hku.hk/en/About-Us/About-The-Department.

內臟器官嚴重受傷案例，提升了華人產婦對婦產科手術的信任度。[25] 他更自願在贊育醫院提供服務，在醫院中進行香港首個剖腹產手術。[26] 托特納姆教授與贊育醫院建立了緊密的合作關係，使香港大學醫學院學生得以長期在贊育醫院接受婦產科訓練，直到 2001 年婦產住院服務遷往瑪麗醫院為止。[27]

港大下一任婦產科教授尼克森（William Nixon）教授在香港家庭計劃發展上甚有建樹。他設立了香港首批家庭計劃診所，並於 1936 年創立香港優生學會。[28] 香港優生學會為香港家庭計劃指導會的前身，亦是世界上最早為婦女提供避孕服務的組織之一。[29] 1938 年接任的王國棟（Gordon King）教授在香港淪陷後成功逃離香港，在內地國民政府控制地帶設立大學救濟工作組，為逃出香港的港大學生提供援助。[30] 戰後，他積極提升港大婦產科的教學水平，部門的培訓更得到英國皇家婦產科學院（Royal College of Obstetricians and Gynaecologists）的認可。[31] 1957 年，秦惠珍教授不但成為香港大學醫學院首位被任命為首席教授的畢業生，更成為香港大學有史以來首位女教授，以及首位英國皇家婦產科學院華人院士。[32] 秦教授在任職期間推動產前護理普及化，積極倡導醫院分娩，逐漸淘汰以往在家居或留產院分娩的傳統習俗。[33] 同時，贊育醫院成立了產科「救急組」（Flying Obstetric Squad），負責處理港島公立或私立留產院的所有緊急情況，擴大了婦產科服務的覆蓋範圍。[34]

---

25 Peter Cunich, *A History of the University of Hong Kong, Volume I, 1911–1945,* Hong Kong: Hong Kong University Press, 2012, p. 273.

26 *Our Journey towards Excellence: 90th Anniversary Monograph*, Hong Kong: Department of Obstetrics and Gynaecology, University of Hong Kong, 2015, p. 3.

27 Lau Chak-sing ed., *Shaping the Health of Hong Kong: 120 Years of Achievements*, Hong Kong: The University of Hong Kong Li Ka Shing Faculty of Medicine, 2006, p. 30.

28 Peter Cunich, *A History of the University of Hong Kong, Volume I, 1911–1945,* Hong Kong: Hong Kong University Press, 2012, p. 349.

29 *Our Journey towards Excellence: 90th Anniversary Monograph*, Hong Kong: Department of Obstetrics and Gynaecology, University of Hong Kong, 2015, p. 3.

30 〈楊紫芝教授訪談錄〉，2019 年 9 月 9 日於瑪麗醫院；Peter Cunich, *A history of the University of Hong Kong, Volume I, 1911–1945,* Hong Kong: Hong Kong University Press, 2012, p. 414–421.

31 Lau Chak-sing ed., *Shaping the Health of Hong Kong: 120 Years of Achievements*, Hong Kong: The University of Hong Kong Li Ka Shing Faculty of Medicine, 2006, p. 128.

32 Lau Chak-sing ed., *Shaping the Health of Hong Kong: 120 Years of Achievements*, Hong Kong: The University of Hong Kong Li Ka Shing Faculty of Medicine, 2006, p. 39.

33 〈李健鴻醫生訪談錄〉，2019 年 9 月 18 日於中環。

34 *Our Journey towards Excellence: 90th Anniversary Monograph*, Hong Kong: Department of Obstetrics and Gynaecology, University of Hong Kong, 2015, p. 81.

在 1980 年代，香港的婦產科服務發展越趨全面。為擴展產前診斷服務，贊育醫院在 1981 年設立了胡忠夫人產前診斷化驗室。[35] 1983 年，香港中文大學創立婦產科學系，臨床培訓及研究在威爾斯親王醫院進行。[36] 1997 年，中大的盧煜明教授發現從孕婦的血液中可驗到胎兒細胞的 DNA。[37] 這項嶄新的技術最初用來檢驗胎兒有否患有唐氏綜合症，準確度比傳統檢測方法高，後來更漸漸進步到能驗出胎兒染色體內的微細分子，很多罕見先天性疾病也驗得出。[38] 這無疑是產前診斷發展的一大突破，大大提升了香港中文大學及香港婦產科的國際聲譽。

截至 2014 年，香港共有 18 家醫院提供婦產科專科服務。[39] 這些婦產科部門的全方位服務，令香港的產婦死亡率和死胎及新生嬰兒周期死亡率維持在全球最低的水平。[40] 香港的婦產科服務甚至跨越與內地的邊境——香港大學深圳醫院的普通婦科團隊除了經營門診服務，更會為內地的孕婦提供陰道鏡檢查、宮腔鏡檢查及人工流產等服務。[41]

兒科（Paediatrics）

嬰兒死亡問題是早期香港醫療系統面對的重大挑戰。19 世紀末 20 世紀初，香港華人嬰兒死亡問題嚴重，促使政府在 1903 年成立委員會調查原因。當時香港共有兩間收養孤兒的修道院，法國聖保祿修女會育嬰園（*L'Asile de la St. Enfance*）是其中一家，1902 年至 1903 年期間，該育嬰園的嬰兒死亡

35 *Our Journey towards Excellence: 90th Anniversary Monograph*, Hong Kong: Department of Obstetrics and Gynaecology, University of Hong Kong, 2015, p. 4.

36 "About Us," Department of Obstetrics and Gynaecology, The Chinese University of Hong Kong & New Territories East Cluster, accessed 30 August 2021, www.obg.cuhk.edu.hk/about-us-2/.

37 Stephen S.C. Chim, Tristan K.F. Shing, Emily C.W. Hung, Leung Tak-yeung, Lau Tze-kin, Rossa W.K. Chiu, and Y. M. Dennis Lo, "Detection and characterization of placental microRNAs in maternal plasma," *Clinical Chemistry* 54, no. 3 (2008), pp. 482–490.

38 〈李健鴻醫生訪談錄〉，2019 年 9 月 18 日於中環。

39 *Territory-wide Audit in Obstetrics & Gynaecology*, Hong Kong: Hong Kong College of Obstetricians & Gynaecologists, 2014, p. iv.

40 〈李健鴻醫生訪談錄〉，2019 年 9 月 18 日於中環。

41 *Our Journey towards Excellence: 90th Anniversary Monograph*, Hong Kong: Department of Obstetrics and Gynaecology, University of Hong Kong, 2015, p. 41.

率高達 91.3%。[42] 新生嬰兒的死亡症狀中，最常見的是牙關緊閉及抽搐，華人俗稱「鎖喉」，大多因接生時臍帶處理不當感染破傷風導致。此外，營養不良、胸肺感染、肚瀉等亦是嬰兒死亡的普遍原因。[43] 政府接納報告的意見，在各家醫院設立產科病房，並於 1932 年在灣仔興建了嬰兒服務中心（Infant Welfare Centre），提供免費服務，其他區的中心則附屬於地區醫院。[44] 戰後，這些中心進一步擴展成母嬰健康院，除了嬰兒服務之外還提供產後和家庭計劃服務。到了 1959 年，已有 28 家母嬰健康院提供全面兒科服務。[45] 母嬰健康院的服務雖然大受歡迎，但卻只由普通科醫生應診，而並非由兒科醫生主診。[46] 這與當時兒科醫生的短缺有關，1960 年代後期在香港執業的兒科醫生還不到 20 人。由於兒科醫生人數不多，在大多數情況下，生病的兒童會被送入醫院的成人病房。[47]

直至 1960 年代，香港才設立有系統的兒科專科教育。1962 年，田綺玲（C. Elaine Field）教授出任香港大學第一位兒科教授。[48] 在田綺玲教授及繼任的哈奇森（James H. Hutchison）教授領導下，本地培訓的第一代兒科醫生在香港各間醫院設立了兒科部門。哈奇森教授尤其注重兒科學術研究，將香港大學兒科學系及瑪麗醫院打造成亞洲兒科研究的中心。由於空間不足，瑪麗醫院的兒科研究實驗室曾被用作臨床試驗場地。哈奇森教授接任後，立即

---

42 不過，委員會同時指出統計數字存在一定偏差，原因是許多華人未有為出生子女進行登記，而且不少送往育嬰園的嬰兒已經處於垂死狀態；"Report of the Committee Appointed by his Excellency the Governor to Inquire into the Causes of Chinese Infantile Mortality in the Colony," *Hong Kong Sessional Papers for 1904*, 30 November 1903, pp. 2–4.

43 "Report of the Committee Appointed by his Excellency the Governor to Inquire into the Causes of Chinese Infantile Mortality in the Colony," *Hong Kong Sessional Papers for 1904*, 30 November 1903, pp. 3–4.

44 A.R. Wellington, "Medical & Sanitary Report for the Year 1932," *Hong Kong Administrative Reports for the Year 1932*, Hong Kong: Hong Kong Government Printing Office, 1933, pp. 69–71.

45 Mary Foong, "A Historical Study of the Development of Public Health Nursing in the Maternal and Child Health Centres in Hong Kong, 1954–2010," PhD diss., Division of Nursing, Chinese University of Hong Kong, 2013, pp. 97–98.

46 A.R. Wellington, "Medical & Sanitary Report for the Year 1932," *Hong Kong Administrative Reports for the Year 1932*, Hong Kong: Hong Kong Government Printing Office, 1933, p. 69.

47 Sharon Tsui-hang Fung and Loung Po-yee, "Dr. Chok-wan Chan," in *Nurturing Growing: A Journey of 25 Years*, Hong Kong: Hong Kong College of Paediatricians, 2016, p. 5.

48 Lau Chak-sing ed., *Shaping the Health of Hong Kong: 120 Years of Achievements*, Hong Kong: The University of Hong Kong Li Ka Shing Faculty of Medicine, 2006, p. 131;〈王淦基醫生訪談錄〉，2019 年 11 月 21 日於銅鑼灣。

恢復實驗室的原本用途。[49] 兒科專家亦得到政府官員的信任，他們對兒童保健政策的建議得到廣泛採納。在學者的倡導下，政府在 1960 年代實行強制性新生嬰兒疫苗免費接種計劃和疾病預防運動，以應對流行的麻疹、肺結核感染和小兒麻痺症等疾病，疫苗接種率提高至 95% 至 98%。[50] 1977 年，政府在旺角鴉蘭街興建兒童評估中心，同時在母嬰健康院設立兒童發展監察系統。[51] 這些新措施確保兒科醫生可及早識別有特殊需要的兒童，支援他們的發展。

1990 年代，兒科服務全面改組，由醫院管理局提供醫院護理服務，衞生署則負責兒童基層醫療及預防保健。[52] 從 1990 年代開始，所有新生嬰兒都可免費進行臍帶血篩查和聽力篩查，母嬰健康院亦繼續擴張服務，提供疫苗接種和心理健康計劃。[53] 政府資助的香港兒童醫院於 2019 年開業，為病情嚴重及複雜的病童提供護理服務，是兒科服務的一大進展。[54] 有賴香港健全的醫療體制及兒科醫護人員的努力，香港嬰兒死亡率由 1951 年的每千個嬰兒中有 91.8 人死亡，顯著下降至 2018 年的 1.5 人，持續位居世界最低之列。[55]

---

49 Fok Tai Fai, "Paediatric Academic Units in Hong Kong," in *Creating a Healthy Future Together: Celebrating the 50th Anniversary of the Hong Kong Paediatric Society and Child Health in Hong Kong*, ed. Chan Chok-wan, Hong Kong: The Hong Kong Paediatric Society, 2012, p. 114.

50 〈王淦基醫生訪談錄〉，2019 年 11 月 21 日於銅鑼灣；〈預防麻疹注射今日開始施行〉，《香港工商日報》，1967 年 12 月 27 日；〈預防小兒麻痺症二次運動明起展開〉，《華僑日報》，1963 年 2 月 28 日。

51 〈王淦基醫生訪談錄〉，2019 年 11 月 21 日於銅鑼灣。

52 Sharon Tsui-hang Fung and Loung Po-yee, "Dr. Chok-wan Chan," in *Nurturing Growing: A Journey of 25 Years*, Hong Kong: Hong Kong College of Paediatricians, 2016, p. 6.

53 Lee Shiu-hung, "Maternal and Child Health Service in Hong Kong," in *Creating a Healthy Future Together: Celebrating the 50th Anniversary of the Hong Kong Paediatric Society and Child Health in Hong Kong*, ed. Chan Chok-wan, Hong Kong: The Hong Kong Paediatric Society, 2012, pp. 112–113; Chan Chok-wan ed., *Creating a Healthy Future Together: Celebrating the 50th Anniversary of the Hong Kong Paediatric Society and Child Health in Hong Kong*, Hong Kong: The Hong Kong Paediatric Society, 2012, p. 108.

54 Chan Chok Wan, "Advocacy and Ethics," in *Creating a Healthy Future Together: Celebrating the 50th Anniversary of the Hong Kong Paediatric Society and Child Health in Hong Kong*, ed. Chan Chok-wan, Hong Kong: The Hong Kong Paediatric Society, 2012, p. 127.

55 "Trends of Infant Mortality in Hong Kong, 1951 to 2018," *Hong Kong Monthly Digest of Statistics, January 2021,* Hong Kong: Census and Statistics Department, 2021, p. 4.

病理學（Pathology）

1894年的鼠疫以及其後斷斷續續的爆發令香港政府決心聘請一位細菌學家，負責分析和診斷香港常見疾病。1902年，威廉· 亨特（William Hunter）成為首位政府細菌學家，除了研究鼠疫、肺結核和腳氣病等常見疾病外，還抽出時間在香港西醫學院教授病理學課程。[56] 在倡導、籌劃及興建細菌學檢驗所（後來稱為病理學檢驗所）的過程中，亨特扮演着不可或缺的角色。檢驗所於1906年成立，對香港病理學的發展發揮了極大貢獻（詳細敘述可參見第四章）。[57]

1919年，香港大學熱帶病學館與病理學館大樓落成。雖然大學教務委員會希望聘用一位西人學者，但由於競爭席位的西人學者撤回申請，華裔病理學家王寵益成功於1919年獲任命為香港大學首位病理學首席教授，亦成為香港大學開校以來首位華人教授。[58] 王教授專攻細菌學和結核病研究，他於1925年出版的著作《病理學手冊》（*Handbook of Pathology*）成為經典病理學教科書。不幸的是，致力研究結核病的王教授正正在1930年死於結核病。[59] 戰後，港大病理學系系主任由侯寶璋教授擔任。侯教授對肝臟疾病很有研究，因發現華支睾吸蟲感染可導致肝癌而聞名醫學界。[60] 自1948年至1960年任職期間，侯教授主導了病理學系的擴展：除了推動興建新病理學大樓及建立病理學檢查記錄資料庫之外，還增設了細菌學、寄生蟲學、化學病理學和臨床病理學等學科。[61] 侯教授的兒子侯勵存醫生延續侯氏家族與病理學的關係，成為香港第一位私人執業的病理學家，在養和醫院提供病理學服務。侯勵存

56 J.H. Lockhart, "Appointment of William Hunter as Government Bacteriologist," Government Notification No. 235, *The Hong Kong Government Gazette*, 17 April 1902, p. 644; Faith C. S. Ho, *Western Medicine for Chinese: How the Hong Kong College of Medicine Achieved a Breakthrough*, Hong Kong: Hong Kong University Press, 2017, p. 12.

57 "Report of the Government Bacteriologist," *Hong Kong Sessional Papers for 1907*, n.d., pp. 474–475.

58 Peter Cunich, *A History of the University of Hong Kong, Volume I, 1911–1945,* Hong Kong: Hong Kong University Press, 2012, pp. 172–173.

59 Faith C.S. Ho, "Hong Kong's First Professor of Pathology and the Laboratory of the Royal College of Physicians of Edinburgh," *Journal of the College of Physicians of Edinburgh* 41 (2011), pp. 70–71; K. Chimin Wong and Wu Lien-teh, *History of Chinese Medicine*, Tientsin: The Tientsin Press Ltd, p. 463.

60 劉智鵬、劉蜀永：《侯寶璋家族史》（增訂版），香港：和平圖書有限公司，2012，第18，37至38頁。

61 劉智鵬、劉蜀永：《侯寶璋家族史》（增訂版），香港：和平圖書有限公司，2012，第19至22頁。

醫生曾在 1973 年將「冰凍切片」技術從英國引入香港，減少生產可檢驗樣本所需的時間，大大提升了診斷服務的效率與水平。[62]

微生物學曾經是病理學的一部分，直至 1968 年，微生物學從港大醫學院病理學系分拆出來，成為一個獨立學系，黃啟鐸教授獲任命為首位微生物學系教授。香港的病理學家及微生物學家多次成功鑒定新種病原體，例如在 1968 至 1969 年在香港及世界各地肆虐的「香港流感」(Hong Kong Flu) 疫情期間，瑪麗醫院政府病毒科部門成功發現致病的 H3N2 病毒；由袁國勇教授帶領的香港大學團隊亦曾在 2003 年發現引致沙士疫情傳播的冠狀病毒。[63]

最初，所有病理學服務均在上環堅巷（後來搬到西營盤）的病理學檢驗所進行。隨着香港市區發展迅速，檢驗所在九龍醫院和瑪麗醫院設立了分所實驗室。[64] 在分所工作的病理學醫生需協助疫苗接種計劃的施行，在殮房進行屍檢，有時更會被傳召到法院擔任專家證人。[65] 在 1975 年，香港只有大約 10 名病理學醫生，集中於病理學檢驗所或香港大學病理學系工作。現今，香港的病理學醫生數量增至逾 300 名，分佈於香港主要醫院的病理科部門。[66] 病理學現時設有六個分科，分別是「解剖病理學」(Anatomical Pathology)、「微生物及臨床感染學」(Microbiology and Clinic Infection)、「血液病理學」(Haematology)、「化學病理學」(Chemical Pathology)、「免疫病病理學」(Immunology) 以及「法醫病理學」(Forensic Pathology)。

精神科 (Psychiatry)

早期精神病被視為不治之症。在 1875 年之前，香港沒有任何政府機構負責照顧及治療精神病患者。患有精神病的西人被關押於維多利亞監獄，等

62 侯勵存：〈病理學與我〉，《信報財經新聞》，2016 年 2 月 26 日。

63 Peiris, J.S.M., S.T. Lai, L.L. M. Poon, Y. Guan, L.Y.C. Yam, W. Lim, J. Nicholls et al., "Coronavirus as a possible cause of severe acute respiratory syndrome," *The Lancet* 361, no. 9366 (2003), pp. 1319–1325; Arthur E. Starling and Faith C.S. Ho eds., *Plague, SARS and the Story of Medicine in Hong Kong*, Hong Kong: Hong Kong University Press, 2006, p. 55.

64 Arthur E. Starling and Faith C.S. Ho eds., *Plague, SARS and the Story of Medicine in Hong Kong*, Hong Kong: Hong Kong University Press, 2006, p. 214.

65 麥衛炳，"努力耕耘三十年，" in *P.I.* Stories, eds. Mak Wai-ping, Kam Kai-man, Ma Chuen-kwong, Leung Wai-lin and Yik Yu-hing, Hong Kong: Hong Kong Pathological Institute Alumni Association, 2017, p. 82.

66 〈麥衛炳醫生訪談錄〉，2019 年 10 月 19 日於香港醫學博物館。

待遣返原籍國，而華人病人則被囚禁於東華醫院的地下室。[67] 從政府醫學報告可知，譫妄症（Delirium）和梅毒引起的精神錯亂性全身麻痹是香港海員和士兵中常見的精神疾病。[68] 為了照顧精神病患者，政府於 1875 年在荷李活道建了一座臨時精神病收容所，再先後於 1884 年和 1891 年分別在西營盤般咸道及東邊街興建西人和華人精神病收容所。[69]

隨着精神病患者的數目增多，管制精神病收容所的《精神病收容所條例》於 1906 年通過及生效。條例促使服務西人和華人的精神病收容所合併。1929 年，精神病收容所易名為「精神病院」（Mental Hospital）。[70] 由於新的精神病院床位不足，有不少病人被拒於門外，而醫院亦沒有駐院精神科醫生，醫療服務僅由兼職的普通科醫生提供。為了減輕精神病院的負擔，部分華人精神病患者被送往廣州市芳村的惠愛醫癲院。[71] 大戰前夕國內難民湧入，精神病人數量大增，政府將高街附近空置的國家醫院護士宿舍改建為女子精神病院，新院舍於 1941 年啟用，設有 140 個床位。[72]

戰後，葉寶明醫生於 1948 年被任命為政府精神病院院長，同時亦成為第一位政府僱用的精神科醫生。葉醫生除了一手設立精神健康服務架構以外，還將現代精神病療法引進香港，例如胰島素休克治療（Insulin Therapy），電痙攣療法（Electroconvulsive Therapy）和腦手術等。[73] 隨着第一代抗精神病藥物在 1960 年代出現，藥物取代了手術作為精神病療法的基礎，以上提及的療法被逐步淘汰。[74]

1950 至 1980 年代期間，精神病學有一系列基建和架構上的改變。因人口持續上升，至 1951 年全港精神病人約 12,000 人，精神科醫療設施不敷應

67 P.B.C. Ayres, "Colonial Surgeon's Report for 1893," *Hong Kong Sessional Papers for 1893*, 11 July 1894, p. 391.

68 "The Colonial Surgeon's Report for 1853," Government Notification No. 32, *The Hong Kong Government Gazette*, 29 April 1854, pp. 119–120.

69 P.B.C. Ayres, "Colonial Surgeon's Report for 1894," *Hong Kong Sessional Papers for 1894*, 29 April 1895, p. 494.

70 "Asylums Ordinance, 1906," Historical Laws Online, accessed on 30 August 2021, https://oelawhk.lib.hku.hk/items/show/1224.

71 李兆華：〈戰後香港精神科發展外史〉，收入李兆華、潘佩璆和潘裕輝主編：《戰後香港精神科口述史》，香港：三聯書店香港有限公司，2017，第 27 頁。

72 黃棣才：《圖說香港歷史建築 1841–1896》，香港：中華書局，2012 年，第 72 頁。

73 *Brief History of Psychiatric Service in Hong Kong*. Hong Kong: Institute of Mental Health, Castle Peak Hospital, 2003, p. 2.

74 李兆華：〈承先啟後的主管顧問醫生——施應嘉教授專訪〉，收入李兆華、潘佩璆和潘裕輝主編：《戰後香港精神科口述史》，香港：三聯書店（香港）有限公司，2017，第 54 頁。

用，加上已不能再把華籍病人遣送回廣州芳村，政府於是計劃在新界興建新的精神病院。[75] 在立法局、精神科醫生及政府內部的壓力下，香港政府同意在青山興建一家綜合式精神病醫院，於 1961 年 3 月開業。[76] 青山醫院設有千張病床，取代了域多利精神病院成為香港最主要的精神科醫療設施。在 1960 年代，政府通過新生精神康復會以及社區工作及出院輔導組設立康復服務，更在 1970 年代藉着在九龍醫院和荔枝角醫院設立的綜合醫院精神科部門擴展區域性精神科門診和住院服務。為了緩解青山醫院病床短缺的情況，政府新建了另一家精神病醫院葵涌醫院，該醫院於 1981 年投入服務。[77] 兒童精神健康方面，東華醫院在 1963 年設立精神病兒童醫療所，集中照顧院內留醫的精神病兒童，方便他們接受專家治療。[78]

1980 年代，兩宗與心理健康有關的案件令香港社會極為震驚。第一宗為 1982 年的元洲街邨安安幼稚園斬人案，一名患有偏狂型精神分裂症（Paranoid Schizophrenia）的前青山醫院病人產生嚴重幻覺，襲擊了安安幼兒園，造成 6 人死亡，44 人受傷。[79] 1986 年的郭亞女事件中，社會福利署得知一名 6 歲孩子被患有精神病的母親拘禁在家中的消息，決定強行進入他們的公寓，將母親送往葵涌醫院接受治療。[80] 這行動被公眾批評為嚴重侵犯私隱。這兩宗事件促使了心理健康服務的全面改革。醫院管理局精神科服務部門設立了優先跟進系統，容許牽涉嚴重精神病患者的情況下將患者拘留在精神病院。[81] 社會福利署則大幅興建精神病康復者過渡時期居住的中途宿舍數

75 〈神經不健全者全港約達萬二千人〉，《華僑日報》，1951 年 8 月 28 日。

76 W.H. Lo, "A Century (1885 to 1985) of Development of Psychiatric Services in Hong Kong—with Special Reference to Personal Experience," *Hong Kong Journal of Psychiatry* 13, no. 4 (2003), pp. 22–24.

77 李兆華：〈戰後香港精神科發展外史〉，收入李兆華、潘佩璆和潘裕輝主編：《戰後香港精神科口述史》，香港：三聯書店香港有限公司，2017，第 37 頁；*Brief History of Psychiatric Service in Hong Kong*. Hong Kong: Institute of Mental Health, Castle Peak Hospital, 2003, pp. 4–5；潘佩璆：〈上善若水潤物無聲——沈秉韶醫生專訪〉，收入李兆華、潘佩璆和潘裕輝主編：《戰後香港精神科口述史》，香港：三聯書店香港有限公司，2017，第 83 頁。

78 〈東華醫院精神病兒童醫療所今日舉行啟用典禮〉，《華僑日報》，1963 年 2 月 28 日。

79 Yip Kam-Shing, "A Historical Review of Mental Health Services in Hong Kong (1841 to 1995)," *International Journal of Social Psychiatry* 44, no. 1 (1998), pp. 50–52.

80 李兆華：〈戰後香港精神科發展外史〉，收入李兆華、潘佩璆和潘裕輝主編：《戰後香港精神科口述史》，香港：三聯書店香港有限公司，2017，第 43 頁。

81 李兆華：〈戰後香港精神科發展外史〉，收入李兆華、潘佩璆和潘裕輝主編：《戰後香港精神科口述史》，香港：三聯書店香港有限公司，2017，第 40 頁。

目，從6間增至20間以上，期望暫時減輕青山醫院的擁擠情況。[82]較長遠的解決方案是全面重建青山醫院，最後階段的重建於2006年完成。[83]經過改革後，香港的精神科服務現時具備更全面的設施和政策，有助治療精神病患者及協助他們重返社會。

家庭醫學（Family Medicine）

家庭醫學又稱全科（General Practice），專門針對個人及家庭中的成員提供持續及全面的醫療照顧。家庭醫生需要與病人建立互相信任的關係，當病人身心每有不妥，醫生能從「全人」角度去解決病情。因此，家庭醫生要在溝通上接受培訓，要理解病人感受、察覺病人心裏的疑問；能用以人為本，關心家庭成員身心健康的良好態度去幫助病人；為每個病例尋找病源，從而設定適合病人的服務。[84]

在半個世紀前的香港，家庭醫學是一個陌生的概念。政府門診只為市民提供最基本的服務，主要為衞生署提供對抗流行傳染病的數據，為預防流行病把關。[85]私人執業的全科醫生缺乏有系統的在職培訓及考核制度，專業發展有限，水平參差。踏入1970年代，香港一些有志的全科醫生不滿現狀，希望學習外國同業，建立一些標準、制度，提升業內水準，維繫香港市民的健康。[86]時任香港醫學會主席李仲賢醫生在1973年提議成立一個代表香港全科醫生的專業醫學組織，經過數年籌備工作，成功推動香港全科醫學學院（The Hong Kong College of General Practitioners）於1977年成立（後於1997年重新命名為香港家庭醫學學院）。[87]該學院成立後積極舉辦各種專業活動，並逐步建立有系統的在職培訓課程和評審考核制度。1983年學院建立試驗培訓

82 李兆華、黎文超：〈游説彭定康重建醫院的院——張鴻堅醫生專訪〉，收入李兆華、潘佩璆和潘裕輝主編：《戰後香港精神科口述史》，香港：三聯書店香港有限公司，2017，第104頁。

83 *Brief History of Psychiatric Service in* Hong Kong. Hong Kong: Institute of Mental Health, Castle Peak Hospital, 2003, p. 6.

84 李國棟：〈醫生是家庭的一分子〉，香港家庭醫學學院編：《家庭醫生——一家人的好朋友》，香港：一口田出版有限公司，2010年，頁192。

85 傅鑑蘇：〈家庭醫學三十一年專業路〉，香港家庭醫學學院編：《家庭醫生——一家人的好朋友》，香港：一口田出版有限公司，2010年，頁221

86 〈傅鑑蘇醫生訪談錄〉，2021年9月23日於九龍塘會。

87 The Hong Kong College of Family Physicians, *Strengthening Primary Heath Care for All: The First 30 Years of The Hong Kong College of Family Physicians*, Hong Kong: HKCFP Education Limited, 2007, pp. 33–36.

計劃，1984 年首度舉辦本地院士考試，1987 年起與澳洲皇家全科醫學院合辦聯合考試，保障專業水平受國際認可。[88] 1993 年，該學院成為香港醫學專科學院的創始成員之一，奠定了家庭醫學在香港的專科地位。

大學教育方面，以往本科醫學教育集中在醫院內學習治療複雜嚴重的疾病，欠缺針對社區的培訓。香港全科醫學學院成立後，醫學界開始了解到家庭醫學的專業性質。大學逐漸重視家庭醫學教育，中大醫學院在 1984 年開設家庭醫學教育，港大醫學院亦於 1985 年在內科學系下成立家庭醫學部。[89] 除教授家庭醫學的概念及知識外，兩所大學分別安排醫學生到全港私人執業和醫管局各基層門診，接受臨床訓練，學習家庭醫學應診技巧。

以往政府對家庭醫學支援有限，初期在香港全科醫學學院統籌下，家庭醫學的培訓只在播道醫院、聖母醫院等非政府醫院或大學內進行。[90] 至 1989 年，政府委任楊紫芝教授領導的工作小組研究改善基層醫療服務，該小組指出改善普通科門診的首要工作是讓醫生接受家庭醫學的培訓。[91]1990 年，政府邀請澳洲家庭醫學專家霍柏教授（Prof Wesley Fabb）訪港助衞生署發展家庭醫學。霍柏教授亦建議政府設立訓練課程，培訓門診醫生成為全面的家庭醫生，積極發展基層護理服務，以取代以往過分倚賴醫院的情況。[92]1992 年，衞生署設立牛頭角家庭醫學培訓中心，聘用首位家庭醫學專科顧問醫生，正式開始提供家庭醫學服務。[93] 2003 年，衞生署轄下的普通科門診改由醫管局

---

88 The Hong Kong College of Family Physicians, *40th Anniversary: The Hong Kong College of Family Physicians 1977–2017*, Hong Kong: HKCFP Education Limited, 2017, p. 34.

89 The Hong Kong College of Family Physicians, *Strengthening Primary Heath Care for All: The First 30 Years of The Hong Kong College of Family Physicians*, Hong Kong: HKCFP Education Limited, 2007, pp. 60, 65.

90 The Hong Kong College of Family Physicians, *Strengthening Primary Heath Care for All: The First 30 Years of The Hong Kong College of Family Physicians*, Hong Kong: HKCFP Education Limited, 2007, p. 72.

91 Health for All the Way Ahead: Report of the Working Party on Primary Health Care, 1990, para 1.25, p. 11;〈提高基層健康服務質素　家庭醫學醫生將成門診骨幹〉，華僑日報，1991 年 5 月 13 日。

92 Wesley E. Fabb, Training and Educational Programmes in Family Medicine: Assignment report, 1990, pp. 46–48;〈澳專家建議港府設課程發展家庭醫學培訓醫生〉，《大公報》，1990 年 9 月 20 日。

93 The Hong Kong College of Family Physicians, *Strengthening Primary Heath Care for All: The First 30 Years of The Hong Kong College of Family Physicians*, Hong Kong: HKCFP Education Limited, 2007, p. 79.

管轄，現時醫管局七個聯網合共200多個門診單位，都是家庭醫學專科醫生的訓練場地。[94]

眼科(Ophthalmology)

在諸多西醫專科中，眼科醫療服務早在中國落地生根。1827年英國醫生郭雷樞(Thomas Richardson Colledge)在澳門開設眼科醫院，1835年傳教士伯駕(Peter Parker)在廣州新豆欄街設醫局，主要提供眼科服務。背後原因是當時白內障、青光眼等眼疾在中國社會相當普遍，加上大多數中醫對眼疾束手無策，因此傳教士提供的西醫眼科醫療服務大受華人歡迎。[95]故此，傳道會醫院在香港於1843年開張後，院內醫生亦以施行眼部手術為主要的服務。[96]主管醫院的合信醫生身邊有兩名華人學徒，其中一位名為陳亞潘(Chan Apun)。根據合信醫生的記錄，陳亞潘通曉中英文，在醫學上甚具天份，曾在時任殖民地總醫官安達臣醫生等西醫觀察下為病人施行眼科手術，展露出高超的技巧。這些由傳教士醫生培訓出來的學生可說是香港第一代華人眼科西醫。

早在1881年已有專治眼疾的中醫師在《循環日報》刊登廣告。有一位名為霍饒富的眼科專家，醫術乃數代相傳，在港澳兩地行醫，聲稱「凡目疾一經其診治，無不撥雲翳而覩光明，雖極重之症亦能隨手奏效」，醫術之精湛，甚至蒙越南國王聞名仰慕，延請到國診治王太后眼疾。[97]這些廣告言辭或有誇大，但足以證明在19世紀已有華人眼科醫師在香港掛牌行醫。另外，一些中醫館亦有販賣「眼科藥散」，用法是沖水熏眼，稱能治眼熱、眼痛、眼腫、眼畏太陽等毛病。[98]

隨着戰後醫學專科的發展，眼科亦走上專業化的道路。1952年，丹西·布朗寧(G.C. Dansey-Browning)醫生獲任命為香港第一位眼科外科醫生，

94 〈傅鑑蘇醫生訪談錄〉，2021年9月23日於九龍塘會。

95 K. Chi-min Wong and Wu Lien-teh, *History of Chinese Medicine*, Tientsin: The Tientsin Press Ltd., 1932, pp. 171, 177.

96 "An Introductory Address Delivered by Alfred Tucker, esq., Surgeon of the Minden's Hospital, at the First Meeting of the China Medical and Chirurgical Society, on the Advantages to be Gained by a Medical Association, and a Cursory Review of Diseases Incidental to Europeans in China," *Chinese Repository* 14, no. 3 (1845), p. 446.

97 〈精理眼科〉，《循環日報》，1881年2月26日。

98 〈贈藥醫眼〉，《循環日報》，1881年9月22日。

負責管理政府的眼科服務。[99] 他在《英國眼科雜誌》(*The British Journal of Ophthalmology*) 發表的一篇文章中指出香港眼科問題的嚴重性：在香港，大約有 50% 盲人表示他們在 10 歲之前失明，而在英國，只有 6.2% 的盲人報稱他們在 15 歲之前失明。[100] 香港大部分全盲個案是由於江湖醫生使用不當療法所造成，例如用生銹的針刺眼眶治療神經而刺傷眼球，或把一些腐蝕性和受污染的溶液倒進眼睛，造成眼睛劇烈發熱而失明。[101] 面對着這情況，布朗寧醫生尋求通過修訂《醫生註冊條例》(*Medical Registration Ordinance*) 將眼科學專業化，禁止非註冊醫生治療眼疾。然而，此修訂扼殺了傳統中醫眼科醫生的生計，引起他們強烈反對，幾經折衷，修訂草案於 1958 年成功通過。[102]

儘管眼科學得到專業認可，1960 年代的香港眼科醫療服務並不完善。鴉蘭街眼科診所僅有四、五名醫生，每天須處理 800 至 1,000 宗個案。[103] 梁德成醫生憶述診所內沒有顯微鏡、激光儀器或電子裝備，大多數情況下醫生需靠自己的手術技巧來處理個案。[104] 當時香港甚至沒有足夠眼角膜存庫進行眼部手術，需從斯里蘭卡等地進口眼角膜。[105] 香港獅子會眼庫在 1964 年成立，旨在倡導眼角膜捐贈運動，但直到 1997 年本地捐贈的眼角膜供應才足夠應付本地所需。[106]

1970 至 1980 年代，香港仍然缺乏訓練有素的眼科醫生。從 1975 年開始在油麻地政府眼科診所工作的歐陽健初醫生憶述，當時只有九名受政府僱用

---

99 Ho Chi-Kin, "Ophthalmology," in *Healing with the Scalpel: From the First Colonial Surgeon to the College of Surgeons of Hong Kong*, eds. C. H. Leong, Shiu Man-hei and Frank Ching, Hong Kong: Hong Kong Academy of Medicine Press, 2010, p. 160.

100 G. C. Dansey-Browning, "Ophthalmic disease in Hong Kong," *The British Journal of Ophthalmology* 42, no. 7 (1958), p. 397.

101 Legislative Council, Hong Kong, "Medical Registration (Amendment) Bill, 1958," *Hong Kong Hansard*, 16 April 1958, p. 172.

102 "Medical Registration Ordinance," Historical Laws Online, accessed on 30 August 2021, https://oelawhk.lib.hku.hk/items/show/2734.

103 Ho Chi-Kin, "Ophthalmology," in *Healing with the Scalpel:* From *the First Colonial Surgeon to the College of Surgeons of Hong Kong*, eds. C. H. Leong, Shiu Man-hei and Frank Ching, Hong Kong: Hong Kong Academy of Medicine Press, 2010, p. 161.

104 *The Hong Kong Ophthalmological Society 60th Anniversary*, Hong Kong: The Hong Kong Ophthalmological Society, 2014, p. 39.

105 Patrick C.P. Ho, "Thirty-five Years of Eye Banking in Hong Kong—A Metamorphosis and a Commitment Renewed," *Hong Kong Journal of Ophthalmology* 1, no. 1 (1997), pp. 19–20.

106 〈廢物利用做福人類；死人眼角膜捐贈失明人：本港設立眼庫由名眼科醫生任委員對死人眼角膜移植已制定法例處理〉，《華僑日報》，1965 年 9 月 27 日，第 1 頁。

的眼科醫生負責為九龍、新界和離島區的居民提供眼科服務。油麻地政府眼科診所只有一間手術室配有局部麻醉的設備，若病人需要進行全身麻醉的手術便需轉介至瑪麗醫院、廣華醫院或香港佛教醫院。[107] 這些醫生還需參與外展眼科團隊的服務，乘搭船隻或直升機前往西貢、屯門、石湖墟、長洲和坪洲等開辦臨時外展診所。[108] 為了解決眼科醫生短缺的問題，政府於 1980 年代大力推動眼科及視光學的培訓課程。雖然香港大學早在 1960 年代已有聘請兼職眼科學名譽講師，但最後卻是香港中文大學於 1984 年率先成立眼科學部門，更於 1994 年將眼科學部門升級為眼科學系。[109]

在 1990 年代，香港眼科服務和教育發展迅速。香港眼科醫院於 1992 年啟用，成為公共眼科服務重組的重要部分。根據重組計劃，醫院管理局在指定地區醫院設立了五個眼科團隊，有助減少病人行程時間。[110] 香港眼科醫學院於 1999 年開始舉行院士考試，成功增加本地培訓眼科醫生的數量。[111] 到 2014 年，在香港執業的眼科醫生人數已增至 152 名，是 1991 年的三倍，可見香港眼科學的長足發展。[112]

耳鼻喉科

戰前在香港醫學界耳鼻喉科與眼科歸類於一般普通外科學（General Surgery）的範圍內，專科之間沒有清晰的界線。不少醫生同時鑽研眼科及耳鼻喉科，例如著名富商周錫年醫生，既是私人執業耳鼻喉科醫生，又曾任港大醫科眼科講師及國家醫院眼科醫生。[113] 當時具耳鼻喉專科院士資格的醫生

107 *The Hong Kong Ophthalmological Society 60th Anniversary*, Hong Kong: The Hong Kong Ophthalmological Society, 2014, p. 30.

108 〈香港盲人輔導會派醫療車赴分粉嶺：免費診療眼疾並協助盲人〉，《華僑日報》，1960 年 8 月 1 日，第 9 頁。

109 Ng Tsz-kin, Li-jia Chen, Yolanda WY Yip, Chi-pui Pang, and Clement CY Tham, "The Chinese University of Hong Kong Ophthalmic Research Centre: From the Past to the Future," *Hong Kong Journal of Ophthalmology* 20, no. 2 (2016), p. 52.

110 Ho Chi-Kin, "Ophthalmology," in *Healing with the Scalpel: From the First Colonial Surgeon to the College of Surgeons of Hong Kong*, eds. C. H. Leong, Shiu Man-hei and Frank Ching, Hong Kong: Hong Kong Academy of Medicine Press, 2010, p. 162.

111 Ko Tak Chuen ed., *The College of Ophthalmologists of Hong Kong 20th Anniversary*, Hong Kong: The College of Ophthalmologists of Hong Kong, 2014, p. 46.

112 *The Hong Kong Ophthalmological Society 60th Anniversary*, Hong Kong: The Hong Kong Ophthalmological Society, 2014, p. 31.

113 吳醒濂：《香港華人名人史略》，香港：五洲書局，1937，頁 27。

寥寥可數，其中較具名氣的是李樹培醫生。李樹培醫生於 1928 年在港大畢業後，前往維也納接受耳鼻喉專科訓練，是首位獲得愛丁堡皇家外科學院耳鼻喉科院士資格的香港畢業生。當時扁桃腺切除手術（tonsillectomy）甚為常見，雖然手術整體難度不大，但在為扁桃體深處的血管打結時，需要一定技巧。李醫生設計了一個自動打結儀器（automatic knot-tier），由倫敦唐氏兄弟（Down Brothers）有限公司製造，專門為扁桃體血管打結，因方便易用，後漸趨普及。[114] 除扁桃腺切除手術外，初期耳鼻喉科大多涉及洗鼻、切除鼻瘜肉等小型手術。[115]

1957 年，蔡永善醫生是首位獲派往外國接受耳鼻喉專科培訓的政府醫生，學成歸來後，他成為政府唯一一位耳鼻喉科顧問醫生。蔡醫生在推廣香港耳鼻喉科發展上，作出重大貢獻。他在 1968 年成立香港耳鼻喉科學會（Hong Kong Otorhinolaryngological Society）[116]，該學會舉辦醫學會議、社交活動等，提供平台予醫生交流資訊、分享經驗和聯誼聚會。蔡醫生又曾向港大圖書館送贈耳鼻喉科書籍，並捐錢成立「蔡永善講座」（George Choa Lecture），邀請一些海外知名的耳鼻喉科教授到香港講課課，慢慢建立香港的耳鼻喉科專業。[117]

學術與研究方面，香港大學於 1955 年已向醫科生有系統地教授耳鼻喉科知識，由蔡永善醫生擔任講師。[118] 港大及中大醫學院先後於 1983 年及 1985 年成立耳鼻喉科部門，隸屬於外科學系。1989 年，港大醫學院由韋霖教授帶領的團隊在治療鼻咽癌的研究上取得重大突破，他們使用上頜掀開術（Maxillary swing），揭開病人臉頰，成功割除鼻咽腫瘤。[119] 中大尹懷信教授

114 Fung Kai-bun, "The History of ENT in Hong Kong: A Synopsis", The Hong Kong College of Otorhinolaryngologists, *The Hong Kong College of Otorhinolaryngologists: The Formative Years*, Hong Kong: Hong Kong Academy of Medicine Press, 2017, pp. 50–51.

115 參考養和醫院手術室記錄：Operating Theatre Register, Hong Kong Sanatorium & Hospital, 16/7/1951–22/12/1952；〈韋霖教授訪談錄〉，2021 年 10 月 28 日於養和醫院。

116 該學會於 2001 年改名為「香港耳鼻喉頭頸外科醫學會」，至今仍在運作。

117 〈韋霖教授訪談錄〉，2021 年 10 月 28 日於養和醫院。

118 Raymond K.Y. Tsang, "The Division of ENT, Department of Surgery, Li Ka Shing Faculty of Medicine, The University of Hong Kong—A Brief History", The Hong Kong College of Otorhinolaryngologists, *The Hong Kong College of Otorhinolaryngologists: The Formative Years*, Hong Kong: Hong Kong Academy of Medicine Press, 2017, p. 79.

119 William L. Wei, Kam H. Lam, Jonathan S. T. Sham, "New approach to the nasopharynx: The maxillary swing approach", *Head and Neck*, vol. 13, no. 3 (1991), pp. 200–207;〈韋霖教授訪談錄〉，2021 年 10 月 28 日於養和醫院。

(Prof. C.A. Van Hasselt)團隊亦於 1993 年開發並採用了「香港耳瓣」(Hong Kong Flap)技術以重建乳突切除術後所遺留下來的乳突腔。這些創新的技術在國際產生了巨大影響,現已在世界各地廣泛採用。[120]

耳鼻喉科另一個重要的發展是把電子耳蝸技術引進香港,透過植入聽覺補助設備,使嚴重聽障人士能恢復部分聽覺。1988 年,香港醫務衛生署首次進行試驗人工耳蝸內植手術,效果令人滿意。[121]1989 年,香港大學醫學院外科學系耳鼻喉科與香港聾人福利促進會創立香港首個「人工耳蝸中心」,同年為極度聽力受損的聽障成人進行全港首宗「多頻道人工耳蝸手術」;[122]中大亦於 1994 年起為病人進行人工耳蝸植入手術,並於 1999 年進行亞洲首宗腦幹植入手術。[123]

香港醫學專科學院在 1993 年成立時,耳鼻喉科仍是隸屬於香港外科醫學院。1995 年 10 月 2 日,香港耳鼻喉科醫學院正式成立,並獲醫專接納成為分科學院之一,這是耳鼻喉科在香港發展的一個重要里程碑,標誌該科擁有獨立的專業地位。耳鼻喉科的範圍亦漸漸擴展,包括頭頸外科及顏面整形外科等。

牙科(Dentistry)

與眼科的情況相似,牙科是較早進入中國並得到華人所接受的西醫專科服務。19 世紀香港報紙上牙醫廣告比比皆是,多標榜自己師從歐美名醫,習得西方鑲牙善法。[124]儘管華人對西醫抗拒,但牙科卻能獨善其身,在華人社會頗受歡迎,與其他西醫專科的待遇大相逕庭。

120 C.A. Van Hasselt, "Mastoid surgery and the Hong Kong Flap", *The Journal of Laryngology & Otology*, Vol. 108, no. 10 (1994), pp. 825–833;〈尹懷信教授簡歷〉,中大醫學院網頁,www.med.cuhk.edu.hk/f/press_releases/1343/7259/%E5%B0%B9%E6%87%B7%E4%BF%A1%E6%95%99%E6%8E%88%E7%B0%A1%E6%AD%B7.pdf(2011 年 11 月 3 日瀏覽)。

121 〈人工耳蝸內植手術成功　四失聰者恢復部分聽覺〉,《大公報》,1988 年 7 月 4 日。

122 梁慧思:《香港聽障服務發展歷史》,香港:香港聾人福利促進會,2018 年,第 81 頁。

123 C.A. Van Hasselt, "Development of Academic ENT at the Chinese University of Hong Kong", The Hong Kong College of Otorhinolaryngologists, *The Hong Kong College of Otorhinolaryngologists: The Formative Years*, Hong Kong: Hong Kong Academy of Medicine Press, 2017, p. 75.

124 〈泰西善法鑲牙〉,《循環日報》,1880 年 2 月 27 日;〈楊學秋鑲牙〉,《循環日報》,1880 年 5 月 15 日。

赫伯特·梅伯（Herbert Poate）醫生是香港早期一位較出名的牙醫，他於1880年代初設立診所，同時在雅麗氏利濟醫院提供免費牙科服務。[125] 可是，牙科醫生直到1914年才經《牙醫條例》（*Dentistry Ordinance*）被認可為專業行業。《牙醫條例》將牙醫分為兩組：有註冊於英國醫學總會的牙醫，以及根據他們在香港從事牙科服務多年而獲取豁免證書的從業者。[126] 隨着香港牙醫人數逐漸上升，政府決定更嚴格地規管牙科服務。立法局於1940年通過《牙醫註冊條例》（*Dentists Registration Ordinance*），禁止沒有註冊者從事牙科服務，政府亦不再提供豁免證書。[127] 到1941年5月，有520名牙醫根據新規定註冊。[128]

國共內戰後的政權更替令大量難民移居香港，香港人口急劇上升帶給牙科服務系統不少壓力。政府的牙科服務原本只為公務員而設，但為了應付新來港人士的需求，服務範圍擴大至公立醫院留院及轉介病人，為他們提供專科及緊急牙科服務。[129] 為了鼓勵更多醫科生成為牙醫，政府於1955年設立了獎學金計劃，為出國接受牙科訓練的醫生提供資助，要求受資助的醫生回港在政府牙科服務部門任職。[130] 政府亦於1961年開始公共供水加氟計劃，成功令沒有蛀牙的兒童人數增加30%。[131] 除了政府設立的牙科服務外，非政府機構也積極推動牙科保健計劃。香港牙醫學會開辦的夜間牙科診所、以及香港醫藥援助會和香港明愛成立的非牟利牙科診所，為弱勢社群提供免費的牙科服務，更積極向公眾推廣口腔衛生教育。[132]

---

125 W.I.R. Davies, "The Development of Dentistry in Hong Kong," *in The Medical Directory of Hong Kong*, ed. Michael H.H. Mak, Hong Kong: The Federation of Medical Societies of Hong Kong, 1985, p. 80.

126 M.J. Breen, "Regulations made by the Governor-in-Council under Section 8 of the Dentistry ordinance, 1914, on the 28th day of January, 1915," Government Notification No. 33, *The Hong Kong Government Gazette*, 29 January 1915, p. 47.

127 "Dentists Registration Ordinance, 1940," *Historical Laws of Hong Kong Online*, accessed 30 August 2021, https://oelawhk.lib.hku.hk/archive/files/77c4b6a61e069fe86d7c67dc352406b5.pdf;〈牙科事務委會通告：牙醫登記期滿自今日起未經登記牙醫如再行執業即認為違法〉，《大公報》，1941年7月1日，第6頁。

128 P.S. Selwyn-Clarke, "Registration of Dentists Ordinance No. 1 of 1940," Government Notification No. 639, *The Hong Kong Government Gazette*, 23 May 1941, pp. 795–831.

129 G.K.C. Chiu and W.I.R. Davies, "The Historical Development of Dentistry in Hong Kong," *Hong Kong Medical Journal* 4 (1998), p. 74.

130 〈港府發獎學金澳洲攻讀牙科〉，《華僑日報》，1960年7月24日，第4頁。

131 R.W. Evans, E.C. Lo and O.P. Lind. "Changes in Dental Health in Hong Kong after 25 Years of Water Fluoridation," *Community Dental Health* 4, no. 4 (1987), pp. 383–394.

132 〈香港牙醫學會增設免費牙科診寮所〉，《華僑日報》，1961年9月9日，第8頁。

即使牙科有上述提及的進展，香港仍然缺乏足夠的牙醫，在 1950 和 1960 年代期間，平均每年只有 10 名牙科畢業生回流香港工作。[133] 由於牙科服務不足，坊間出現大量無牌牙醫診所，這些牙醫從內地或東南亞來港，因未能考獲執業資格而無法註冊，故此大多集中在執法寬鬆的九龍城寨北面東頭村道行醫。六七暴動後，政府積極改善公共服務，建立了比較有系統的牙科培訓計劃。[134] 政府於 1978 年成立牙科治療訓練學校，目標是培訓充足的牙科保健員，為全港小學生提供學童牙科保健服務。[135] 香港大學亦於 1980 年取錄第一批牙科醫科生，翌年開辦菲臘牙科醫院（Prince Philip Dental Hospital）作為港大牙科的教學醫院。[136] 到 1995 年，三分之一在香港從業的牙醫在香港接受培訓，人均牙醫比率亦自 1970 年代以來倍升至 1：4050。[137] 2008 年，香港牙科醫學院設立本地培訓和院士認可計劃，是牙科教育另一突破。[138] 到 2010 年代，香港已設立了完善的牙科服務。

骨科（Orthopaedics）

戰後，骨、關節結核和小兒麻痺症等骨科相關的疾病在香港猖獗。[139] 這些病例在 1950 年代之前主要由普通外科醫生處理。直到 1951 年，香港大學外科系聘請霍奇森（Arthur R. Hodgson）醫生領導新設立的骨科和創傷科部門。[140] 肺結核是 1950 年代中常見的疾病，很多病人因肺結核菌入骨，造成脊骨腐爛及駝背情況出現，神經線被壓住，肺功能差，走路很辛苦。霍奇森

---

133 G.K.C. Chiu and W.I.R. Davies, "The Historical Development of Dentistry in Hong Kong," *Hong Kong Medical Journal* 4 (1998), p. 74.

134 G.K.C. Chiu and W.I.R. Davies, "The Historical Development of Dentistry in Hong Kong," *Hong Kong Medical Journal* 4 (1998), pp. 74–75.

135 W.G. Asquith, "Hong Kong—An Updating," October 1977, FCO 40/804.

136 Trevor Lane ed., *Celebrating 30 Years of Excellence at the Faculty of Dentistry, The University of Hong Kong*, Hong Kong: University of Hong Kong, Faculty of Dentistry, 2013, p. 16.

137 G.K.C. Chiu and W.I.R. Davies, "The Historical Development of Dentistry in Hong Kong," *Hong Kong Medical Journal* 4 (1998), p. 75.

138 *The College of Dental Surgeons of Hong Kong 20th Anniversary*. Hong Kong: The College of Dental Surgeons of Hong Kong, 2013, p. 37.

139 Lam Sim-fook, "Orthopaedics in the 'Pre-Hodgson' Era," in *Repair, Reconstruct and Rehabilitate: Half a Century of Orthopaedics in Hong Kong*, ed. Chan Kow-tak, Hong Kong: Hong Kong Academy of Medicine Press, 2004, p. 15.

140 *30th Anniversary 1961–1992*. Hong Kong: Dept. of Orthopaedic Surgery, University of Hong Kong, 1992, p. 3.

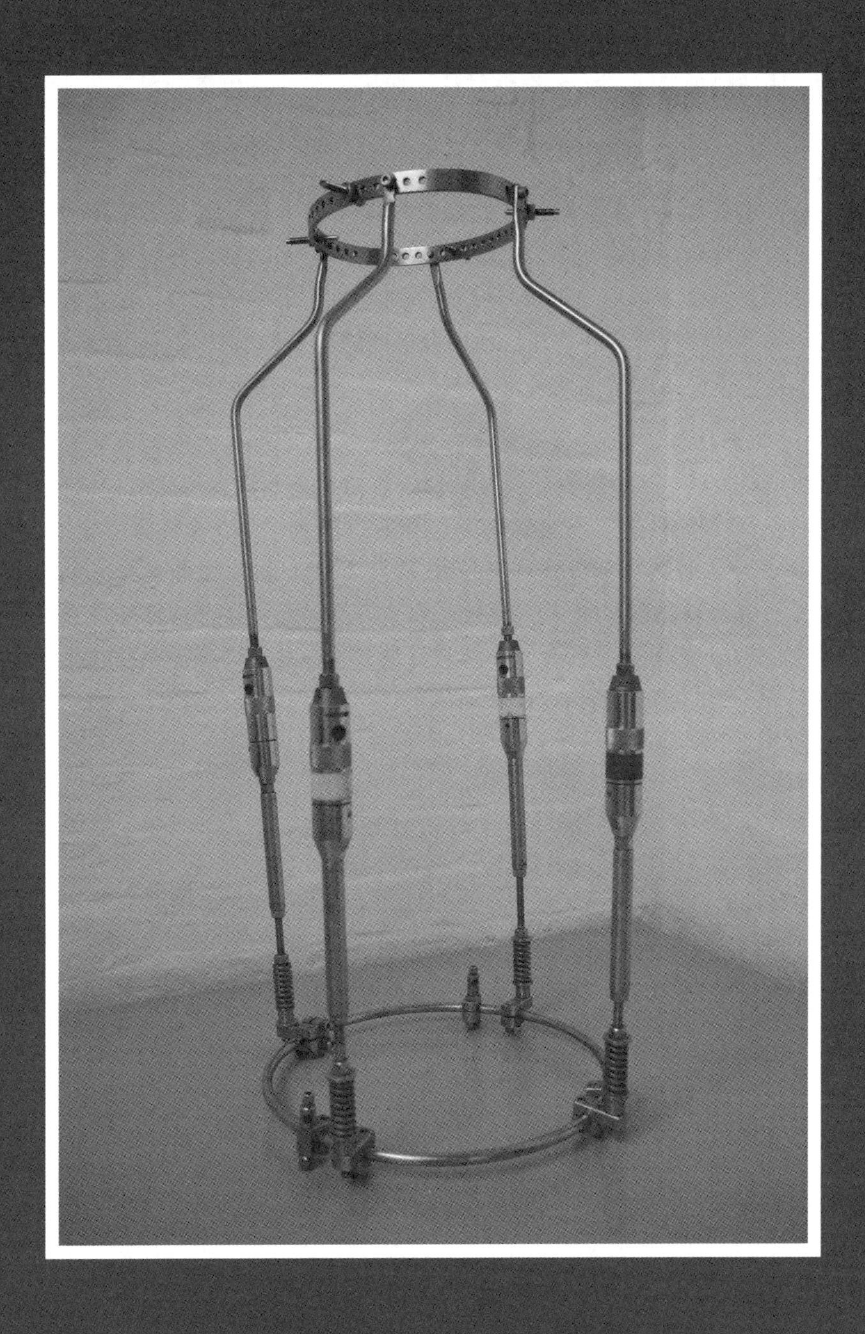

圖 7.2　頭顱環盆骨牽引器由香港大學骨科部門的醫生研製，用作治療嚴重脊柱畸形。（香港醫學博物館提供）

醫生發明透過前路手術治療脊柱結核，取出腐爛的骨組織，撐正脊骨，有關研究論文於 1956 年發表，該手術聲名大振，獲譽為「香港手術（Hong Kong Operation）」，不少海外醫生都慕名來港學習。[141] 邱明才和奧布萊恩（J.P. O'Brien）在 1970 年代發明的頭顱環盆骨牽引器（Halo-pelvic Apparatus）同樣引起國際醫學界的關注。[142] 該儀器的頭部圓環植入病人顱骨，盆骨環由鋼釘插進盆骨兩邊，以伸縮長桿連接頭部圓環，產生牽引作用，有效矯正肺結核導致的脊柱後凸問題，是現今常用脊椎間體護架的前身。[143]「香港手術」與頭顱環盆骨牽引器的發明使香港成為世界著名的骨科研究中心。

1950 至 1960 年代的發展進一步鞏固了香港在骨科治療和研究方面領導亞太地區的地位。多個對香港骨科發展影響深遠的組織在這期間成立，包括：香港弱能兒童護助會、香港復康會及香港骨科會（香港骨科醫學院的前身）等。[144] 其中，香港弱能兒童護助會在 1956 年開設大口環療養院（後於 1970 年改名為大口環根德公爵夫人兒童骨科醫院），該院旨在為脊椎及脊骨變形的兒童提供治療及復康訓練，並因廣泛使用「香港手術」幫助治療而世界聞名。[145] 這些協會同樣關注成人復康問題，香港復康會在 1962 年開辦戴麟趾夫人復康院，為患有骨科疾病的成人患者提供護理。[146]

---

141 Hodgson, A. R., and Francis E. Stock, "Anterior Spinal Fusion a Preliminary Communication on the Radical Treatment of Pott's Disease and Pott's Paraplegia," *British Journal of Surgery* 44, no. 185 (1956), pp. 266–275;〈梁智鴻醫生訪談錄〉，2019 年 9 月 26 日於中環；〈楊紫芝教授訪談錄〉，2019 年 9 月 9 日於瑪麗醫院。

142 Arthur C. M. C. Yau, L. C. S. Hsu, J. P. O'Brien, and A. R. Hodgson, "Tuberculous Kyphosis: Correction with Spinal Osteotomy, Halo-pelvic Distraction, and Anterior and Posterior Fusion," *Journal of Bone & Joint Surgery* 56, no. 7 (1974), pp. 1419–1434.

143 Arthur C.M.C. Yau, "Reminiscences of My Early Days with Hoddy," in *Repair, Reconstruct and Rehabilitate: Half a Century of Orthopaedics in Hong Kong*, ed. Chan Kow-tak, Hong Kong: Hong Kong Academy of Medicine Press, 2004, p. 17; 許子石：〈頭顱環盆骨牽引器：矯正嚴重脊柱畸形的方法〉，《杏林鴻爪：香港醫學博物館藏品選》，香港：香港醫學博物館學會，2016 年，第 122 至 122 頁。

144 Chin Ping Hong, "Orthopaedic Rehabilitation," in *Repair, Reconstruct and Rehabilitate: Half a Century of Orthopaedics in Hong Kong*, ed. Chan Kow-tak, Hong Kong: Hong Kong Academy of Medicine Press, 2004, p. 109.

145 〈大口環兒童骨科醫院譽滿亞洲　規模大設備最好〉，《華僑日報》，1970 年 7 月 12 日，第 10 頁；〈大口環兒童骨科療養院改用新名揭幕〉，《華僑日報》，1970 年 12 月 18 日，第 5 頁。

146 Arthur C.M.C. Yau, "Reminiscences of My Early Days with Hoddy," in *Repair, Reconstruct and Rehabilitate: Half a Century of Orthopaedics in Hong Kong*, ed. Chan Kow-tak, Hong Kong: Hong Kong Academy of Medicine Press, 2004, p. 17.

骨科醫生的培訓同樣發展迅速。1961 年，霍奇森醫生升任為教授，香港大學骨科部門從外科系獨立，升格為學系。[147] 骨科系畢業生通常會加入香港各個醫院的骨科部門獲取經驗，然後出國參加英國愛丁堡皇家外科醫學院骨科院（Orthopaedic Surgery, Royal College of Surgeons of Edinburgh）或澳洲皇家外科醫學院（Royal Australasian College of Surgeons）的院士考試。[148] 最初只有瑪麗醫院提供培訓計劃，但隨着畢業生人數上升，伊利沙伯醫院、廣華醫院和威爾斯親王醫院等其他醫院也設立了自己的培訓單位。[149] 香港的骨科教育得到國際認可，吸引不少外國醫生的根德公爵夫人兒童醫院院士培訓計劃，1992 年候補名單的等候時間長達兩年。[150]

近年來，骨科隨着香港社會的變化重新調整了研究及治療方向。政府在 1970 年代和 1980 年代嚴格執行工業和交通安全條例，令以往由交通事故和工業意外造成的創傷案例大大減少。疫苗接種計劃成功令結核病和小兒麻痺症病例急劇減少，根德公爵夫人兒童醫院也因而轉型，改為主力治療畸型、先天性髖關節脱臼等先天性疾病，以及腦性麻痺、肌肉萎縮症、自閉症等神經疾病。[151] 相反，由於近年香港人口老化問題嚴重，因老人骨骼結構衰弱而導致的老年骨折案例每年增加。[152] 香港骨科仍需繼續迅速適應社會變化帶來的新問題。

147 〈港大骨科講座教授職：邱明才教授接任，邱氏為香港大學畢業生〉，《華僑日報》，1975 年 4 月 5 日，第 21 頁。

148 Ngai Wai Kit, "The College's Role in the Training of Orthopods," in *Repair, Reconstruct and Rehabilitate: Half a Century of Orthopaedics in Hong Kong*, ed. Chan Kow-tak, Hong Kong: Hong Kong Academy of Medicine Press, 2004, pp. 72–73.

149 Arthur C.M.C. Yau, "Reminiscences of My Early Days with Hoddy," in *Repair, Reconstruct and Rehabilitate: Half a Century of Orthopaedics in Hong Kong*, ed. Chan Kow-tak, Hong Kong: Hong Kong Academy of Medicine Press, 2004, p. 19.

150 *30th Anniversary 1961–1992*. Hong Kong: Dept. of Orthopaedic Surgery, University of Hong Kong, 1992, p. 43.

151 Louis C.S. Hsu, "The Duchess of Kent Children's Hospital at Sandy Bay," in *Repair, Reconstruct and Rehabilitate: Half a Century of Orthopaedics in Hong Kong*, ed. Chan Kow-tak, Hong Kong: Hong Kong Academy of Medicine Press, 2004, p. 159.

152 *30th Anniversary 1961–1992*. Hong Kong: Dept. of Orthopaedic Surgery, University of Hong Kong, 1992, pp. 25–26.

麻醉科（Anaesthesia）

近代麻醉醫學起源於19世紀中葉乙醚（ether）、哥羅芳（chloroform）等化學物在外科手術中用作麻醉劑的應用。麻醉在香港早期的醫療報告中並不常出現，香港有記錄首宗使用哥羅芳麻醉的手術可追溯至1848年。1848年3月8日在停泊於維多利亞港的皇家海軍「科倫拜恩」號戰艦（H.M.S. Columbine）上，約翰·坎貝爾（John Campbell）醫生用哥羅芳麻醉一位長有膿瘍的船員後施行手術。同年，哈蘭德（W.A. Harland）醫生亦在海員醫院使用哥羅芳麻醉進行手術。[153] 雅麗氏那打素醫院1901年的年報記載該年有214個外科手術「在哥羅芳及可卡因（cocaine）麻醉下」進行。當時全身麻醉一般使用哥羅芳，局部麻醉則用可卡因。[154]

早期麻醉工作不獲重視，在19世紀一般由外科醫生或其助手兼顧，戰前則由醫學生或初級醫生負責。[155] 香港政府直到1954年才任命佐爾坦·萊特（Zoltan Lett）為專科麻醉醫生，負責在公立醫院進行麻醉培訓和服務。[156] 同年，萊特和奧佐里奧（H.P.L. Ozorio）醫生共同成立香港麻醉科學會（Society of Anaesthetists of Hong Kong），為香港首個麻醉專科學會。[157] 這兩位醫生在1950年代除了負責香港大學醫學院的麻醉學本科教學，還需擔當研究生培訓計劃的召集人、安排受訓醫生的在職培訓、邀請專家來港進行講座以及選擇可出國留學的優秀學生。[158] 可是，因培訓課程規模有限，麻醉科醫生仍長期短缺，1970年代瑪麗醫院麻醉科的受訓醫生甚至需獨自應付急症個案。[159]

153 *The Friend of China and Hong Kong Gazette*, 11 March 1848, p. 84.

154 E. H. Paterson, *A Hospital for Hong Kong: The Centenary History of the Alice Ho Miu Ling Nethersole Hospital 1887–1987*, Hong Kong: Alice Ho Miu Ling Nethersole Hospital, 1987, p.43; *125 Years of Anaesthesia in Hong Kong: Past, Present and Future*, Hong Kong: Hong Kong Academy of Medicine Press, 2014, p.15.

155 *125 Years of Anaesthesia in Hong Kong: Past Present and Future*, Hong Kong: Hong Kong Academy of Medicine Press, 2014, p.15.

156 Ronald Lo and Zoltan Lett, "Early Days of Medicine and Anaesthesia in Hong Kong," in *125 Years of Anaesthesia in Hong Kong: Past, Present and Future*, ed. Simon Chan and Steven Wong, Hong Kong: Hong Kong Academy of Medicine, 2014, p. 17.

157 Lee Tsun-woon, "The First 35 Years of the Society of Anaesthetists of Hong Kong," in *125 Years of Anaesthesia in Hong Kong: Past, Present and Future*, ed. Simon Chan and Steven Wong, Hong Kong: Hong Kong Academy of Medicine, 2014, p. 34.

158 Zoltan Lett and Lo Joy-wah, *Anaesthesia and Intensive Care in Hong Kong: Evolution and Present Position*, Hong Kong: University of Hong Kong Press, 1997, p. 21.

159 Susan Joyce Wong, "Queen Mary Hospital," in *125 Years of Anaesthesia in Hong Kong: Past, Present and Future*, ed. Simon Chan and Steven Wong, Hong Kong: Hong Kong Academy of Medicine, 2014, pp. 201–202.

即使到了1980年代，許多醫生仍然不願從事麻醉工作。1988年成為香港中文大學麻醉學教授的胡德佑教授憶述，當時被編到威爾斯親王醫院麻醉學部門的三名醫生都向他直言對麻醉學沒有興趣，希望到外科部門工作。[160]

麻醉科醫生在醫學界中面對着不少偏見。麻醉科醫生提倡的改革，如在醫院建設麻醉恢復室（recovery room）、設立麻醉前評估和麻醉氣體清除系統，都遭到醫院管理人員、外科醫生等強烈反對。[161] 麻醉學更長期被視為外科的亞專科，直至1980年代，香港大學及香港中文大學的醫學院才設立麻醉學專科部門。[162] 部門的教職員除了履行教學和研究工作外，還繼續在教學醫院中擔當麻醉科醫生。[163] 在大學教職員的敦促下，瑪麗醫院和威爾斯親王醫院成為香港首兩家推行麻醉學改革的醫院，將恢復室和深切治療部（Intensive Care Unit）交給麻醉科醫生管理。[164] 香港麻醉科醫學院亦分別於1997年和2012年設立了重症監護和疼痛管理院士課程，體現出麻醉學的迅速擴張及專業化。[165]

儘管麻醉學已有相對長足發展，這一專科依舊較受忽視。現今香港麻醉科醫生與人口的比例為1：20,000，與大多數發達國家的1：10,000比例相距甚遠。[166] 香港醫療界仍然面對着麻醉科醫生人手短缺的嚴重問題。

160 Teik E. Oh, "Anaesthesiology and Intensive Care in Hong Kong 1988–1998: A Golden Decade," in *125 Years of Anaesthesia in Hong Kong: Past, Present and Future*, ed. Simon Chan and Steven Wong, Hong Kong: Hong Kong Academy of Medicine, 2014, pp. 72–73.

161 Chiu-suck Chan, "From Public Service to Private Practice," in *Ten Years and Beyond*, ed. C.T. Hung, Hong Kong: The Hong Kong College of Anaesthesiologists, 1999, pp. 114–115.

162 Andrew Thornton, "The Chinese University of Hong Kong: The Viewpoint from the First Professor of Anaesthesiology in Hong Kong," in *125 Years of Anaesthesia in Hong Kong: Past, Present and Future*, ed. Simon Chan and Steven Wong, Hong Kong: Hong Kong Academy of Medicine, 2014, p. 188; Ross Holland and Michael Irwin, "The University of Hong Kong," in *125 Years of Anaesthesia in Hong Kong: Past, Present and Future*, ed. Simon Chan and Steven Wong, Hong Kong: Hong Kong Academy of Medicine, 2014, p. 181.

163 Tony Gin, "The Chinese University of Hong Kong: Academic Anaesthesia in Hong Kong at the Department of Anaesthesia and Intensive Care," in *125 Years of Anaesthesia in Hong Kong: Past, Present and Future*, ed. Simon Chan and Steven Wong, Hong Kong: Hong Kong Academy of Medicine, 2014, p. 194.

164 Zoltan Lett and Lo Joy-wah, *Anaesthesia and Intensive Care in Hong Kong: Evolution and Present Position*, Hong Kong: University of Hong Kong Press, 1997, pp. 29–30.

165 Tom Buckley, "Intensive Care Medicine Before the Hong Kong College of Anaesthesiologists," in *125 Years of Anaesthesia in Hong Kong: Past, Present and Future*, ed. Simon Chan and Steven Wong, Hong Kong: Hong Kong Academy of Medicine, 2014, p. 48; S.L. Tsui and Joseph C.S. Yang, "Development of Pain Medicine in Hong Kong," in *125 Years of Anaesthesia in Hong Kong: Past, Present and Future*, ed. Simon Chan and Steven Wong, Hong Kong: Hong Kong Academy of Medicine, 2014, pp. 76–77.

166 C.T. Hung and Tony Gin, "The Hong Kong College of Anaesthesiologists: The First 25 Years," in *125 Years of Anaesthesia in Hong Kong: Past, Present and Future*, ed. Simon Chan and Steven Wong, Hong Kong: Hong Kong Academy of Medicine, 2014, p. 65.

急症專科（Emergency Medicine）

戰後香港人口上升，加上本地華人日益接受西醫，令醫院的門診部門承受着龐大的壓力。[167] 1947 年，瑪麗醫院成立香港首個急症部門，以解決醫院內過於擁擠的問題，九龍醫院也在 1952 年採取相同措施。[168] 急症部門除了設有消防處開辦的救護崗外，還設置警崗，方便醫務人員與警察協調。[169] 九龍醫院急症室處理的緊急個案中，一半與創傷有關，而非創傷病例大至心臟停頓、小至普通發燒，都相當普遍。[170] 元朗博愛醫院等位處鄉郊地區的急症室部門需處理的個案更是五花八門，例如動物襲擊、被魚鈎刮傷、兒童在魚塘溺水等。[171]

急症醫學在 1970 至 1980 年代進行大規模改革。1977 年，醫務衞生署將醫院急症服務聯網按地區劃分，重新界定了各區的管轄範圍。1981 年，梁文甫和梅哈爾（M.H. Mehal）醫生獲任命為首批政府急症室顧問醫生。[172] 這大大提升了急症醫學的知名度和認受性，更證明了急症醫學是醫科生可考慮投身的專科道路。1985 年，一群急症室醫生共同創立了香港急症醫學會，加強同業間的聯繫和交流，舉辦各式各樣的訓練活動及學術會議，並出版《香港急症醫學期刊》等專業刊物。[173]

然而，作為新專科的急症醫學，在醫療界仍未受充分重視。威爾斯醫院急症室醫生流失率高企，部門亦嚴重缺乏專用設備，遲至 1988 年才購買一

---

167 Wong Tai-wai, "Casualty Departments from 1950 to 1975," in *From 'Casualty' to Emergency Medicine: Half a Century of Transformation*, ed. Wong Tai-wai, Hong Kong: Hong Kong Academy of Medicine Press, 2006, p. 33.

168 鍾展鴻：〈急症專科的起源〉，收入香港急症醫學會主編：《生命邊緣的守護者：急症醫護最前線》，香港：商務印書館，2015 年，第 2 頁。

169 沈國良：〈站在最前線：香港消防處救護服務的三十年〉，收入香港急症醫學會主編：《生命邊緣的守護者：急症醫護最前線》，香港：商務印書館，2015 年，第 235 至 239 頁。

170 Wong Tai-wai, "Casualty Departments from 1950 to 1975," in *From "Casualty" to Emergency Medicine: Half a Century of Transformation*, ed. Wong Tai-wai, Hong Kong: Hong Kong Academy of Medicine Press, 2006, p. 32.

171 Peter Chee and Wong Tai-wai, "Provision of Casualty Services in Clinics and Rural Hospitals," in *From 'Casualty' to Emergency Medicine: Half a Century of Transformation*, ed. Wong Tai-wai, Hong Kong: Hong Kong Academy of Medicine Press, 2006, p. 78.

172 K.H. Chan, and Michael J. van Rooyen, "Emergency medicine in Hong Kong," *Annals of emergency medicine* 32, no. 1 (1998), pp. 83–84.

173 "Our development", Hong Kong Society for Emergency Medicine & Surgery, accessed 31 January 2023, www.hksems.org.hk/our-development

台簡單的顯微鏡和眼壓機。[174] 在資金不足的政府補助醫院中，情況更加嚴重。基督教聯合醫院（United Christian Hospital）急症室主任克拉克（Russell Clark）醫生憶述醫院內的醫生都不想在急症室工作，有些醫生更是被逼加入，令整個部門的人員士氣低落。[175]

1991 年，醫院管理局接手管理公立醫院，投放了不少資源拓展轄下醫院的急症室服務。醫管局在 1993 年急症服務中央協調委員會（Central Coordinating Committee for Accident and Emergency Services），以便協調不同醫院的急症服務。醫管局一方面翻新補助醫院的急症室，另一方面在公營醫院開設新急症室，使全港提供急症室服務的醫院增至十五間。[176] 培訓方面，香港中文大學在 1995 年成立了意外及急症醫學教研部（Accident and Emergency Medicine Academic Unit），有助加強醫學生對急症醫學的認識。[177] 港大方面，急症醫學的臨床教學早於 1991 年由麻醉學系講師在外科見習輪換期間進行，1995 年改由急症醫學講師教授，2014 年 11 月，港大醫學院成立急症醫學組（Emergency Medicine Unit），該單位於 2022 年 2 月提升為急症醫學系。[178] 急症科專科醫生則由成立於 1996 年的香港急症科醫學院培訓，該學院 1997 年獲醫專批准加入成為第十五個專科學院成員。

由於急症室通常是病人第一個接觸的醫院部門，不少急症醫生在 2003 年沙士疫情中染病。汲取了疫症教訓，醫院急症室增設負壓隔離設施和更加

174 Yau Hon-hung and Wong Tai-wai, "From 'Casualty' to Accident and Emergency Department, 1976–1990," in *From 'Casualty' to Emergency Medicine: Half a Century of Transformation*, ed. Wong Tai-wai, Hong Kong: Hong Kong Academy of Medicine Press, 2006, p. 51.

175 Yau Hon-hung and Wong Tai-wai, "From 'Casualty' to Accident and Emergency Department, 1976–1990," in *From 'Casualty' to Emergency Medicine: Half a Century of Transformation*, ed. Wong Tai-wai, Hong Kong: Hong Kong Academy of Medicine Press, 2006, p. 53.

176 K.H. Chan, and Michael J. van Rooyen, "Emergency medicine in Hong Kong," *Annals of Emergency Medicine* 32, no. 1 (1998), p. 84; Wong Tai-wai, "Accident and Emergency Departments in the Hospital Authority Era," in *From 'Casualty' to Emergency Medicine: Half a Century of Transformation*, ed. Wong Tai-wai, Hong Kong: Hong Kong Academy of Medicine Press, 2006, pp. 59–62.

177 Leung Ling-pong and Colin A. Graham, "Academic Emergency Medicine," in *Two Decades of Advancement in Emergency Medicine: From Breadth to Depth*, ed. Wong Tai-wai, Hong Kong: Hong Kong College of Emergency Medicine, 2016, p. 136.

178 "Overview and History", Department of Emergency Medicine, HKUMed, accessed 31 January 2023, https://emed.med.hku.hk/en/About-Us/Overview-and-History

嚴格的檢查制度。[179] 近年，模擬醫學成為急症醫學的重要訓練模式。香港急症科醫學院每年定期舉辦臨床模擬訓練，專供正接受急症專科訓練的醫生或急症室醫護人員上堂。醫管局急症科訓練中心於 2014 年新擴建模擬訓練室，新增模擬救護車和模擬電腦掃瞄室等設備。[180] 急症急症科醫學院積極走進社區，於 2014 年帶領成立香港賽馬會災難防護應變教研中心，透過與政府部門、教育機構等合作，提供專業培訓，促進各方的知識共享，提升社會各界災難防護及應變能力。[181] 時至今日，香港醫院各個急症部門每年持續為超過 200 萬病人或傷者提供第一線服務。[182]

放射科（Radiology）

香港最早有關放射學的紀錄，可追溯至 1910 年，那打素雅麗氏何妙齡醫院的醫生使用 X 光機診斷骨折和結核病個案。[183] 1929 年，國家醫院設立 X 光部，僱用全職放射學醫生及放射師各一名。[184] X 光部在 1937 年遷至新建的瑪麗醫院，院內設有兩個 X 光室、一個放射治療室和一個暗房，配有先進設備。[185]

世界著名的鼻咽癌專家何鴻超教授對戰後放射學的發展影響深遠。何教授從 1950 至 1986 年擔任放射與腫瘤研究所（Institute of Radiology and Oncology）主任以及香港大學名譽講師，負責組織全港的放射學培訓和服務。[186] 他在 1963 年成功推動伊利沙伯醫院成為亞洲首家設立放射學部門的

179 Wong Tai-wai ed., *From 'Casualty' to Emergency Medicine: Half a Century of Transformation*, Hong Kong: Hong Kong Academy of Medicine Press, 2006, p. 72.

180 〈醫局急症訓練室 模擬白車助培訓〉，《明報》，2014 年 12 月 5 日。

181 《香港賽馬會災難防護應變教研中心紀念特刊（2014–2022）》，頁 12–13。

182 "Health Facts of Hong Kong, 2020 Edition," Department of Health, The Government of Hong Kong Special Administrative Region, accessed 30 August 2021, www.dh.gov.hk/english/statistics/statistics_hs/files/2020.pdf

183 E.H. Paterson, *A Hospital for Hong Kong—The Centenary History of the Alice Ho Miu-ling Nethersole Hospital*, Hong Kong: The Alice Ho Miu-ling Nethersole Hospital, 1987, pp. 48–49.

184 "Medical & Sanitary Report for the Year 1929," *Hong Kong Administrative Reports for the Year 1929*, Hong Kong: Hong Kong Government Printing Office, 1930, pp. 13, 56.

185 Philip Ward ed., *The First 100 Years of Radiology: To Commemorate the Centenary of X-ray*, Hong Kong: Hong Kong College of Radiologists, 1995, p. 13.

186 Lau Chak-sing ed., *Shaping the Health of Hong Kong: 120 Years of Achievements*, Hong Kong: The University of Hong Kong Li Ka Shing Faculty of Medicine, 2006, p. 133.

醫院。[187] 何教授同時大力倡導輻射安全及健康的教育。即使是醫療人員，亦未必意識到長時間暴露於輻射造成的健康風險。放射學醫生在具高輻射環境下工作，面對的健康風險特別高，在暗房中倒瀉硫酸鋇（barium sulfate）等化學物的情形也並不罕見。[188] 何教授於 1957 年成功説服政府和立法局通過《輻射條例》（*Radiation Ordinance*），規定在高輻射環境工作的安全守則。政府據此成立了輻射管理局，負責管制放射性物質和輻照儀器的銷售和使用。[189]

放射科是一個依賴醫療科技的專科，香港醫院的放射部門一般把資金投放在購買尖端的放射設備。瑪麗醫院於 1975 年引入香港第一台超聲波機器，而在 1970 年代公立醫院亦有購買幾台乳房 X 光攝影機。[190] 聖保祿醫院和香港浸信會醫院在 1977 年購買了電腦斷層掃描器（computed tomography scanner）。這些掃描器是用於檢測頭部創傷的「頭部」掃描器，在 1980 年代後期逐漸被全身掃描器取代，然後在 1990 年代中期又被螺旋形掃描器取代。[191] 同樣，嘉諾撒醫院率先在 1988 年購買了磁力共振掃描器（magnetic resonance imaging scanner）。[192] 伊利沙伯醫院在 1992 年安裝的磁力共振掃描器是當時全港公立醫院中唯一一部掃描器，需要掃描診斷的傷者，不論是住在港島、九龍或新界都必須前往伊利沙伯醫院。早期掃描器截取圖像時間較慢，輪候時間往往十分漫長。[193] 幸好，到了 2014 年，公立醫院的磁力共振掃描器數目已增加至 17 台。醫管局持續投放資源，改善設施及服務，為香港放射學發展奠下堅實的基礎。

---

187 Philip Ward ed., *The First 100 Years of Radiology: To Commemorate the Centenary of X-ray*, Hong Kong: Hong Kong College of Radiologists, 1995, p. 15.

188 Philip Ward ed., *The First 100 Years of Radiology: To Commemorate the Centenary of X-ray*, Hong Kong: Hong Kong College of Radiologists, 1995, p. 13.

189 "Radiation Ordinance," Hong Kong e-Legislation, Department of Justice, The Government of Hong Kong Special Administrative Region, accessed 31 August 2021, www.elegislation.gov.hk/hk/cap303.

190 Kathy Wong and Shiobhon Luk, "Looking Back: Highlights from the History of Radiology," *Hong Kong College of Radiologists Newsletter*, Winter Issue (2015), p. 28; Philip Ward ed., *The First 100 Years of Radiology: To Commemorate the Centenary of X-ray*, Hong Kong: Hong Kong College of Radiologists, 1995, p. 15.

191 Shiobhon Luk, "Looking Back: Highlights from the History of Radiology," *Hong Kong College of Radiologists Newsletter*, Summer Issue (2014), p. 25.

192 Philip Ward ed., *The First 100 Years of Radiology: To Commemorate the Centenary of X-ray*, Hong Kong: Hong Kong College of Radiologists, 1995, p. 16.

193 Kathy Wong and Shiobhon Luk, "Looking Back: Highlights from the History of Radiology," *Hong Kong College of Radiologists Newsletter*, Winter Issue (2014), p. 25.

社會醫學（Community Medicine）

一般專科醫生的照顧對象是病人，而社會醫學專科醫生的照顧對象則是整個社區人口的健康。社會醫學專科的範疇包括公共衞生醫學、行政醫學和職業及環境醫學及三大層面。香港早年飽受傳染病困擾，在公共衞生醫學上的發展可以追溯至 19 世紀。19 世紀末期，香港爆發鼠疫，港英政府採取五項措施應對，當中包括：通報、專門醫治、消毒、隔離和清潔。[194] 戰後，政府多次推動疫苗注射運動，如接種牛痘、霍亂疫苗，並製作海報和宣傳單張，加強衞生教育，推廣「預防勝於治療」，[195] 令防疫概念在社會逐漸普及。1989 年，醫務衞生署改組，衞生署負責執行衞生政策和法定職責，包括促進健康、預防疾病、基層醫療和康復服務。[196] 首任衞生署署長李紹鴻醫生，同時是政府的衞生事務顧問，致力將公共衞生和基層健康的概念融入香港前線的醫療服務，並建立本港傳染病方面的防控架構。[197]

行政醫學照顧整個醫療系統健康，引入新技術、確保病床數目和醫護人手足以應付人口變化。政府自 1960 年代起逐步改革香港醫療服務，擴充醫療體系，醫療管理及行政人員的需求不斷增加，要帶領香港的醫療系統向前發展，除了醫學專業知識外，亦要有前瞻性、決斷力及管理技巧。醫學界出現一些醫療管理範疇的專業團體，例如 1984 年成立的醫療管理學會、1990 年的香港醫療行政學會（Hong Kong Society of Medical Executives），後者於 2002 年改組為香港醫務行政學院，致力提高香港醫療行政管理的質素。[198]

職業及環境醫學照顧勞動人口的健康，確保工作間安全，預防意外工傷或各種職業病。1938 年勞工報告提到當時香港未有職業病情況相關的研究，維護職業健康的一大難處在於工人不合作，政府曾嘗試強制一些工人工作時配戴口罩，避免吸入污氣，但卻以失敗告終。[199] 隨着戰後香港工業蓬勃發展，

194 黃雁鴻：〈港澳的鼠疫應對與社會發展（1894–1895）〉，《行政》第二十八卷，總第一百零七期，2015 No.1，第 117 至 134 頁。

195 《衞您健康三十載》，香港：衞生署，2021 年 3 月，第 20 至 25 頁。

196 《衞您健康三十載》，香港：衞生署，2021 年 3 月，第 31 頁。

197 〈衞生署署長深切哀悼李紹鴻教授逝世〉，香港：香港政府新聞，2014 年 1 月 9 日。

198 "About us," Hong Kong College of Health Executives Website, accessed 26 April 2022, www.hkchse.org/index.php?id=about-us.

199 Henry Robert Butters, "Report on Labour and Labour Conditions in Hong Kong," *Sessional Papers for the Year of 1939*, 11 April 1939, paragraph 196.

但在工業安全健康的保障卻不足，工業意外時有發生，工人受職業病威脅。1954 年，一名醫務人員臨時派駐勞工處，負責有關工業健康的初步研究，1956 年起勞工處駐有醫生全職工作。[200]1957 年，勞工處成立了工業健康科，後於 1980 年代初改為職業健康科，該部門工作的醫生負責有關工人健康及工場衞生等問題，向政府與市民提供意見及諮詢服務，並負責研究有關危害職業健康的問題，及就各種職業病診治及根除方法提出建議。[201]

社會醫學的教學和研究在香港歷史悠久。早期香港醫學界未有社會醫學專科概念，相關領域屬熱帶醫學、公共衞生醫學範疇。香港華人西醫書院的共同創始人白文信醫生就是一名熱帶醫學專家，西醫書院開辦時，已有教授公共衞生醫學。[202]港大社會醫學系於 1950 年成立，中大醫學院亦在 1981 年成立社區醫學系，為醫學生提供公共衞生、職業健康、家庭醫學等社會醫學訓練。不過，以往醫學院本科生畢業後，如有意修讀公共衞生課程，獲得專業資格，必須到海外進修。1960 至 1970 年代，醫務衞生署每年會安排兩至三位醫療人員到新加坡大學修讀「公共衞生文憑課程」(Diploma in Public Health)。為應付香港對有專業資格的公共衞生人員的需求，李紹鴻醫生在 1994 年退休後轉職中大醫學院出任社區及家庭醫學系系主任，1999 年創立全港首間公共衞生學院，擔任首屆院長。[203]2009 年，香港大學跟隨步伐，成立公共衞生學院，並於 2013 年把社會醫學系納入該院架構。[204]

香港社會醫學學院於 1991 年成立，負責與海外及本地社會醫學專科醫生及機構建立聯繫，李紹鴻醫生亦是首屆院長。[205]若要成為社會醫學專科醫生，需在指定機構接受培訓，並通過該學院的考核要求。截止 2019 年，香港社會醫學學院有超過 200 個專科醫生，分散在不同的工作崗位服務市民。[206]

---

200 Hong Kong Annual Report 1954, Hong Kong: Hong Kong Government Printer, 1955, p. 27; Hong Kong Annual Report 1956, Hong Kong: Hong Kong Government Printer, 1957, p. 50.

201 Hong Kong Medical and Health Department Report for 1957/58, p. 57; Hong Kong Medical and Health Department Report for 1980/81, p. 6; "Occupational Health and Hygiene", *Hong Kong 1983 —Report for the year 1982*, Hong Kong: Government Printer, 1983, p. 58.

202 一份 1887 年的書院校曆顯示公共衞生課由麥哥林(Hugh McCallum)執教。Faith C. S. Ho, *Western Medicine for Chinese: How the Hong Kong College of Medicine Achieved a Breakthrough*, Hong Kong: Hong Kong University Press, 2017, p.13.

203 李紹鴻編著：《繼往開來・服務社群——新界醫療服務及公共衞生回顧》，第 175 至 176 頁；〈衞生署署長深切哀悼李紹鴻教授逝世〉，香港：香港政府新聞，2014 年 1 月 9 日。

204 〈港大公共衞生學院成立 與內地卅五學院簽合作〉，《大公報》，2009 年 9 月 21 日。

205 〈社會醫學院成立〉，《大公報》，1991 年 11 月 3 日。

206 曾浩輝：〈社會醫學〉，《信報財經新聞》，2019 年 5 月 15 日。

例如最為公眾熟悉的公共衞生專科，主要駐守衞生署；行政醫學專科醫生，不少是醫院管理局中要員；職業醫學專科醫生則在勞工處，處理工傷，推廣職業健康。[207] 還有醫管局於 2004 年成立傳染病控制培訓中心，成員主要是社會醫學科醫生、臨床微生物學家及內科醫生，負責處理聯網醫院的感染控制、傳染病治療，一旦遇到傳染病爆發，可即時應變。[208]

二、醫療專科培訓

普遍來說，香港西醫學院和香港大學的醫科生在大學訓練期間皆接受廣泛的全科醫學培訓，畢業後才開始專科培訓。可是，在 1991 年醫院管理局成立之前，香港政府推動醫學專科培訓的意欲不大，醫務衞生署把專科培訓的責任都交給醫學院的教授。由於內外科在醫學院中不論傳統、資金或人力資源上都佔據優勢，其他專科黯然失色，難以吸引資金和學生。[209]

當時的專科培訓通常在醫院專科部門內以在職培訓的形式進行，沒有正式的架構或監督。1970 年代曾在鄧肇堅醫院任職的一名高級醫務人員直指，香港大學當時沒有畢業後的急症醫學培訓課程，醫院急症部門的在職培訓只能單靠醫生口述相傳，沒有任何訓練手冊或指南。[210] 由於香港缺乏有系統、有質素的專科培訓課程，這情況驅使畢業生到海外繼續深造，參與海外醫院的臨床訓練課程或到海外大學進修，例如利物浦大學（University of Liverpool）的骨科碩士學位特別受香港醫生歡迎。[211]

在政府和香港大學未給予足夠支持的情況下，專科醫生培訓的支援工作落在各個專科的醫學組織身上。其中一個較早成立的醫學會為成立於 1954

207 〈無刀無藥守護香港命脈〉，《明報》，2014 年 4 月 7 日。

208 〈傳染病控制培訓中心下月落成〉，《大公報》，2004 年 2 月 16 日。

209 Arthur K.C. Li, "The College of Surgeons of Hong Kong," in *Healing with the Scalpel: From the First Colonial Surgeon to the College of Surgeons of Hong Kong*, eds. C. H. Leong, Shiu Man-hei and Frank Ching, Hong Kong: Hong Kong Academy of Medicine Press, 2010, pp. 108–109.

210 Wong Tai-wai and Yau Hon-hung, "From 'Casualty' to Accident and Emergency Department, 1976–1990," in *From 'Casualty' to Emergency Medicine: Half a Century of Transformation*, ed. Wong Tai-wai, Hong Kong: Hong Kong Academy of Medicine Press, 2006, pp. 43–44.

211 Ngai Wai Kit, "The College's Role in the Training of Orthopods," in *Repair, Reconstruct and Rehabilitate: Half a Century of Orthopaedics in Hong Kong*, ed. Chan Kow-tak, Hong Kong: Hong Kong Academy of Medicine Press, 2004, p. 73.

年的香港麻醉科學會，學會宗旨正是希望促進麻醉學專科培訓。[212] 麻醉科學會除了在本地醫院組織培訓計劃外，還邀請海外講師在香港舉行講座。麻醉科學會亦於 1972 年與香港大學生理學系和藥理學系合作，為準備報考澳洲皇家外科醫學院麻醉科學院院士考試的醫生舉行複習課程。[213] 其他醫學會也提供類似的培訓，如香港骨科學會亦為受訓醫生舉辦指導性講座。[214]

1980 年代初期，越來越多醫療人員認為香港醫學專科培訓應有一定的架構和監管。政府也有相同的想法，遂於 1986 年設立「大學畢業後醫學教育及培訓工作小組」評估當時的專科培訓狀況，並向政府提出建議。[215] 工作小組在最終報告中（也被稱為《哈倫報告》[*Halnan Report*]）敦促政府在香港成立一個醫學專科學院，並授予學院鑑定培訓課程的內容和時間以及監督各專科學院的權力。[216] 加上 1984 年中英聯合聲明簽訂，英國將於 1997 年結束在香港的殖民統治，英國的醫學院在港的影響力及聯繫將減退，香港不少醫學界人士都認為要成立自己的專業組織，發揮作用。立法局在 1992 年通過《香港醫學專科學院條例》（*Hong Kong Academy of Medicine Ordinance*）後，香港醫學專科學院於 1993 年正式成立，內科、外科、兒科等 12 個學院獲承認為所屬醫學專科的分科學院。[217] 醫專成立後，專科培訓架構變得更明確。以急症科為例，香港急症科醫學院成立後獲授權監督培訓工作，規定接受專科訓練的醫生需經過至少六年的培訓後才授予院士資格。受訓醫生參加中級考試之前，必須完成至少一年急症科培訓以及在醫院內取得外科工作的經驗，通

212 Michael Irwin and Chow Yu-fat, "Message from the Presidents," in *125 Years of Anaesthesia in Hong Kong: Past, Present and Future*, ed. Simon Chan and Steven Wong, Hong Kong: Hong Kong Academy of Medicine, 2014, p. 4.

213 Lee Tsun-woon, "The First 35 Years of the Society of Anaesthetists of Hong Kong," in *125 Years of Anaesthesia in Hong Kong: Past, Present and Future*, ed. Simon Chan and Steven Wong, Hong Kong: Hong Kong Academy of Medicine, 2014, p. 35.

214 Lui Wai Hee, "Academic Activities," in *Repair, Reconstruct and Rehabilitate: Half a Century of Orthopaedics in Hong Kong*, ed. Chan Kow-tak, Hong Kong: Hong Kong Academy of Medicine Press, 2004, p. 50.

215 Kong Wong-man, "Institutional Changes, Research Culture and Professionalism: Development of Medical Sciences in Hong Kong in the 1980s," *The Journal of Comparative Asian Development* 7, no. 2 (2008), p. 304.

216 Y.L. Yu, ed., *Hong Kong Academy of Medicine: In Pursuit of Excellence, the First 10 Years, 1993–2003*, Hong Kong: Hong Kong Academy of Medicine Press, p. 13.

217 Y.L. Yu, ed., *Hong Kong Academy of Medicine: In Pursuit of Excellence, the First 10 Years, 1993–2003*, Hong Kong: Hong Kong Academy of Medicine Press, pp. 16, 27; "Hong Kong Academy of Medicine Ordinance," Hong Kong e-Legislation, Department of Justice, The Government of Hong Kong Special Administrative Region, accessed 31 August 2021, www.elegislation.gov.hk/hk/cap419!en?INDEX_CS=N.

圖 7.3 香港醫學專科學院三周年全體大會，左六為主席達安輝教授。（傅鑑蘇醫生提供）

過中級考試後，需接受至少兩年的高級認證培訓，最後才獲准參加急症科的院士考試。[218] 現今香港已具備較嚴謹的專科醫生長期培訓計劃，以往欠缺架構的在職培訓不復存在。

為了獲取專科院士資格，受訓醫生需要通過醫學院的院士考試，證明達到該學院的水平，才能稱為專科醫生。在 1960 年代之前，沒有任何醫學院在香港舉辦院士考試。希望獲取專科院士資格的醫生必須出國參加其中一個專科組織的院士考試。以外科為例，最著名的學院考試包括：英國皇家外科醫學院院士考試、英國愛丁堡皇家外科醫學院院士考試以及澳洲皇家外科醫學院院士考試。[219] 這是因為當時香港受英國管治，香港醫學界向望的是「宗主國」英國的水平，因此醫生大多選擇到英國或英聯邦國家考取院士資格。[220] 在政府有限資助的情況下，許多醫生必須自行支付前往英國等地的旅費。為了消除這個限制，香港各大醫學會積極敦促海外醫學院在香港舉辦考試。通過外科醫生王源美教授的聲譽和人脈網絡，愛丁堡皇家外科醫學院在 1966 年成為第一所在香港舉辦院士考試的海外外科醫學院。[221] 到了 1997 年，大多數海外外科醫學院都願意在香港舉辦院士考試，減輕考生的經濟負擔。

隨着九七回歸臨近，醫學界開始思考海外醫學院能否在回歸後繼續在香港舉辦專科考試的問題。[222] 在香港醫學專科學院的推動下，各大專科學院在 1997 年之前開始舉行自己的院士考試。就麻醉學而言，香港麻醉科醫學院與澳洲及新西蘭麻醉科醫學院建立了雙軌的考試制度。兩個學院的院士考試都在香港舉行，香港考生可以報考歷史悠久、具國際聲譽的澳洲及新西蘭麻醉科醫學院院士考試，同時又可以報考香港認可的香港麻醉科醫學院院士考

218 Tong Hon-kuan, "Specialist Training in Emergency Medicine," in *From 'Casualty' to Emergency Medicine: Half a Century of Transformation*, ed. Wong Tai-wai, Hong Kong: Hong Kong Academy of Medicine Press, 2006, pp. 120–121.

219 Ronald Lo and Zoltan Lett, "The Founding of the Society of Anaesthetists of Hong Kong," in *125 Years of Anaesthesia in Hong Kong: Past, Present and Future*, ed. Simon Chan and Steven Wong, Hong Kong: Hong Kong Academy of Medicine, 2014, pp. 29–30.

220 〈梁智鴻醫生訪談錄〉，2019 年 9 月 26 日於中環。

221 C.H. Leong, "The Hong Kong Surgical Society," in *Healing with the Scalpel: From the First Colonial Surgeon to the College of Surgeons of Hong Kong*, eds. C.H. Leong, Shiu Man-hei and Frank Ching, Hong Kong: Hong Kong Academy of Medicine Press, 2010, p. 91.

222 Y.L. Yu, ed., *Hong Kong Academy of Medicine: In Pursuit of Excellence, the First 10 Years, 1993–2003*, Hong Kong: Hong Kong Academy of Medicine Press, pp. 4–7.

試。[223] 當澳洲及新西蘭麻醉科醫學院在2012年單方面宣佈從香港撤回其考試系統時，香港麻醉科醫學院已經建立了健全且受認可的考核系統。[224] 現今，香港的專科考試已獲國際認可，新加坡骨科分會更決定從2000年起參加香港骨科學院的院士考試。[225]

除了專科訓練和院士考試認證外，香港醫學專科學院屬下的專科學院也在促進持續醫學教育方面發揮重要作用。香港醫學專科學院在1996年規定所有院士都必需參加持續醫學教育課程，如不出席將被撤銷院士學位。[226] 除了持續醫學教育課程，專科學院亦積極推動持續專科培訓。以香港急症科醫學院為例，學院與醫院管理局合作舉辦了有關核事故緊急回應、有害物質緊急回應和超聲波使用的研討會和課程。[227]

自1993年成立以來，香港醫學專科學院及其分科學院通過醫生訓練、院士考試認證和持續醫學教育將香港的專科培訓專業化，與之前在職培訓欠缺系統的情況形成鮮明的對比。

223 C.H. Leong, "Anaesthesiology in Hong Kong: A Surgeon's Perspective," in *125 Years of Anaesthesia in Hong Kong: Past, Present and Future*, ed. Simon Chan and Steven Wong, Hong Kong: Hong Kong Academy of Medicine, 2014, p. 23.

224 C.T. Hung and Tony Gin, "The Hong Kong College of Anaesthesiologists: The First 25 Years," in *125 Years of Anaesthesia in Hong Kong: Past, Present and Future*, ed. Simon Chan and Steven Wong, Hong Kong: Hong Kong Academy of Medicine, 2014, pp. 66–67.

225 Chan Chi Wai, "The Formative Years," in *Repair, Reconstruct and Rehabilitate: Half a Century of Orthopaedics in Hong Kong*, ed. Chan Kow-tak, Hong Kong: Hong Kong Academy of Medicine Press, 2004, p. 64.

226 Y.L. Yu, ed., Hong Kong Academy of Medicine: In Pursuit of Excellence, the First 10 Years, 1993–2003, Hong Kong: Hong Kong Academy of Medicine Press, pp. 58–60.

227 Wong Tai-wai, "Accident and Emergency Departments in the Hospital Authority Era," in *From 'Casualty' to Emergency Medicine: Half a Century of Transformation*, ed. Wong Tai-wai, Hong Kong: Hong Kong Academy of Medicine Press, 2006, pp. 65–66.

第八章
戰後中醫藥的發展

戰後中醫和西醫在香港的發展可說是此消彼長。這是源於兩個重要的因素。第一，抗生素的發明令許多不治之症有治癒的希望，使西醫在治療效用上佔較大的優勢。第二，政府在戰後推行醫療福利改革，把公共醫療納入福利體系。公共醫療只提供西醫服務，收費便宜，市民若要看中醫就得自付診金，變相降低中醫的競爭力。華人首選的醫療方式逐漸由中醫過渡到為西醫，治病的習慣以「西醫為主，中醫為副」。

因為中醫藥不在政府的管制範圍，中醫師可以自行製藥，山寨製藥廠曾在香港盛極一時，使中藥有良莠不齊的問題，加上香港曾發生多宗誤服中藥中毒事件，引起規管的爭議。隨着九七回歸漸近，人們開始思考中醫藥在回歸後應何去何從。《基本法》起草期間，中醫藥的法律地位再成為焦點。在中醫界力爭下，《基本法》第 138 條訂明，香港特別行政區政府自行制定發展中西醫藥和促進醫療衞生服務的政策。社會團體和私人可依法提供各種醫療衞生服務。發展中醫藥成為特區政府的一個重要方針，董建華在 1997 年首份施政報告中對中醫發展訂下方向，目標為發展香港成國際中醫中藥中心。[1]

一、中醫藥體制化

中醫藥在香港有悠久的歷史，開埠前一直為港人使用，英佔以後，中醫被視為華人的傳統文化，殖民政府任由其自行發展，沒有賦予官方認可或資

1 《1997 年施政報告》，第 132 段。

助。香港中醫師一般以「自習自理」的個體戶形式營業，有的醫師受僱於藥店，收取診金，有的醫師自行開設診所，向藥商取貨，診症同時進行賣藥工作。雖然多年來的發展令西醫藥成主流，但中醫藥一直在香港醫療體系內擔當重要的角色。1841 年，港英政府發出公告，聲明「官廳執政治民，概依中國律例、風俗習慣。」傳統中醫藥被視為中國風俗的習慣之一，故一直不受醫生條例的管制。1884 年，政府頒佈香港首條醫藥登記條例，規定西醫執業必須依章登記，華醫不受此限，但他們不能使用醫生、醫師、醫務所、醫療所等西醫常用的名稱。[2]

傳統醫藥漸受關注

現代醫學的發展一日千里，憑藉先進的醫療科技、製藥工業，壟斷世界各先進國家的醫療體系。1970 年代，世界各地卻興起了回歸自然的潮流，傳統醫藥漸受關注，促使醫學界重新思考傳統醫學的現代價值。世界衞生組織在 1977 年通過決議案 WHA30.49，促請有關政府「對本身傳統醫藥體系的使用，給予充分重視」。[3]

在香港，中醫藥的復興更直接的因素是九七回歸帶來了新轉機，中醫藥終於能擺脱長久以來的邊緣位置，在去殖化的時代背景下，在制度中找到新的空間。中醫藥被視為中國傳統文化的傳承，在社會上受到廣泛的支持，與過渡時期民族主義的主旋律不謀而合。[4]在《基本法》起草期間，中醫業界發現草案中有關中醫藥發展的條文被刪除，於是發起聯合行動，極力爭取保障中醫在回歸後的地位，這都為中醫走進體制營造有利的條件。

管制中醫藥的爭議

戰後的香港中醫藥業經歷過多次衝擊，中醫藥界與政府多次就管制中醫藥的政策發生衝突。由於中醫在香港不受監管，一些人利用這個漏洞，刊登

2 邵善波、李璇：《香港中醫要發展的前景與方向》，香港：一國兩制研究中心，1999 年，第 30 頁。

3 "The Promotion and Development of Traditional Medicine: Report of a WHO Meeting", Geneva: World Health Organization, p.36.

4 S.W.K. Chiu et al, "Decolonization and the Movement for Institutionalization of Chinese Medicine in Hong Kong: A political process perspective", *Social Science & Medicine* 61 (5) (2005), p.1051.

圖 8.1　醫院管理局由 2003 年開始分別在 18 區成立以「三方協作」模式運作的中醫教研中心。圖為 2008 年開設的工聯會工人醫療所—香港浸會大學粉嶺中醫教研中心。

誇張失實的廣告，自稱中醫胡亂為病人治療眼疾，造成病人永久失明。因為沒有方法分辨真假中醫，所以政府無法把他們治罪。立法局在 1958 年 4 月首讀通過《醫生註冊（修訂）條例》，禁止非註冊醫生醫治眼疾。[5]由於中醫不屬於註冊醫生，故受條例影響較大，引起中醫界的反對，多個中醫團體向醫務衛生總監及立法局抗議，認為法案將限制正統中醫為病人治療眼疾。幾經折衷，法案仍然通過，但獲政府承諾「該法案並不禁止治療，只禁止刊登廣告。」並重申「正統的中醫，無須憂慮他們所沿用的治病方法，會受到任何限制。」[6]

誤服中藥事件在香港時有發生，嚴重者甚至致命。引人矚目的事故包括 1988 年發生的孕婦誤服斑蝥墮胎致死事件、1989 年 2 月在東九龍地區發生的兩男女誤服假龍膽草中毒事件、1991 年 8 月發生的首宗製川烏中毒死亡事件、1992 年 10 月一名農民服用跌打藥後喪生事件。1995 至 1996 年兩年之內，更連續發生多宗誤服用假威靈仙及含有鬼臼毒素中藥中毒事件。[7]其中 1989 年假龍膽草中毒事件較為嚴重，經化驗後證實事主服用的龍膽草中含有「鬼臼」毒素。鬼臼又名桃耳七，俗稱「貴州龍膽草」，是外用中藥，不能內服，外形與龍膽草相似。鬼臼外皮深啡色，橫切面白色，中央有褐色小點，直徑較粗，而一般「清熱氣」的龍膽科植物龍膽草則外皮和橫切面都呈淺黃棕色，直徑較幼。[8]此案在香港引起轟動，受害人的親屬要求政府加強對中草藥的管控。中草藥毒性問題及中醫藥應否管制問題，越來越受到社會關注，但是管控中草藥是一項艱巨的工作，因為範圍牽涉到中藥材的檢測和分類，以至專家的專業資格等問題。香港欠缺官方認可的中醫註冊及培訓制度，管控中醫藥難度極大。在此背景下，政府決定研究有關香港中藥的使用問題。[9]

5 Medical Registration (Amendment) Bill 1958, Legislative Council Official Report of Proceedings, 16 April 1958, p.171.

6 〈醫眼新例三讀通過 中醫藥界疑慮已釋〉，《香港工商日報》，1958 年 6 月 22 日。

7 謝永光：《香港中醫藥史話》，香港：三聯書店（香港）有限公司，1998 年，第 253 頁。

8 〈斑蝥及貴州龍膽草〉，《大公報》，1989 年 3 月 24 日；〈港大講師兩局請願 促請立例禁售中藥〉，《華僑日報》，1989 年 4 月 19 日；〈高永文醫生訪談錄〉，2020 年 10 月 7 日於佐敦。

9 Hokari Hiroyuki, "The Presentation of Traditional Chinese Medicine (TCM) Knowledge in Hong Kong", in Alan K. L. Chan etc. ed., *Historical Perspectives on East Asian Science, Technology and Medicine*, Singapore: Singapore University Press, 1999, p.224.

法定架構的確立

早在1970年代已有不少人士建議推廣中醫藥，但意見一直不獲重視。直到1980年代末，社會開始關注中醫藥的發展，同時管制中藥使用的爭議不斷，於是政府在1989年8月成立了中醫藥工作小組，旨在檢討中醫藥在香港的使用情況和中醫的職業情況，就中醫藥的正確使用和確保中醫藥的專業水平提供意見。工作小組由學術界專家和政府部門代表組成，但是成員認為有需要徵求中醫藥從業者和藥商的意見。1990年5月，他們成立專業諮詢委員會，任務是收集盡可能多的有關中藥使用和交易的資料和數據。[10]

中醫藥工作小組於1994年10月提交報告書。根據工作小組的建議，香港政府在1995年4月成立了香港中醫藥發展籌備委員會，負責就如何促進、發展和規管香港中醫藥，向政府提出建議。籌備委員會分別在1997年和1999年遞交了兩份報告書。

1997年香港回歸祖國是香港中醫藥事業得到迅速發展的關鍵因素。特區政府十分重視中醫藥的發展。首任特首董建華在1997年首份施政報告中對中醫發展訂下方向，目標為發展香港成「國際中醫中藥中心」，「在中藥的生產、貿易、研究、資訊和中醫人才培訓方面都取得成就」。他認為「一套完善的規管系統，會為中醫和中藥在香港醫療體系內的發展奠定良好基礎。」為達到這些目標，政府將設立法定架構，以評核和監管中醫師的執業水平、承認中醫師的專業資格，以及規管中藥的使用、製造和銷售。[11]

特區政府在1999年7月通過了《中醫藥條例草案》，新實施的中醫規管制度包括中醫註冊、中醫執業資格試和中醫紀律等方面的措施，而中藥規管制度則包括中藥領牌、中藥商監管和中成藥註冊。香港中醫藥管理委員會（管委會）在1999年9月成立，轄下的中醫組負責執行中醫註冊、考核、紀律等各項規管措施；而中藥組則推行中藥規管措施，在規管中藥附屬法例於2003年1月通過後，負責審批中藥商領牌和中成藥註冊申請，以規管中藥的製造

10 Hokari Hiroyuki, "The Presentation of Traditional Chinese Medicine (TCM) Knowledge in Hong Kong", in Alan K. L. Chan etc. ed., *Historical Perspectives on East Asian Science, Technology and Medicine*, Singapore: Singapore University Press, 1999, p.224.

11 《1997年施政報告》，第132段。

和銷售。[12] 這些條例正式將中醫藥納入醫療體制，並確保了中醫藥的安全和質素。

在管委會的工作下，中醫藥規管漸趨完善。2002 年 11 月 29 日，首批 2,384 名註冊中醫名單刊登憲報。[13] 2003 年，管委會舉行首次中醫執業資格試的筆試及臨床考試；2005 年 1 月，管委會中醫組公佈認可的「行政機構」及「提供進修項目機構」，於 2 月 28 日實施註冊中醫進修中醫藥學機制。[14] 2006 年 12 月 1 日起，註冊中醫為僱員進行的醫治、身體檢查及發出核證獲《僱傭條例》承認。[15] 2008 年 1 月 11 日，《中醫藥條例》及《中藥規例》中有關限制管有、銷售及出入口中藥材以及製造、以批發形式銷售及出入口中成藥的條文開始實施。2010 年 12 月，有關中成藥必須註冊及申請進行中成藥臨床實驗及藥物測試的法例條文生效，而有關中成藥標籤及説明書的法例條文則於翌年 12 月生效。[16] 至 2021 年，已有約 10,000 名中醫、7,000 個中藥商及 8,300 種中成藥在中醫藥管理委員會註冊。[17]

進一步的發展

2007 年 11 月，食物及衞生局與國家中醫藥管理局簽署中醫藥領域的合作協議。2012 年 8 月，政府成立中醫中藥發展委員會籌備小組，就委員會的職權範圍、組成和架構向政府提出建議，並訂定委員會未來的工作方向。2013 年 2 月，中醫中藥發展委員會成立，就推動香港中醫中藥業發展的方向及長遠策略，向政府提供建議。委員會轄下成立中醫業小組委員會和中藥業小組委員會。由此可見，中醫藥的發展得到政府高度重視。

12 香港中醫藥發展概覽，香港中醫藥管理委員會網站，www.cmchk.org.hk/cmp/chi/#../../chi/main_deve.htm（瀏覽日期：2022 年 9 月 7 日）

13 G.N. 7710 Chinese Medicine Ordinance (Chapter 549), *The Government of the Hong Kong Special Administrative Region Gazette*, vol. 6, no. 48, 29 November 2002.

14 《香港中醫藥管理委員會 2003 年年報》，第 21 頁；《香港中醫藥管理委員會 2005 年年報》，第 23 頁。

15 《香港中醫藥管理委員會 2003 年年報》，第 22 頁。

16 《香港中醫藥管理委員會 2008 年年報》，第 27 頁。

17 《衞您健康三十載》，香港：衞生署，2021 年 3 月，第 95 頁。

臨床研究與服務

香港社區內的私人中醫門診服務發展一向頗為蓬勃，在中醫正式走進體制後，政府更擴大中醫藥在公營醫療內的角色。醫院管理局由2003年開始分別在18區成立以「三方協作」模式運作的中醫教研中心。醫管局負責組織及撥款，大學負責培訓及科研，非牟利機構則負責以自負盈虧方式營運。中心除了作為臨床研究及教學基地，還附設中醫診所，為社區提供中醫門診服務。另外，不少本地醫院建立中醫臨床架構，為住院病人提供中醫藥服務。以中醫藥起家的東華三院是其中一個例子，廣華醫院在2001年開設中醫藥臨床研究服務中心，在SARS期間，曾獲醫管局委託成為中醫藥抗疫運作的樞紐基地，協助廣東省中醫院的兩位教授林琳及楊志敏使用中醫藥治療SARS病人。[18] 為了提升香港中醫的專業培訓和水平，業界多次爭取設立中醫醫院提供中醫住院服務，特區政府在《2014年施政報告》回應此項訴求，預留一幅在將軍澳的土地作興建中醫醫院之用。中醫醫院將提供全面的中醫臨床及支援服務，並設立臨床試驗及研究中心，預計2024年分階段投入服務。2021年6月28日，特區政府啟動中醫醫院開院籌備工作，預計2025年落成，同年第二季分階段投入服務。醫院位於將軍澳百勝角，由浸會大學承辦營運服務契約，設有400張病床，包括90張日間病床和40張兒科病床等。醫院提供住院及門診服務，涵蓋內科、外科、婦科、兒科、骨傷科、針灸科、專病服務及復康服務，採用以中醫為主的中西醫結合醫療護理方案，治療特定類別疾病。此外，中醫醫院會成為三所本地大學相關學院的教學和臨床實習場地，以及執業中醫師的培訓平台。在推動中醫藥科研方面，中醫醫院會與本地、內地和海外大學及教育機構進行實證為本的臨床科研。院內又會設置臨床試驗及研究中心，以助研發新藥和擴闊現有中成藥的治療效用。[19]

近年，不少觀點認為中醫藥要國際化，研究需跟隨循證醫學（Evidence-based medicine, EBM）的原則，才能跟國際接軌。2019年，中國中醫科學院成立了中醫循證醫學中心。香港臨床研究水平高，在國際上獲充分認可，一些醫學界人士積極推動在香港成立中醫循證醫學研究分中心，期望與國家循證醫學中醫研究中心合作，作出貢獻，把中醫藥研究推上國際黃金標準的水平。[20]

18　劉智鵬：《善道同行：東華三院一百五十周年史略》，香港：香港城市大學出版社，2021年，第228頁。

19　〈中醫醫院料2025年第二季啟用〉，香港政府新聞，2021年6月28。

20　〈高永文醫生訪談錄〉，2020年10月7日於佐敦。

中藥檢測

2001年，特區政府設立了「香港中藥材標準辦事處」，進行研究和發展工作，為常用香港中藥材制定標準，至2021年已對約300種中藥材進行研究和定下標準。[21] 2009年9月，政府成立香港檢測和認證局，重點工作之一是通過新的認證服務，促進中醫中藥的發展，並推動香港作為區內檢測和認證中心。2011年12月，政府成立中藥研究及發展委員會，由創新科技署署長出任主席，目標為協調中藥界持份者，共同推動中藥研發和檢測工作。2012年，衞生署與世界衞生組織合作，成立傳統醫藥合作中心，是國際認可的一個重要例證。2015年，政府在施政報告公佈接納中醫中藥發展委員會的建議，籌建中藥檢測中心，由衞生署負責管理，專責中藥檢測科研，為中藥安全、品質及檢測方法建立參考標準。中藥檢測中心將會和內地檢測中心合作，期望成為國際上權威的中藥檢測中心，掌握界定中藥的標準，這對中醫藥的長遠發展而言，具有重大意義。[22]

專科發展

早在先秦時期，中醫已有一些粗略的醫學分科。《史記・扁鵲倉公列傳》曾描述扁鵲在各國分別為「帶下醫」、「耳目痹醫」、「小兒醫」，這近似現代中醫專科的婦科、耳鼻喉科和眼科、兒科。[23] 然而，中醫發展到現代，在兩岸三地都未有建設較嚴謹的專科定義，更未有一個具法例認可的專科考試評核標準及註冊制度。目前在香港，註冊中醫師可在稱謂後以括號註明「全科」、「針灸」或「骨傷」的稱謂，以辨別各中醫擅長的領域，但《中醫藥條例》註明，這些稱謂並非中醫專科資格，現時香港並未設立中醫專科培訓或資格認可的制度。[24]

以往中醫在香港主要是提供基層醫療服務，隨着政府宣佈建立中醫醫院，中醫將更大規模參與第二、三層較複雜、深入的醫療服務，中醫醫學體系知識有待進一步專門化，以提升中醫對不同科別疾病的療效，中醫專科發展頓成為討論焦點。有業界人士認為中醫專科化有機會阻礙中醫師全面認識

21 《衞您健康三十載》，香港：衞生署，2021年3月，第95頁。

22 〈高永文醫生訪談錄〉，2020年10月7日於佐敦。

23 陳裕達、朱洪民、林志秀：〈中醫專科發展歷史及其對香港當代中醫專科發展的借鑒作用〉，《香港中醫雜誌》，2014年第九卷第二期，第2頁。

24 第549章《中醫藥條例》，第74條。

中醫的思維與理論，有違中醫「整體觀」的特質。[25] 另一方面，亦有意見認為香港要把握機遇，充分利用優勢，建立一套較為完善的專科中醫師註冊制度，培養一批中醫專科高級人才，提供高層次的中醫專科服務，為其他地區的中醫發展提供一個良好的示範，推動中醫藥進一步走向世界。[26]

中醫業界及三間大學中醫學院 2014 年 7 月聯合成立香港中醫專科發展工作組，研究如何建立一套中醫專科制度及推動中醫專科資格認可的機制，並向政府提交建議。工作組設立內科、針灸、骨傷三個專科小組，以此為框架並探索其他可能性。2019 年，中醫醫院發展計劃辦事處建議中醫醫院設立內科、外科、婦科、兒科、骨傷科及針灸科共六個基礎分科。[27] 至於如何建立專科資格認可的機制，目前業界仍未達成共識。

表 8.1 中醫醫院發展計劃辦事處建議中醫醫院設立的六個基礎分科簡介 [28]

分科	簡介
內科	內科所屬病症會按其病因、病機及證治規律，以中藥為主要治療方法。
外科	外科範圍廣泛，凡是疾病生於人的體表，能夠用肉眼可以直接診察到的，凡有局部症狀可憑的，包括瘡瘍、皮膚病、瘰癧、乳病、癭瘤、岩、眼、耳、鼻、咽喉口腔、肛門病和外科其他雜病，皆屬外科的治療範圍。
婦科	婦科服務內容為防治婦女特有疾病，包括月經、帶下、計劃生育、產前產後及婦人雜病。
兒科	兒科服務對象包括嬰兒、小童及至青少年。
骨傷科	骨傷科主要處理外傷（即骨折、脱位及筋傷）與內傷（即臟腑損傷及損傷所引起的氣血、臟腑、經絡功能紊亂而出現的各種損傷內證）。治療上會採用手法為針灸、中藥等方法。
針灸科	針灸科服務中，相關疾病的治療方法主要使用針灸，再按需要輔以中藥及其他中醫治療手段。

25 〈香港浸會大學中醫藥學院全日制課程校友會有關發展中醫院事宜意見書〉，立法會 CB(2)1501/13-14(14) 號文件，第 4 頁。

26 黃賢樟：〈逆水行舟，不進則退——對香港中醫發展的思考與建議〉，《香港中醫雜誌》，2021 年第 16 卷第 1 期，第 4 頁。

27 《中醫醫院臨床服務計劃》，香港：食物及衞生局，2019 年 3 月，第 63 至 64 頁。

28 《中醫醫院臨床服務計劃》，香港：食物及衞生局，2019 年 3 月，第 63 至 64 頁。

二、中醫社團發展及教育傳承

社團發展與組合

清末洋務運動後，受西學東漸的風潮影響，中醫被指摘為「迷信」、「不科學」。日本經過明治維新，廢棄舊醫，醫療事業得以改進，國人認為可資效法。國民政府時代曾出現中醫存廢的爭議。1914 年教育總長汪大燮主張廢止中醫，1929 年國民政府中央衛生委員會議上出現逐步廢止中醫、不再設中醫登記的議案。中醫界向來各立門戶，但面對生計存亡，馬上團結起來抗議。[29] 香港中醫藥團體亦追隨全國中醫藥同業，聯合廣東中醫藥界發出抗議通電，維護中醫藥權益。[30]

昔日香港是英國殖民地，港府對中醫藥存有偏見，曾不只一次向東華三院提出廢除中醫的改革。雖然政府曾以尊重華人傳統為由，任由中醫藥自理發展，但一些中醫藥事故發生後，政府施加以各種規管和限制。這些壓力和危機感促使中醫界團結起來，成立同業組織，力求保存中醫，爭取權益。

20 世紀初，香港中醫界以五大社團為首，分別為「僑港中醫師公會」、「香港中醫師公會」、「九龍中醫師公會」、「香港中華中醫師公會」、「僑港國醫聯合會」，其中以 1916 年成立的「僑港中醫師公會」歷史最悠久。戰後初期，中醫界有感五大社團各自為政、名目繁多，曾倡團結之議。1948 年 9 月，在國民大會中醫師公會代表賴少魂的協商下，全港中醫社團舉行會議，決議統一命名為「港九中醫師公會」，並於 1949 年 3 月 15 日宣告成立。[31] 該會成立之初即舉辦夏季贈醫贈藥，惠澤社群；其次創立中醫研究所，培育中醫人才，承先啟後。[32] 這是香港歷史上第一次中醫師團體大組合，公會雖以聯合社團形式出現，但不久各屬會再度恢復活動，組織漸趨鬆散。[33]

1989 年，港府有意規管中醫藥，時任立法局議員梁智鴻建議組織一個全港性的中醫師聯會，方便統一聯絡。「全港中醫師公會聯合會」於 1990 年 10

29 任勉芝：〈「國醫節」隨想錄〉，香港中醫學會學術部編：《香港中醫學會論文匯編》，香港：香港中醫學會，2001 年，第 157 頁。

30 謝永光：《香港中醫藥史話》，香港：三聯書店（香港）有限公司，1998 年，第 29 頁。

31 陳抗生：〈香港中醫社團的發展簡史〉，《香港中醫雜誌》，2010 年第五卷第二期。

32 曾洪華：〈港九中醫師公會成立四十週年紀念大慶獻詞〉，《港九中醫師公會四十週年紀念特刊》，香港：港九中醫師公會有限公司，1989 年，第 17 頁。

33 陳抗生：〈香港中醫社團的發展簡史〉，《香港中醫雜誌》，2010 年第五卷第二期。

月 28 日成立，由五個中醫師公會聯合組成，會員人數逾 5000。該會的工作重點為：(1) 統一登記會員，(2) 徵求審定中醫師資格意見，(3) 研究濫用中藥及中醫毒性之問題，(4) 研討本行業現存之困難，(5) 研討培訓中醫藥人才。[34] 這是香港歷史上第二次中醫大組合。

香港回歸後，註冊中醫的誕生是香港中醫走向專業化的重要里程碑。2002 年，在時任衞生署長陳馮富珍醫生等倡議下，由香港十個參加功能界別選舉的中醫社團，以及歷史悠久的九龍中醫師公會，各派兩名具備首批註冊中醫師資格的首長，參與籌組「香港註冊中醫學會」，該會於 2003 年 6 月 20 日正式註冊，這是香港中醫發展史上的第三次組合。[35]

中醫社團的重要功能是舉辦醫學交流活動，讓本地中醫師擴闊見聞，增進醫學知識。這些交流活動涵蓋不同範疇，包括國際性會議、內地考察團、學術交流會、展覽會等，豐富本地中醫師的醫學知識。1980 至 90 年代是中醫團體學術活動的強盛期。隨着內地改革開放，大批內地畢業的醫師來港定居，並在港自組中醫學會，致力帶領香港中醫走向專業化。[36]

以中國醫藥學會為例，該會於 1990 年 12 月 16 日正式成立，在國家中醫藥管理局的支持下，自 1995 年起與中華中醫藥學會每年在香港舉辦大型國際性中醫學術研討會，如 2002 年舉辦的「香港中西醫心血管疾病學術交流會」，是香港中西醫歷史上第一次初步交流，為中西醫的溝通建立了初步基礎。香港中醫骨傷學會是香港首個以中醫專科學會命名的專業團體，着重建立學術平台，曾成功邀請國家級著名中醫骨傷專家尚天裕、李同生等教授來港演講。香港針灸醫師學會成立於 1994 年 9 月 24 日，會員多為香港最元老級的針灸大社團——香港針灸協會的成員，並加入北京的「國際針灸聯合會」。該會熱心參加內地舉辦的學術會議和學術交流。[37]

中醫團體致力舉辦展覽和講座等活動，向公眾推廣中醫藥。香港新華中醫中藥促進會曾於 1979 年 8 月舉辦「中國草藥藥劑展覽」，並在 1982 年 10 月舉辦「中醫藥展覽會」，藉此加深社會對中醫藥的認識。1979 年 8 月，廣州中醫學院及廣州醫學院附屬醫院組成的學術代表團來港，進行訪問和學術

34 謝永光：《香港中醫藥史話》，香港：三聯書店（香港）有限公司，1998 年，第 353 至 354 頁。
35 陳抗生：〈香港中醫社團的發展簡史〉，《香港中醫雜誌》，2010 年第五卷第二期。
36 陳抗生：〈香港中醫社團的發展簡史〉，《香港中醫雜誌》，2010 年第五卷第二期。
37 陳抗生：〈香港中醫社團的發展簡史〉，《香港中醫雜誌》，2010 年第五卷第二期。

報告。1983 年 1 月，中華全國中醫學會廣州分會代表團在南北行以義堂商會舉行專題學術講座，介紹中醫藥的最新發展。[38]

中醫團體亦有定時舉辦贈醫施藥等公益活動的傳統，造福社群。以港九中醫師公會為例，自 1950 年以來每年都聯合各大藥材商會舉辦「夏季贈醫贈藥活動」，藥物由藥行負責籌募，公會則派出醫師義診。[39] 這些活動受到市民的熱烈歡迎，特別在缺醫少藥的戰後初期，減輕了貧病者的醫療負擔。

教育與傳承

雖然古代地方曾設有醫學主管醫學教育，但實際運作有限，覆蓋亦不廣泛。香港早期的中醫師大多以「師傳祖傳」制度傳承，例如在藥材舖從執藥做起，慢慢學師成為中醫，又或者子承父業，藉此把民間累積的醫學經驗一代傳一代。由於香港是中國近代開埠最早的地區，深受西方教育觀念與制度影響，在英國的管治下，中醫教育缺乏政府的引領和支持，並沒有納入政府高等教育範疇，培育中醫人才的責任只由一些有志的中醫及民間團體肩負，這種情況至回歸前夕才有所改變。

開埠至戰前時期

在 19 世紀，為確保有足夠的中醫師供應，東華醫院開辦後曾招收學徒，提供書籍及膳食，讓他們在醫院跟隨有名的中醫師習醫。[40] 民國時期，一些嶺南名醫穿梭於省港兩地，開辦中醫學校，工餘授課。1917 年，香港出現了第一所中醫學校「慶保中醫夜校」，由名醫陳慶保主辦，以《傷寒類編》作為講義授徒，屬工餘學習性質，求學者多在日間有固定職業，畢業後甚少應診。[41] 後來陸續開辦的中醫學校包括伯壇中醫學校、華南國醫學校、次仲國醫函授學社、香港光大國醫學院等。其中以伯壇中醫學校較為有名，該校始創於 1924 年，1930 年從廣州遷到香港文咸東街，所用教材為《讀過傷寒論》及在港撰寫的《讀過金匱》，畢業生多成名醫。[42]

38 謝永光：《香港中醫藥史話》，香港：三聯書店（香港）有限公司，1998 年，第 349 至 351 頁。

39 港九中醫師公會網頁，www.ahkkpcm.org/（瀏覽日期：2022 年 9 月 7 日）；〈港九中醫公會贈醫贈藥開幕〉，《華僑日報》，1958 年 7 月 16 日。

40 〈東華醫院教醫〉，《循環日報》，1880 年 5 月 15 日。

41 陳永光：〈香港中醫在回歸前的教育狀況於傳承撮要〉，《香港中醫雜誌》，2015 年第十卷第四期。

42 謝永光：《香港中醫藥史話》，香港：三聯書店（香港）有限公司，1998 年，第 104 至 105 頁。

二戰至回歸前

抗日戰爭爆發後，1938 年 10 月廣州淪陷，當地一些著名中醫學校遷往香港復課，大批教職員南來，人才薈萃。當中包括廣東中醫藥專門學校和廣州保元中醫專科學校，前者於 1939 年 3 月在跑馬地正式復課，全校學生約二三百人；後者遷至灣仔，校長為王道、梁翰芬，但兩校皆於太平洋戰爭爆發後停辦。戰後最先開班的中醫培訓機構，是香港中華國醫學會（香港中醫師公會前身）附設國醫研究所的醫師研究班。[43]

香港中國國醫學院由名醫譚寶鈞於 1947 年創立，是香港第一所有系統地傳授中醫學術的中醫學校。該校名醫雲集，以譚寶鈞為院長，名醫伍卓琪為教務長，楊日超、李雨亭等為教授。譚寶鈞認為中醫須有一套較科學的辦學模式和教材，於是在 1949 年起開始實行固定的學制與科目，制訂本科三年、研究班四年制的中醫學學士課程。教學內容分為基礎學科與應用學科，以中醫藥實用課程為本，配合西醫理論，編印各科講義。基礎學科有醫史學、藥物學、病理學等；應用學科有內科學、兒科學、婦科學、外科學等。學院於港九設立三間診所，為學員提供臨床實習機會。畢業生從第一屆 18 人增加到第二十五屆的 107 人，至 1997 年全科學士學位課程已達 50 屆。[44]

1950 年代起，不少中醫學院在香港開辦，當中知名度較高的有成立於 1953 年香港菁華中醫學院。該學院由名醫范兆津牽頭創立，取名「菁華中醫學院」，以「培育菁華、復興國醫」為宗旨。教師陣容包括擔任榮譽院長的范國金、講座主任為前中央國醫館副館長陳郁、專職教授莊兆祥、朱鶴皋等、特約教授陳存仁、張公讓等。學制為三年夜校，教材重新編訂。1955 年該校增設夜間贈診室，配合三年級臨床實習課程，同時為社會貧病人士義診，1957 年設創傷科專班，1961 年增設一年制研究課程。該校又定期舉辦「醫藥菁華講座」，邀請中西名醫演講。[45]

除中醫學校外，不少本地中醫藥團體亦開設了私立的研究院，加強研究工作，如中國醫藥學會會立中國中醫藥研究院、香港中醫師公會會立香港中

43 謝永光：《香港中醫藥史話》，香港：三聯書店（香港）有限公司，1998 年，第 105、109 頁。
44 陳永光：〈香港中醫在回歸前的教育狀況於傳承撮要〉，《香港中醫雜誌》，2015 年第十卷第四期。
45 陳永光：〈香港中醫在回歸前的教育狀況於傳承撮要〉，《香港中醫雜誌》，2015 年第十卷第四期。

醫藥研究院、港九中醫師公會會立港九中醫研究院等。這些研究院為香港中醫教育普及及科研工作默默耕耘，培養不少業界棟樑。[46]

回歸至今

香港回歸祖國後，中醫藥在香港的發展迎來新轉變，為了適應新的環境，香港的高等學府紛紛開辦中醫藥課程和研究中心。

香港大學專業進修學院率先於1991年增開中醫藥進修證書課程。該學院主辦的「針灸學院進修文憑課程」是香港高等學府首次舉辦的針灸文憑課程，1996年10月開課。[47]香港回歸以後，香港大學中醫藥學院於1998年成立，2002年重組，開辦全日制中醫全科學士課程，課程特色以中醫為本，結合最新的現代生物醫學理論，旨在培養具中、西醫學兼備的中醫藥人才。[48]

早在1976年，香港中文大學已設立中藥研究組，對中藥的成分及功能進行科學方法的分析研究。[49]1995年，香港中文大學與內地合作開設了中醫課程。[50]香港回歸以後，1998年，香港中文大學中醫學院成立，翌年全日制的中醫學士學位課程招生，陸續開辦中醫學碩士、針灸學理學碩士等課程。初時學院只有三名教授及一個小型教學實驗室，至2018年已有三十多位教職員及具規模的教學設施，培育出逾千名畢業生。該學院運用傳統中醫的思維方法，把臨床訓練貫穿於六年課程之中，實習地點包括本地診所、內地中醫院及多倫多大學，讓學生學習不同地方的中醫文化，了解西方國家中西醫結合的情況。[51]

1995年，香港浸會大學持續教育學院與澳洲皇家墨爾本理工學院合作開設了中醫文憑課程。[52]香港回歸以後，1997年10月，浸會大學中醫藥研究所與北京中醫藥大學及清華大學簽訂為期五年的「中醫藥合作研究計劃」協

46 陳永光：〈香港中醫在回歸前的教育狀況於傳承撮要〉，《香港中醫雜誌》，2015年第十卷第四期。

47 謝永光：《香港中醫藥史話》，香港：三聯書店（香港）有限公司，1998年，第118至119頁。

48 〈學院介紹〉，香港大學中醫藥學院網頁，https://scm.hku.hk/Views/AboutUs/SchoolIntro.html（瀏覽日期：2022年9月7日）

49 〈中大設中藥研究組〉，《大公報》，1976年2月24日。

50 Hokari Hiroyuki, "The Presentation of Traditional Chinese Medicine (TCM) Knowledge in Hong Kong", in Alan K. L. Chan etc. ed., *Historical Perspectives on East Asian Science, Technology and Medicine*, Singapore: Singapore University Press, 1999, p.232.

51 《香港中文大學中醫學院二十週年特刊》，香港：香港中文大學中醫學院，2019年，第2、24至34頁。

52 《香港浸會大學中醫學院二十週年紀念特刊》，香港：香港浸會大學中醫學院，第29頁。

議，希望結合三校的專長及力量，加速中醫藥的現代化、國際化和產業化。[53] 1998 年 9 月，浸會大學開設了香港首個由教資會資助的五年全日制中醫學學士及生物醫學理學士（榮譽）雙學位課程，課程結合中西醫學，學生有機會到北京中醫藥大學從事臨床實踐。[54] 1999 年 10 月 14 日，浸大中醫藥學院成立，時任校長謝志偉出任臨時院長。他表示希望把中醫發展成現代中醫科學，而非只是一種家庭醫學或補助性的醫學。[55]

三所大學開辦中醫學位課程，有助確立中醫師的專業地位，對中醫藥在香港的推廣和發展有重要意義。

三、中西醫合作的發展

中醫地位提升後，在探討香港醫療的發展方向時，中西醫如何並存相通便成為一大學問。毫無疑問，西醫在戰後的香港醫療系統佔了主導地位，廉宜的公立醫療只提供西醫服務，改變了市民的求診習慣，變相削弱中醫的競爭力，第二、三層的醫療服務更是由西醫所壟斷，中醫大多只能在基層醫療方面發揮一些作用。然而，中醫藥有其優勢，中醫護理重視整體觀，透過綜合治療及自然療法，使病人逐漸恢復身體機能，協調統一，從而達到整體康復，有助舒緩西方醫學難以應付的人口老化及長期病患的治療需求。如何發揮中醫所長，與西醫互相配合，為病人帶來最佳的治療方案，便成了一個值得探討的問題。

早年中西醫匯通與結合在香港與內地的發展

早在民國時期，香港已有中醫嘗試匯通中西醫診治概念，用互補的方法施行在病人身上。香港是中國近代開埠最早的地區，深受西方醫學影響，因為地理位置接近，香港中醫界與省城中醫界來往甚密切，不少著名中醫師行醫處所橫跨省港兩地，其中一部分主張中西醫匯通合流，例如省港著名中醫

53　邵善波、李璇：《香港中醫要發展的前景與方向》，香港：一國兩制研究中心，1999 年，第 99 頁。
54　Hokari Hiroyuki, "The Presentation of Traditional Chinese Medicine (TCM) Knowledge in Hong Kong", in Alan K. L. Chan etc. ed., *Historical Perspectives on East Asian Science, Technology and Medicine*, Singapore: Singapore University Press, 1999, pp. 232–233.
55　邵善波、李璇：《香港中醫要發展的前景與方向》，香港：一國兩制研究中心，1999 年，第 36 頁。

師黃省三（1882–1965）曾於1924至1955年在香港行醫，為治療腎病，他在1930年代從德國購入顯微鏡等儀器，為病人進行小便常規檢查，按照臨床病症制定湯方，強調專方專藥治病。中醫學家盧覺愚曾任東華醫院中醫長，精通中英文，在1930年代曾將針灸經穴與精神系統作出精細的比對；其兄弟盧覺非為近代開明中醫，著有《覺盧醫案新解》，主張中西醫匯通，認為醫學關乎人之性命，以活人為目的，習醫無分中西。[56]

這些中西醫匯通思想在中醫界的流傳，與當時西學東漸的背景不無關係。面對西醫的挑戰，中醫被視為落後、迷信、不科學，不論在香港還是內地，都面臨存亡的威脅。香港政府在鼠疫後於東華醫院加插西醫，擠壓中醫的生存空間；1938年東華三院陷入財務危機時，政府更曾開出要廢除中醫藥的補助條件。[57]另一方面，內地國民政府亦曾在1929年出現廢止中醫的爭議。為了生存，一些開明的中醫主張匯通中西醫，吸收西醫之長，以保存中醫的發展空間。

新中國成立後，國家領導人毛澤東主張中西醫要結合發展，旨在取中醫和西醫之長，創造一種超越中醫和西醫的新醫學，來建設新中國的醫療衛生工作。1950年8月，第一屆全國衛生會議在北京召開，毛澤東提出「面向工農兵、預防為主、團結中西醫」是新中國衛生工作的三個基本原則。1954年，毛澤東發起「西醫學習中醫」的號召，以發展統一的中國新醫學。[58]自此，中西醫結合便成為中共中央的國策，政府有計劃、有組織地展開中西醫結合的研究，舉辦「西醫離職學習班」，培養一大批中西醫兼通的新醫學人才，組成「中西醫結合醫學」隊伍，與中醫、西醫鼎足而立，各地更紛紛興建中西醫結合醫院、研究所、教育機構。[59]在政府政策的保障下，內地中西醫結合在臨床實踐、人才培訓、科學研究三方面都有長足發展，累積了充足的知識及經驗。

有別於民國時期中西醫匯通的自發、分散、個體性質，新中國的中西醫結合是一場由上而下的「現代科學性」、「實驗研究性」、「有組織的群體性」研究工作，得到中國政府的重視和支持。歸根究底，兩者的思想基礎大致相

56 陳永光：〈三十年代香港嶺南學派中西匯通醫家學術成就蒐集〉，《香港中醫雜誌》，2016年第十一卷第一期。

57 詳見第三章及第五章。

58 中央文獻研究室編撰：《毛澤東年譜（1949–1976）》，北京：中央文獻出版社。

59 張文康：《中西醫結合醫學》，中國：中國中醫藥出版社，第7、16頁。

同，皆認為人類醫學不分疆域，中西醫各有長短，可以互相取長補短，融匯貫通。一些中西醫結合學者認為，基於這些共同的認識，中西醫結合研究可視為中西醫匯通的接續發展。[60]

香港近年中西醫結合的發展

香港在英國人的管治下，中醫和西醫各有自己的專業發展道路，可說是井水不犯河水。儘管如此，中西醫結合的概念在20世紀六七十年代隨着各種渠道傳播到香港。香港一些左派報紙宣傳內地中西醫結合研究的成果，例如針刺麻醉的技術及青蒿素的合成。[61] 港大醫學生甚至在1972年組織了回國觀光團，到南京和武漢觀看針刺麻醉的演示，並了解內地醫療及中西醫結合的發展。[62]

香港一些西醫一直對中醫存有濃厚興趣。早在1940年代，病理學家侯寶璋教授已對中西醫學進行比較研究，以現代醫學的觀點，考證中醫病理史，尋找中西醫學互通的實例。他曾發表〈醫史叢話〉、〈中國解剖史之檢討〉、〈中國牙醫史〉、〈中國天花病史〉、〈瘧疾史〉、〈楊梅瘡考〉等文章，豐富了中醫史的研究。1946年，侯寶璋更應美國國務院邀請，到美國各大學講學，介紹中國傳統醫學，弘揚國粹。[63] 在侯寶璋的影響下，其兒子侯勵存醫生也關心中醫的發展，他創立了侯寶璋教授綜合醫學基金會，大力支持和推動中西醫發展的活動和項目。

1990年代中醫走進體制，中西醫結合醫學在香港醫學界漸受關注。一些學者認為，香港要發展中醫藥，可借鑑內地中西醫結合的經驗。中西醫的交流越趨頻繁，「中西醫結合醫學會」率先在2001年成立，是當時香港唯一一個專業組織，註冊中醫或註冊西醫皆可成為會員，旨在推動中西醫互相認識、

60　張文康：《中西醫結合醫學》，中國：中國中醫藥出版社，第15至16頁。

61　針刺麻醉指用針刺在病人的肢體、耳朵、鼻子或面部的多個穴道上，據稱能令病人痛覺消失，在清醒的情況下進行手術，此技術在1970年代被視為中西醫結合的「光輝範例」。〈我國創造成功針刺麻醉〉，《大公報》，1971年7月19日；〈我國人工合成青蒿素 將在世界推廣應用〉，《大公報》，1983年1月30日；中國科學家屠呦呦在中國古籍中獲得靈感，成功提取及研發青蒿素作為新抗瘧疾藥物，並在2015年獲得諾貝爾醫學獎。

62　吳錦祥：《星星之火：我的港大歲月》，香港：紅出版，2018年，第246、251頁。

63　劉智鵬、劉蜀永：《侯寶璋家族史（增訂版）》，香港：和平圖書有限公司，2012年，第41至43頁。

圖 8.2 1956 年 7 月 27 日，周恩來總理（右一）在中南海懷仁堂，與中華醫學會第十八次全國會員代表大會主席團成員及港澳來賓座談。周總理身旁的是港大病理學系系主任侯寶璋（右二）和李崧醫生（右三）。（新華社照片）

學習、交流、尊重。[64] 該學會認為，中西醫結合的意義在於促成中醫及西醫的合作，共同負責決定患者的診斷和臨床觀察，把兩種醫學理念的優勢結合，加強臨床療效的成果，並盡量減少醫療過程中發生的副作用。通過將兩個系統結合到應用當中，可制定最適合的方案，加速病人康復。[65]

事實上，不少香港市民生病時除了向西醫求診外，會同時服用中藥或中成藥調理。不少人認為西藥效力強，可以幫助身體快速康復，控制病徵，而中藥較能根除疾病（俗稱「斷尾」），因此兩者都會服用。[66] 有研究發現，香港人同時使用中成藥及西藥的比例正逐漸增加，從 1993 年的 20.2% 升至 2004 年的 34.2%，2015 年則稍微減少至 30.1%，可見市民越趨接受同時服用中西藥。[67]

一些患長期病、慢性疾病或病情較複雜的病人尤其傾向同時找中醫及西醫治理，但部分病人會對西醫隱瞞自己有同時求診中醫或服用中藥，導致病情惡化，或在中醫西醫之間輾轉尋覓，枉費時間和資源。[68] 為了避免出現這些情況，中西醫合作會診的服務應運而生，讓中西醫能就病人的情況、藥物資料互通，減低相互影響的機會，讓病人享有兩方面的專業監督。

一些本地醫療機構陸續開辦臨床中西醫結合的治療服務。例子有廣華醫院的王澤森中西醫藥治療中心及東華醫院的王李名珍中西醫藥治療中心，兩者皆於 2006 年啟用，提供中西醫結合治療服務，專門為中風、兒科腦癱、腫瘤疾病等住院病人尋找最適切的療程。在主診西醫的同意下，住院病人及指定專科的病人可以門診形式選擇服用中藥或針灸、推拿等治療；中西醫定期開會交流會診。[69] 2012 年，香港防癌會開設麥紹堅伉儷中西醫結合化療中心，針對癌症患者訂立適切的治療方案，讓病人把握時間啟動治療程序，提升治

64 〈高永文醫生訪談錄〉，2020 年 10 月 7 日於佐敦。

65 中西醫醫學平台及中西醫協作路向調查報告，第 10 頁。

66 T.P. Lam, "Strengths and Weaknesses of Traditional Chinese Medicine and Western Medicine in the Eyes of some Hong Kong Chinese", *Journal of Epidemiology and Community Health*, Vol.55 (10), October 2001, pp. 763–765.

67 趙永佳、施德安：〈誰在看中醫？香港中醫就診趨勢回顧（1993–2015）〉，《香港社會科學學報》，第 51 期，2018 年，第 17 頁。

68 〈私服中藥隨時拖垮化療〉，《東方日報》，2012 年 5 月 15 日；余秋良：〈醫徹中西：中醫西醫齊向前〉，《明報》，2017 年 5 月 15 日。

69 劉智鵬：《善道同行：東華三院一百五十周年史略》，香港：香港城市大學出版社，2021 年，第 241 頁。

療效果及減輕治療帶來的副作用。[70] 2014年，香港中文大學醫學院開設全港首個中西醫結合醫學研究所，該研究所由大學主導，同步發展中西醫結合科研、臨床服務及教學，轄下設有負責研究及教學的「中西醫結合醫學教研中心」，及負責提供診療服務的「中西醫結合醫務中心」，是香港首間由中醫及西醫教授共同管理的研究所，提供中醫、西醫及中西醫結合治療、保健諮詢、教學及科研服務。[71]

政府亦在公營醫療服務逐漸加入中西醫合作的元素。2013年10月，醫管局推出中西醫住院協作先導計劃。參與計劃的醫院，透過與三方協作的中醫診所暨教研中心（中醫診所）合作，根據中醫及西醫專家組成的工作小組為計劃訂下的臨床方案，為合資格的住院病人提供中醫治療服務，包括中藥及針灸等，為病人提供更多選擇。[72]

2014年確定興建中醫醫院後，醫院管理局對於未來中醫醫院的服務模式、對象作出規劃，積極配合中西醫的合作的方針。中醫醫院將針對三大類病人提供服務——癌症、痛症和中風病人。[73] 中醫醫院將成立中醫部和西醫部，兩部視乎需要，採用結合協作模式共同提供臨床服務。醫院除了提供純中醫的診治外，同時提供以中醫為主、西醫為副的醫療服務，以及中西醫協作服務。所謂中醫為主、西醫為副，是指主診的中醫按傳統中醫理論辨證論治，西醫則輔以檢查和治療方法支援病人需要，以達至全面護理。中西醫協作服務則比較靈活，按中西醫各自的強項把兩者結合於醫療護理方案中，以達至所期望的醫療成效。[74]

儘管各界在中西醫合作方面作出嘗試，但在運行層面上仍面臨一些限制。有學者認為，礙於現行法例的規管，香港一直未能做到真正的中西醫合作。政府雖然把中醫納入香港醫療體系，但法例卻將中醫和西醫完全分開，

70　香港防癌會網頁，www.hkacs.org.hk/tc/medicalnews.php?id=48（瀏覽日期：2022年9月7日）

71　〈中大成立全港首個中西醫結合研究所〉，中大傳訊及公共關係處，2014年9月29日，www.cpr.cuhk.edu.hk/tc/press/cuhk-establishes-territorys-first-institute-of-integrative-medicine-to-advocate-new-model-of-clinical-treatment/（瀏覽日期：2022年9月7日）

72　醫院管理局「中西醫協作項目」先導計劃，中藥研究及發展委員會第十二次會議，CCM文件01/2015，2015年4月23日，www.itc.gov.hk/ch/doc/area/CCM-01-2015.pdf（瀏覽日期：2022年9月7日）

73　〈高永文醫生訪談錄〉，2020年10月7日於佐敦。

74　〈中醫醫院臨床服務計劃〉，香港：食物及衞生局，2019年3月，第7–8頁。

使中醫無法接觸任何屬於西醫的範疇。舉例來說，有學者認為，政府以中醫沒有接受過西藥藥理訓練為理由，禁止中醫處方西藥，但卻不去為中醫提供相關的訓練。另外，若希望為病人做一些現代醫學檢驗程序，例如 X 光檢查、血液化驗等，只能由西醫提出相關的檢驗要求。[75] 這些規定限制了中西醫結合在香港的發展，未能追上時代的變化，長遠應參考內地做法，讓中醫師也可以使用西醫的療法。另一方面，有意見則認為香港和內地的法律規管不一，沒有需要完全參照內地模式來規劃中西醫協作的治療服務。一些香港中醫師更對內地的中西醫結合經驗有所保留，擔心會破壞中醫的傳統價值，影響香港中醫一直保留下來純粹樸實的特質。[76] 由此看來，中西醫合作的路向在香港的未來發展仍有較大的討論空間。

75 〈梁秉中教授訪談錄〉，載劉蜀永、姜耀麟：《植根基層七十載——香港工會聯合會工人醫療所簡史》，香港：和平圖書有限公司，2020 年，第 181 頁。

76 〈認識中醫誤區 中醫現代發展〉，《信報》，2015 年 10 月 27 日。

第九章
回歸後的香港醫療

1997 年 7 月 1 日，香港回歸祖國，香港特別行政區正式成立。首任行政長官董建華計劃在多方面進行改革，當中醫療衛生也是受關注的一部分。回歸後，政府設立了衞生福利局代替衞生福利科專責香港的衞生、醫療、社會福利等事務。衞生福利局在 2002 年與負責環境衞生、保育及食物衞生的環境食物局合併成衞生福利及食物局，後在 2007 年改組為食物及衞生局。2022 年政府架構重組後，成立了醫務衞生局，專責處理醫療及衞生政策。另外，專責執行政府的健康護理政策的衞生署則隨着這些決策局的設立和重組，從隸屬衞生福利科輾轉至衞生福利局、衞生福利及食物局、食物及衞生局，以至今天的醫務衞生局。政府採取以公營為核心的公私雙軌系統，為市民提供醫療服務。據 2020 年統計，香港共有 43 間公立醫院和 12 間私人醫院。[1]公營醫療設施覆蓋廣泛，只收取低廉價錢，向市民提供基礎醫療服務。

今天，香港的醫療系統可以分為三層。基層醫療服務是市民在醫療過程中的首個接觸點，涵蓋多項公共衞生服務，包括健康推廣和教育、預防疾病、普通門診服務等。基層醫療服務主要由私營及非政府機構提供，醫管局營辦 74 家普通科門診診所，為長者、低收入家庭和長期病患人士提供服務。醫管局也設立家庭醫學專科門診診所為市民提供相關醫療服務。另外，全港共有 18 所中醫教研中心，由醫管局、非政府機構和本地大學夥伴模式經營，除了培訓本地中醫師外，也為市民提供中醫醫療服務。[2]

1 《香港統計年刊（2021 年版）》，香港：政府統計處，2021 年，第 397 頁。

2 《香港年報 2020》，香港：政府新聞處，2021 年，第 129、132、134 頁。

第二層醫療服務涵蓋非住院性的專科護理服務和治療性質的一般醫院護理服務，當中包括急症室服務、療養性住院、日間手術、專科門診等。第三層醫療服務指的是高度複雜的醫院護理服務，對象主要是患有複雜或罕見疾病、受重傷或患重病的病人。由於需要使用先進技術和涉及多項專業知識，因此服務成本較高。[3] 本港第二和第三層的醫療服務主要是以醫管局轄下的公立醫院提供，私立醫院能容納的病人則遠少於公立醫院。

一、問題和挑戰

雖然政府在醫療管理上進行了不少改革，但本地醫療體制仍面對不少問題。人口老化是踏入新世紀的香港社會必須應對的問題，戰後嬰兒潮出生的大批人口正逐漸步入老年，加上生活環境的改善、飲食習慣的改變，令心臟病、糖尿病等慢性長期疾病更為常見，影響到人們的身體健康。這些老人病及慢性疾病需要長期護理及跟進，涉及不少人手和醫療科技，費用往往十分高昂，為香港醫療帶來了沉重的負擔。[4]

基層醫療

政府在回歸前的改革集中於改善公立醫院的服務，但卻忽略了基層醫療服務，在保障人民健康和預防疾病上造成隱憂。據 2021 年統計，香港男士平均壽命 82.9 歲、女士 88 歲。[5] 踏入暮年，老人家身體毛病特別多，例如心臟病、血壓高、關節痛、行動不便等。每種疾病都需要依賴專科跟進，造成龐大需求。有些高齡長者每月要到四五個專科覆診，每次都花大量時間輪候，不但病人辛苦，亦浪費公共資源。目前專科分得又多又細，卻沒有一個良好統籌，導致資源不能有效運用。面對這個問題，香港亟需建立一個完善的基層醫療系統，幫助統籌不同專科安排。一個基層醫生基本上能診斷所有病症，待有需要時才讓專科醫生來幫助，互相配合。[6]

3 〈香港目前的醫療系統〉，《掌握健康，掌握人生：醫療改革諮詢文件》，香港：食物及衛生局，2008 年，第 102–103 頁。

4 《你我齊參與、健康伴我行》醫護改革諮詢文件，香港：衛生福利局，2001 年，第 14 段。

5 《香港統計年刊（2021 年版）》，香港：政府統計處，2021 年，第 4 頁。

6 〈楊紫芝教授訪談錄〉，2019 年 9 月 9 日於瑪麗醫院。

其實早在1989年年底，臨時醫院管理局向港督匯報的報告已提出對基層護理服務的重要看法。報告認為長遠來說把基層護理服務與醫院服務結合是有利的，兩者之間的配合有待加強，醫管局應探討如何與衞生署發展緊密工作關係。[7] 1990年，政府委任的「基層健康服務工作小組」發表題為《人人健康，展望將來》的報告書，作出了102項改善基層醫療服務的建議，但當中只有部分建議獲推行，例如在各區提供健康服務等，有些建議則因未有足夠資源而沒有實施。[8] 香港回歸以後，2001年的《你我齊參與、健康伴我行》醫護改革諮詢文件，提出要重整基層醫療服務。文件建議公營醫療機構率先推廣家庭醫學，加強醫護人員訓練；推展社區為本的一體化醫護服務網絡，減少倚賴住院服務。[9] 故此，醫管局於2003年7月起接管由衞生署負責的普通科門診服務，以加強公營醫療機構的基層和中層醫療服務間的連繫。[10]

儘管政府多年來透過衞生署和醫管局採取措施改善公營系統的基層醫療服務，但成效一直不甚顯著。有見及此，健康與醫療發展諮詢委員會於2005年檢討了本港整個醫療系統的服務提供模式，7月發表了《創設健康未來》討論文件，當中就香港創設健全的基層醫療系統，陳述了願景和所需的改善方法。根據健康與醫療發展諮詢委員會的建議，政府於2008年3月發表醫療改革諮詢文件《掌握健康，掌握人生》，提出一套全面而相輔相成的改革醫療系統建議。文件強調加強基層醫療服務，特別是提供持續、着重預防、全面和全人照顧的醫療服務，當中所建議的措施包括制訂基層醫療服務的基本模式、設立家庭醫生名冊、資助市民接受預防性護理、改善公營基層醫療服務及加強公共衞生職能。[11]

2008年，政府重新成立基層醫療工作小組，成員包括公私營醫療界別的代表、學者、病人組織、醫療管理人員和其他持份者。[12] 2010年，食物及衞生局推出了〈香港的基層醫療發展策略文件〉，提出了一系例的措施和試驗計劃，包括編制《基層醫療指南》、改善慢性疾病治理試驗計劃、設立社區健康

7 《臨時醫院管理局報告書》，香港：臨時醫院管理局，1989年，第viii、112–114頁。

8 〈楊紫芝教授訪談錄〉，2019年9月9日於瑪麗醫院；劉騏嘉、李敏儀：〈長遠醫療政策〉，臨時立法會秘書處，1997年10月8日，第23頁。

9 《你我齊參與、健康伴我行》醫護改革諮詢文件，香港：衞生福利局，2001年，第31、41段。

10 《衞生署年報2001/2002》，香港：衞生署，2002年，第36頁。

11 《香港的基層醫療發展策略文件》，香港：食物及衞生局，2010年12月，第8至9頁。

12 《香港的基層醫療發展策略文件》，香港：食物及衞生局，2010年12月，第9頁。

中心及網絡、基層牙科護理、社區精神健康服務、電子健康紀錄互通系統、加強有關基層醫療的研究、設立基層醫療統籌處等。[13]

2009 年，政府推出「長者醫療券試驗計劃」，透過為長者提供部分資助，鼓勵他們使用在社區的私營基層醫療服務。計劃鼓勵長者向熟悉其健康狀況的私家醫生求診，從而與私家醫生建立更密切的關係，幫助推廣家庭醫生的觀念，因反應理想，該計劃於 2014 年轉為恆常項目。[14]為促進公私營醫護機構之間的協作，食物及衞生局於 2009 年設立專責的電子健康紀錄統籌處，負責督導和監察為期十年的電子健康紀錄計劃。醫健通於 2016 年正式啟用，提供一個全港性、安全的資訊互通平台，讓已登記的公私營醫護機構，在取得病人同意後，取覽及上載病人的電子健康紀錄作醫護用途。

衞生署轄下的基層醫療統籌處於 2010 年 9 月成立，由食物及衞生局、衞生署和醫管局具備相關專業知識的人員組成，以支援和協調本港基層醫療的發展，特別是推行和協調不同醫療界別的行動。[15]食物及衞生局再於 2017 年 11 月成立基層醫療健康發展督導委員會。時任特首林鄭月娥於 2017 年施政報告提倡設立嶄新運作模式的地區康健中心，位於葵青的香港首間地區康健中心於 2019 年 9 月開始營運，中心以公私合營方式運作，僱用專職醫療人員、護士、社工等，以跨專業服務模式照顧社區健康。[16]有專家認為，醫管局在家庭醫學專科提供的培訓空位並不足夠，即使醫生報讀也未必取錄，期望地區康健中心能提供更多培訓空位，讓醫生可以一邊工作支薪，一邊進修。[17]不過，現時地區康健中心並沒有家庭醫生駐診，合資格的醫生可選擇加入成為網絡服務提供者，為病人評估，按需要轉介病人到中心接受政府資助的基層醫療健康服務，包括健康推廣、健康評估、慢性疾病管理及社區復康服務，如護士服務、物理治療、職業治療和使用藥物的諮詢服務等，提升市民預防疾病的意識和自我管理健康能力，以及支援長期病患者，使市民在社區內獲得所需的照顧。[18]

---

13 《香港的基層醫療發展策略文件》，香港：食物及衞生局，2010 年 12 月，第 19 頁。

14 《長者醫療券計劃檢討報告》，香港：食物及衞生局、衞生署，2019 年 3 月，第 1 頁。

15 《香港的基層醫療發展策略文件》，香港：食物及衞生局，2010 年 12 月，第 iv 頁。

16 《2017 年施政報告》，第 157–159 段；〈全港首個地區康健中心正式開幕〉，香港：香港政府新聞公報，2019 年 9 月 24 日。

17 〈楊紫芝教授訪談錄〉，2019 年 9 月 9 日於瑪麗醫院。

18 〈傅鑑蘇醫生訪談錄〉，2021 年 9 月 23 日於九龍塘會；基層醫療健康辦事處於 2023 年 2 月補充資訊。

圖 9.1 葵青地區康健中心於 2019 年 9 月開始營運，是首間投入服務的地區康健中心，目標為發展成區內基層醫療服務樞紐。（葵青地區康健中心提供）

醫療人手短缺

香港醫護人員短缺的問題近年一直存在。據 2020 年的統計，香港共有 15,298 名註冊醫生，每 1,000 名市民有 2.0 名醫生，比例較其他先進國家明顯偏低（新加坡 2.5 名、日本 2.5 名、美國 2.6 名、英國 3.0 名、澳洲 3.8 名）。公營醫療系統醫生人手短缺尤其嚴重。根據政府委託港大進行的醫療人力推算，醫管局和衞生署在 2020 年分別欠缺 660 名和 49 名專科醫生和準專科醫生；而在 2030 年及 2040 年的醫生短缺人數則分別為 800 名和 51 名，以及 960 名和 51 名。[19]

醫療人手不足其中一個原因可追溯至回歸初期削減醫學生名額。香港在 2000 年代前後受亞洲金融風暴衝擊，政府財政曾連續幾年出現結構性赤字，需削減醫療教育等各方面的開支。醫管局資源有限，無法聘用所有的醫科畢業生。[20] 加上公私營醫療系統失衡，私人醫院及診所無人光顧，醫生大多選擇在醫管局或衞生署工作。有業界人士擔心醫學生畢業後會找不到工作，因此促請醫學院削減醫科生學額。評估過醫科畢業生未來的就業情況後，政府與教資會決定於 2001/02 至 2003/04 的三年期間內，將醫科學士課程的收生人數由每年 330 人，逐步減少至每年 280 人。[21] 2005/06 學年進一步減至 250 名，六年內兩間醫學院總學額共減 80 個。有醫學院教授指出，培養一個專科醫生需要整整 13 年，影響遠至十多年後的今天。人口持續上升，老化問題依然，對醫生的需求越來越大，有能力獨立行醫的醫生卻少了。[22]

2003 年內地開放「自由行」後，吸引不少內地人士光顧香港醫療服務。私營醫療市場蓬勃，生意增加，不少資深公營醫院專科醫生和護士陸續被私營機構「挖走」，令公營醫院醫生人手短缺的問題加劇。2006 年，醫管局醫生流失率高達 7%。[23] 2013 年至 2017 年間，共有 1,242 位公立醫院醫生離職，其中只有 18% 醫生退休，顧問醫生及副顧問醫生佔離職醫生中逾半，反

---

19 《香港統計年刊 2021》，第 394 頁；〈建議引入非本地培訓港人醫生〉，立法會 CB(4)472/20-21(06) 號文件，2021 年 2 月 5 日。第 1 頁；〈醫療人力推算工作的最新情況〉，立法會 CB(4)600/20-21(05) 號文件，2021 年 3 月 24 日，第 2 頁。

20 〈醫管局採合約制吸納醫科生〉，《明報》，1997 年 6 月 18 日；〈高永文醫生訪談錄〉，2020 年 10 月 7 日於佐敦。

21 《立法會會議過程正式紀錄》，香港：立法會，2000 年 11 月 29 日，第 887 頁。

22 〈楊紫芝教授訪談錄〉，2019 年 9 月 9 日於瑪麗醫院。

23 〈去年 7% 醫生流失醫局聘近千醫護〉，《明報》，2007 年 3 月 22 日。

映不少資深醫生從公營醫療體系轉投私人市場。[24] 公立醫務人員人手短缺對服務質素帶來沉重影響，前線壓力巨大，病人輪候時間持續處於高水平。2019年1月，護士、醫生相繼舉行遊行及集會，申訴公立醫院人手不足、工作量過重的問題，引起社會廣泛關注。

為應對人手短缺，政府自2009/10學年逐步增加醫科生及其他醫療專業的資助學額（見下表），以滿足長遠醫療人手需求。同時，政府亦透過「指定專業／界別資助計劃」，向修讀自資課程的學生提供學費資助，鼓勵更多人報讀醫療專業的自資課程。在2017/18學年，政府資助了480個自資護理培訓課程學額。然而，培訓醫療專業人員並非朝夕之事，加上教資會資助的高等院校受基礎設施所限，難以在中短期內增加培訓能力，因此，單靠增加公帑資助的培訓學額，並不足以解決目前的人力不足問題。[25]

表 9.1 教資會資助的第一年學士學位課程學額 [26]

醫療專業	2005/06 至 2008/09 年度	2009/10 至 2011/12 年度	2012/13 至 2015/16 年度	2016/17 至 2018/19 年度
醫生	250	320	420	470
牙醫	50	53	53	73
註冊護士（普通科）	兩科合共 518–550	560	560	560
註冊護士（精神科）		30	70	70
註冊中醫	79	79	79	79
藥劑師	30	50	80	90
職業治療師	40	46	90	100
物理治療師	60	70	110	130
醫務化驗師	35	32	44	54
視光師	35	35	34	40
放射技師	35	48	98	110

24 〈公院醫生走不停 五年失1242人〉，《星島日報》，2018年12月30日。

25 《醫療人力規劃和專業發展策略檢討》，香港：食物及衞生局，2017年，第8至10頁。

26 《醫療人力規劃和專業發展策略檢討》，香港：食物及衞生局，2017年。

為了緩解燃眉之急，政府近年積極增加海外醫生來港的數目。事實上，香港引入海外受訓醫生的政制在 1996 年出現了重大轉變。在此之前，六個選定英聯邦國家的海外受訓醫生可在香港免試執業。在 1990 年至 1995 年間，香港每年平均引入 200 名海外醫生，約佔每年新增醫生數目 42%；而來自其他地方的海外受訓醫生則需通過由香港醫務委員會舉辦的執照試。1977 年至 1996 年的 20 年間，共有 983 名海外受訓醫生藉此獲准本地執業。1996 年，海外受訓醫生引入政策被大幅收緊，來港執業的醫生在「正式註冊」前，需通過專業知識考試、醫學英語技能水平測驗、臨床考試及為期 12 個月的實習。1997 年至 2018 年的 22 年間，只有 457 名海外受訓醫生獲准在香港執業，僅佔 2018 年底香港整體醫生供應的 3%。另外，醫管局、衞生署和本地兩間醫學院這些公營機構可為海外受訓醫生申請「有限度註冊」，為期最多三年。2018 年底，只有 124 名醫生以有限度註冊形式在香港工作，僅佔整體醫生供應的 0.8%。[27] 另一方面，一些在內地接受醫學訓練的醫生於 1995 年組成中華醫學會香港會員聯合會，長期積極爭取內地專業資格互認。他們認為香港現有的執業試廣受詬病，難度、方式及公平性都倍受質疑，建議可由香港醫學機構制定銜接培訓，協助內地醫生融入香港醫療系統，以紓緩本地醫生人手不足的困境。[28]

自 2011 年起，政府開始招攬外地受訓醫生來香港工作。為了吸引更多外地醫生來港，政府近年新增彈性安排，包括在 2015 年放寬執業資格試適用於部分考生的豁免要求；在 2015 年將實習培訓期由一年縮短至六個月，適用於擁有認可專科院士資格的海外受訓醫生；及在 2018 年將有限度註冊的有效期由一年延長至三年。2019 年 5 月 8 日，醫委會決定凡在公營醫療機構工作滿三年，並且通過執業資格試的海外受訓專科醫生，可獲完全豁免實習培訓。[29] 2021 年 10 月 21 日，《2021 年醫生註冊（修訂）條例草案》通過，容許持認可醫學資格的非本地培訓醫生可申請特別註冊途徑來港，於公營醫療機構擔任醫生工作，並在服務一定年期、取得認可專科資格及通過評核後，獲

27 〈資料摘要：新加坡和澳洲的海外受訓醫生引入政策〉，香港：立法會秘書處資料研究組，2019 年 5 月 9 日，第 6 頁。

28 杜宏：〈具有內地醫學學歷的香港居民的專業資格問題亟待解決〉，2021 年 10 月 25 日。

29 〈資料摘要：新加坡和澳洲的海外受訓醫生引入政策〉，香港：立法會秘書處資料研究組，2019 年 5 月 9 日，第 7 頁。

得正式註冊在港執業行醫。[30] 首批認可醫學資格名單於 2022 年 4 月公佈及刊憲，名單涵蓋 27 間世界著名大學醫科課程。[31]

公私醫療失衡及醫療融資

在香港，公營醫療機構的服務差不多全由政府的一般收入資助，香港並沒有設立全民醫療保險供款制度，亦沒有針對醫療的税務。然而，人口老化是一個持續的問題，醫療負擔不斷上升，政府難以無止境地增加公共醫療的開支，因此提出各種不同形式的融資方案，期望香港的醫療制度可以長遠地持續發展。

1990 年代醫管局成立之初，為確保轉制順利，政府在財政上作出重大讓步，給予轉職醫管局的員工較優厚的待遇，亦增加了資源投放，協助醫管局迅速改善設施和質素。醫管局在 1990 年成立時有 3.7 萬員工，至 1998/99 年度已達 5.1 萬名，開支亦由 73 億增至 264 億元。[32] 至 2018/19 年度，醫管局開支已達 667 億元。[33] 自醫管局成立後，香港公營醫療服務得以擴展，服務效率和質素都有所改善。然而，這吸引了大量新病人從私營醫療機構湧入，市民大多選用廉價又沒有選擇性地吸納病人的公營醫療服務，令公營醫院面對的壓力一直有增無減，供不應求。雖然靠着政府的補貼，市民看病不用花很多錢，但往往需輪候多時。市民到公立醫院的急症室候診，若分流為次緊急，平均輪候時間為 100 分鐘，高峰期更達十多小時；[34] 公立醫院排期進行非緊急手術，一般需要輪候一年以上。以全關節置換手術為例，2021/22 年的輪候時間中位數約為 32 個月。[35] 同時，醫護人員亦承受了巨大的工作量，加上私營醫院的待遇較佳，不少醫護人員選擇轉到私營醫院工作。[36] 這使香港

30 《立法會會議過程正式紀錄》，香港：立法會，2021 年 10 月 21 日，第 7924 至 8009 頁。

31 2022 年第 56 號法律公告《2022 年醫生註冊條例（修訂附表 1A）公告》，2022 年 4 月 29 日。

32 鄒崇銘：〈香港醫療融資改革二十年〉，佘雲楚主編：《醫學霸權與香港醫療制度（修訂版）》，香港：中華書局，2019 年，第 173 頁。

33 *Hong Kong Annual Digest of Statistics 2020*, Hong Kong: Census and Statistics Department, 2020, p. 394.

34 2020 年數字；在一些較繁忙的醫院如聯合醫院，平均輪候時間達 205 分鐘。〈財務委員會審核 2021–22 年度開支預算管制人員的答覆一第 14 節會議〉，2021 年 4 月，第 222 頁。

35 Elective Total Joint Replacement Surgery, Hospital Authority Website, accessed 12 May 2022, www.ha.org.hk/visitor/ha_visitor_text_index.asp?Parent_ID=214172&Content_ID=221223

36 Ka-che Yip, Yuen Sang Leung, Man Kong Timothy Wong, *Health Policy and Disease in Colonial and Post-Colonial Hong Kong*, pp. 97–98；《促進健康諮詢文件》，1993 年，第 17 頁。

的醫療系統陷入了公私失衡的惡性循環，公立醫院求診的病人不斷增加，但醫護人員數量卻越來越少，1991 年，衞生福利科成立小組，研究醫療保險和收費等政策，1993 年政府公佈《促進健康諮詢文件》，羅列了各種融資方案，包括按百分率資助方法、目標對象方法、協調式自願投保方法、強制式綜合投保方法和編定治療次序方法等。[37] 由於未有方案獲廣泛支持，政府最後決定維持現狀。1998 年，政府委託哈佛大學公共衞生學院對香港的醫護制度進行檢討，並提出改革建議。研究小組由經濟學家、醫生、流行病學家及公共醫療專家組成。1999 年公佈的報告指出香港醫護制度存在三大缺點：(1) 醫護服務過於分散，協調不足；(2) 服務質素參差，尤以在私營界別內為甚；(3) 醫護制度的現有架構和融資方式可能難以長遠維持。報告書發表後，備受傳媒關注，亦引起公眾廣泛討論。為了回應市民對醫療改革的期望，2000 年政府公佈《你我齊參與、健康伴我行》醫療改革諮詢文件，分別就服務架構、質素保證制度及融資制度三大方面進行探討，定出改革路向。[38] 該份文件建議全面檢討現行的收費制度，以減少濫用服務的情況，並建議推行「頤康保障戶口」，強制 40 至 64 歲人士，把約 1 至 2% 的收入存入個人戶口，用以支付自己將來的醫療開支。[39] 2003 年 4 月，政府開始調整公共醫療服務收費，急症室服務實施收費，但「頤康保障戶口」制度則因市民反對而沒有實行。

2008 年，政府再推出《掌握健康，掌握人生》諮詢文件，比較六個「補助融資」的改革方案，分別為「用者自付」、「社會保險」、「強制儲蓄」、「強制私人保險」、「自願私人保險」及「個人健康保險儲備」(簡稱「康保儲備」)。「康保儲備」結合了保險和儲蓄的計劃，基本概念是規定收入高於某一水平的在職人士把固定百分率的收入存入個人康保儲備戶口內，部分存款購買受規管的強制醫療保險計劃，餘下存款加以投資，以應付參加者未來的醫療需要及支付在退休後的醫療開支。[40] 然而，諮詢報告顯示，市民普遍對強制性質的供款建議有保留。[41] 這次諮詢促使政府轉向研究推出自願醫保，作為補助醫療融資的方案。

37 《促進健康諮詢文件》，1993 年，第 26 至 39 頁。

38 《你我齊參與、健康伴我行》醫護改革諮詢文件，2001 年，第 4 至 6 段。

39 《你我齊參與、健康伴我行》醫護改革諮詢文件，2001 年，第 113 及 119 段。

40 《掌握健康，掌握人生》醫療改革諮詢文件，香港：食物及衞生局，2008 年 3 月，第 77 至 78 頁。

41 《掌握健康，掌握人生》醫療改革第一階段公眾諮詢報告，香港：食物及衞生局，2008 年 12 月，第 vii 頁。

2010 年，政府推出《醫保計劃，由我抉擇》諮詢文件，奠定以自願私人保險作為改革的重心。2014 年的《自願醫保計劃》諮詢文件進一步在細節上調整，擬定了 12 項「最低要求」，例如保證續保、不設終身可獲保障總額上限、能承保已有病症等，旨在改善個人住院保險的投購和延續性，並提高保險保障的質素、透明度和明確性。[42] 計劃的目標是透過吸引更多人購買醫療保險，讓中產病人有更多選擇，減輕公立醫院壓力，長遠使公私營醫療系統達至平衡及具有可持續性。[43] 2019 年 4 月，自願醫保計劃正式實施，推行首年認可產品的保單達 52.2 萬張。截至 2019 年年底，96% 的保險索償個案均可成功索償，其中 34% 的個案獲全額償付；67% 個案的償付比率達九成或以上。[44]

二、大型疫症的流行與應對

禽流感

1997 年 4 月，香港爆發禽流感，造成大量家禽的死亡，到了 5 月更出現首宗人類感染禽流感個案，到了 12 月已確診 17 宗，當中有 5 宗更是致命個案。科學研究確定禽流感病毒能直接從家禽傳人。[45] 香港由 12 月 23 日起停止進口內地活雞；12 月 28 日，漁農處宣佈長沙灣家禽批發市場及元朗一個雞場為疫區。12 月 28 至 31 日，特區政府銷毀全港約 150 萬隻雞禽。[46] 雖然政府成功控制了疫情的傳播，但對香港的家禽業、販肉商和飲食界造成沉重的經濟打擊。

往後數年，禽流感曾再出現小型爆發，政府再次採取果斷的手段應對。2001 年 5 月 16 日，特區政府宣佈關閉三個街市的所有雞檔，並銷毀懷疑感染 H5N1 病毒的雞隻。5 月 18 日，政府決定銷毀全港約 120 萬隻食用禽鳥，並封閉全部雞檔三至四個星期。5 月 19 日，特首董建華表示，殺雞是當局非常果斷的決定。基於市民衛生的考慮，要找出一個徹底解決的方法，包括研

42 《自願醫保計劃》諮詢文件，香港：食物及衞生局，2014 年 12 月，第 8 至 9 頁。

43 〈高永文醫生訪談錄〉，2020 年 10 月 7 日於佐敦。

44 〈自願醫保計劃首年保單數目超過 50 萬〉，香港：香港政府新聞公報，2020 年 9 月 11 日。

45 Ka-che Yip, Yuen Sang Leung, Man Kong Timothy Wong, *Health Policy and Disease in Colonial and Post-Colonial Hong Kong*, London: Routledge, p. 93.

46 袁求實：《香港回歸以來大事記 1997–2002》，香港：三聯書店香港有限公司，2015 年，第 95 頁。

究中央屠宰家禽等，以防止禽流感病毒再次出現。2002 年 2 月 5 日，漁農署巡查了全港 144 個農場，再發現四個農場的雞隻健康有問題，為防止病毒擴散，政府決定封閉 24 個農場。這是香港四年內第三次發生禽流感事件。過去兩次事件中，特區政府因「殺雞」而支付的賠償達四億多港元。[47]

禽流感的爆發導致香港流感監測方面能力的改善，將監測網絡擴展到所有公立門診診所，同時亦包括了私家醫生以提早發現和隔離病患。除此以外，政府也加強了檢驗，確保食用家禽的健康，同時也設立牌照制度和加強檢驗本地飼養禽畜場的衛生。除此以外，政府亦加強改善街市的衛生情況。這些措施除了確保家禽的健康以減少其患病的可能性或病毒傳染以外，亦確保及早發現患病人士，並隔離治療。[48]

SARS 疫症

2003 年 3 月，香港爆發 SARS 疫症，世界衛生組織在 4 月 15 日將香港列為疫區，直到 6 月 23 日才將香港從疫區除名，該病錄得 1,755 宗病例，299 人死亡。[49] SARS 疫症對香港的社會經濟造成沉重的打擊，同時也暴露了香港醫療體制的不足。

廣東在 2002 年末爆發疫情，廣州一名受感染的退休教授在 2003 年 2 月 21 日訪港，入住香港京華國際酒店，並將疾病傳染給另外 16 名來自世界各地的旅客。這名教授在 22 日因不適前往廣華醫院求醫，入住深切治療部，部門主管提高了警覺，安排病人在當時唯一的負壓病房隔離，並指示接觸該名病人的護士及職員穿好裝備和配戴 N95 口罩。[50] 3 月 4 日，其中一名在京華酒店受感染人士因不適到威爾斯親王醫院求醫，入住 8A 病房，並將疾病傳給醫護人員、病人、訪客等 143 人。[51]

---

47 袁求實：《香港回歸以來大事記 1997–2002》，香港：三聯書店香港有限公司，2015 年，第 464、542 頁。

48 Museum of Medical Sciences Society, *Plague, SARS, and the Story of Medicine in Hong Kong*, Hong Kong: Hong Kong University Press, pp. 62–63.

49 World Health Organization, *Summary of Probable SARS Cases with Onset of Illness from 1 November 2002 to 31 July 2003*, accessed 7 September 2022, www.who.int/csr/sars/country/table2004_04_21/en/.

50 劉智鵬主編：《危情百日：沙士中的廣華》，香港：中華書局，2013 年，第 35 頁。

51 《汲取經驗 防患未然：香港特別行政區嚴重急性呼吸系統綜合症專家委員會報告》，香港：嚴重急性呼吸系統綜合症專家委員會，2003 年 10 月，第 30 頁。

香港大學的微生物學研究小組迅速在3月22日鑑定SARS的病原體是一種新的「冠狀病毒」，是全球首支獨立培植出該種病毒的研究隊伍。這個發現為進行快速診斷測試和療法試驗開闢蹊徑，通過基因圖譜和分子生物學的研究，加深人類對這種病毒的認識。[52]

儘管如此，疾病散播的速度並沒有停下，到了3月已經擴散到不同年齡層。政府宣佈學校在3月27日停課，並制定措施：除了禁止人們探訪SARS患者以外，亦規定任何接觸過SARS患者的人士必須隔離十天。除此以外，政府亦規定所有到港人士填寫健康申報表。[53]

最為嚴重的爆發是在淘大花園社區，共有329名居民受感染，其中42人死亡。E座是感染的重災區，佔該屋邨感染個案總數的41%。政府不得不把E座居民撤離並轉送到政府渡假營暫住。居民遷出後，一支由專家組成的多部門小組在淘大花園進行深入調查。調查結果顯示SARS在E座垂直樓層擴散，主要因為乾涸的U形聚水器、受污染的污水道，以及天井的上升氣流這幾種因素同時結合，令帶病毒的液滴得以擴散。[54]

5月25日起，香港再無新病例，6月23日被世界衛生組織從疫區除名。疫症過後，政府成立專家委員會，檢討有關處理和控制SARS的工作，委員會於10月提交報告書。報告認為，在疫情處理上，醫護體制方面無疑出現了一些缺失，但整體而言香港處理得宜。[55] SARS的爆發反映出香港醫療體制的一些缺點。雖然和往常般透過診斷、隔離病人以控制疫情，但由於初期缺乏應對該神秘病毒的知識和經驗，因此遇到不少難題。由於醫院在病房設計、床距和通風設備方面環境欠佳，設備不足，加上員工在感染控制方面的訓練不足，使疫症得以在一個有利疾病傳播的環境下爆發。更重要的是，醫院缺乏既定的疫症控制計劃或溝通策略，醫管局、衛生署和大學各自的任務和職責沒有清晰的界定，整體處理過程中缺乏清晰領導，因此造成混亂。[56]

52 《汲取經驗 防患未然：香港特別行政區嚴重急性呼吸系統綜合症專家委員會報告》，香港：嚴重急性呼吸系統綜合症專家委員會，2003年10月，第21頁。

53 Ka-che Yip, Yuen Sang Leung, Man Kong Timothy Wong, *Health Policy and Disease in Colonial and Post-Colonial Hong Kong*, London: Routledge, p. 116.

54 《汲取經驗 防患未然：香港特別行政區嚴重急性呼吸系統綜合症專家委員會報告》，香港：嚴重急性呼吸系統綜合症專家委員會，2003年10月，第39至50頁。

55 《汲取經驗 防患未然：香港特別行政區嚴重急性呼吸系統綜合症專家委員會報告》，香港：嚴重急性呼吸系統綜合症專家委員會，2003年10月，第149頁。

56 《汲取經驗 防患未然：香港特別行政區嚴重急性呼吸系統綜合症專家委員會報告》，香港：嚴重急性呼吸系統綜合症專家委員會，2003年10月，第68頁。

政府接納專家委員會報告書的建議，隨即籌備成立衞生防護中心，以加強政府預防及控制傳染病的能力。衞生防護中心 2004 年 6 月 1 日開始運作，主要職能包括就傳染病進行全面的公共衞生監測、制訂有效控制傳染病及通報風險的策略、與醫護專業界、各區組織、學術界、其他政府部門及國家和國際機構建立夥伴關係，合力控制傳染病等。[57]

另一方面，醫管局着手改善轄下醫院的傳染病隔離設施，並加強員工有關預防傳染病的培訓。2004 年，醫管局獲政府撥款 5.38 億港元，展開瑪嘉烈醫院傳染病中心興建工程。中心提供 108 張隔離病床，其中 14 張為深切治療病床，各病房以獨立隔離病室組成，每個獨立病室設一張或兩張隔離病床。各獨立病室均安裝雙重負壓電動互鎖門，並配以負壓空調及高效能空氣過濾系統。[58] 其他醫院亦增設有隔離設備的病房和病床，例如廣華醫院東翼三樓全層加裝可控制空氣流動方向的通風系統，進出有不同通道，設小房間可供洗手及換衣服。員工定期檢查預防感染機制，建立新常規和習慣。[59]

SARS 疫情在香港集體記憶中烙下不可磨滅的傷痕，但亦大大提高了港人的公共衞生意識。戴口罩、勤洗手、使用公筷成為大眾的防疫常識。

豬流感危機

2009 年 2 月中，墨西哥爆發疑似流感並向四周擴散。一個月內傳至 48 個國家，超過 13,000 人受感染，95 人死亡。該病被證實由一種新型甲型流感亞型病毒所引起。這種甲型豬流感病毒源於 1990 年以來，來自北美洲、歐洲和亞洲的豬、禽鳥和人類的病毒混雜而成，基因組合有異於一般季節性的 H1N1 病毒。因為憂慮新病毒在全球大流行，世界衞生組織於 4 月 25 日宣佈為世界性的公共衞生緊急情況，並在 6 月 11 日提升流感戒備級別至第 6 級。

經歷 SARS 一疫後，政府提高了警覺，嚴陣以待，在 4 月 26 日把「流感大流行應變計劃的架構」下的應變級別提升至「嚴重」，五日後提升到「緊急」。豬型流感於 4 月 27 日起列為法定須呈報的傳染病。在各邊境管制站加

57 〈衞生防護中心正式運作保障公眾健康〉，香港：政府新聞公報，2004 年 5 月 31 日。

58 〈全港首間傳染病醫療中心──瑪嘉烈醫院傳染病中心〉，《醫．藥．人》第 58 期，https://gia.info.gov.hk/general/200601/21/P200601210123_0123_10477.pdf（瀏覽日期：2022 年 9 月 7 日）

59 劉智鵬主編：《危情百日：沙士中的廣華》，香港：中華書局，2013 年，第 59 頁。

強監測，實施體溫檢查，並要求所有入境人士填報《健康申報表》。[60] 2009年5月1日，灣仔維景酒店有一名來自墨西哥的住客證實患上甲型豬流感，是香港的首宗確診個案。政府引用《預防及控制疾病條例》即日向維景酒店發出隔離令，要求酒店員工和住客接受為期七天的醫學隔離觀察。[61]

香港第一宗本土感染個案於6月10日確診，顯示疾病已蔓延至社區。隨着疫情的發展，豬型流感並沒有想像中嚴重，病徵與一般流感相若。政府由推行控疫策略逐步轉為採取緩疫策略，旨在透過衞生措施、減少社交接觸、動用醫療資源、自我照顧及其他措施，減慢疫情擴散的速度，減輕醫療負擔，將社會蒙受的損失減至最少。政府設有兩個隔離營，5月至6月期間約600名與病人有緊密接觸者在隔離中心接受檢疫。2009年12月，衞生署推行人類豬型流感疫苗接種計劃，為高危人士接種。截至2010年3月，計劃合共向目標群組提供超過188,600劑人類豬型流感疫苗。[62] 隨着疫情減退，世界衞生組織於2010年8月宣佈全球疫情結束。

2019 新冠病毒疫情

2019年12月31日，武漢市衞健委首次公開通報疫情情況，稱該市發現了27例「病毒性肺炎」病例，但未發現病毒有「人傳人」證據。中國國家衞健委派專家組抵達武漢指導工作。至2020年1月20日，中國首席傳染病學專家鍾南山證實病毒「肯定人傳人」。[63]

2020年1月，泰國、日本、美國、台灣接連出現新冠病毒確診個案。1月22日，香港初步確診首宗輸入個案，患者曾到訪武漢，經高鐵抵達香港。1月25日，政府把公立醫院應變級別由「嚴重」提升至「緊急」級別，並暫停往來武漢的航班及高鐵。2月4日，香港首次出現3宗本地感染個案，隨後更出現群組爆發。因應疫情傳播速度急速，港府採取多項措施，包括宣佈停課、安排公務員在家工作、關閉多個口岸、暫停開放公共設施等，以減低疫情擴大的風險。與此同時，新冠肺炎在全球各地火速蔓延。世界衞生組織

60 Department of Health Annual Report 2009/2010, pp. 27–28.
61 〈衞生署署長發出隔離令〉，香港：政府新聞公報，2009年5月2日。
62 *Department of Health Annual Report 2009/2010*, pp. 30–31, 41.
63 〈鍾南山肯定「人傳人」率專家武漢調查〉，《星島日報》，2020年1月21日。

於 3 月 11 日宣佈新冠疫情為「全球大流行」，其時 114 個國家共確診了超過 11.8 萬宗病例，其中 4,291 人喪生。[64]

疫情持續以來，香港分別在 2020 年 1 月、3 月、7 月及 11 月出現了共四波的大型爆發。隨着疫情發展，政府亦提升了防疫的規模。除了以往曾採用的停課、隔離令外，政府在這次疫情更使用了限聚令、禁堂食、口罩令、強制檢測、突襲式封區等前所未有的防疫措施。全球多個國家在 2021 年開始大規模為市民接種新冠疫苗，而香港的新冠疫苗的接種於 2021 年 2 月 26 日展開。

2022 年 1 月中，一名巴基斯坦裔婦女在檢疫酒店感染 Omicron 變種病毒，之後在家裏染給丈夫。她丈夫在葵涌邨拾荒時，又傳染給了逸葵樓的清潔工，清潔工成為超級傳播者，引發社區的大型傳播，令香港第五波疫情爆發。[65]第五波疫情規模龐大，由開始至 5 月 5 日累計有 119.3 萬人感染、9,120 名患者死亡，[66]為 2020 年以來最多。社區隔離設施不足，令疫情短時間內以幾何級數上升。確診者急增令公營醫療系統不勝負荷，甚至出現大量病人在醫院外露天候診的情形。

中央政府十分關注香港的疫情發展，要求特區政府負起抗疫的主體責任。中央政府同時採取多種該措施全力支持香港抗疫。中央先後派出 391 名醫療隊員支援香港，應對嚴重疫情。中央援建九個社區隔離治療設施，分別設在青衣、新田、洪水橋近雞伯嶺路、粉嶺馬適路旁、港珠澳大橋香港口岸人工島、元朗潭尾、竹篙灣及啟德前跑道區，[67]還有香港落馬洲河套地區援建應急醫院和方艙醫院。[68]特區政府由中央政府協調採購超過 1.4 億份快速抗原檢測包，獲捐贈共 60 萬盒的抗疫中成藥。[69]為保障抗疫物資和食品供應，

64 "WHO Director-General's opening remarks at the media briefing on COVID-19", WHO, 11 March 2020, accessed 7 September 2022, www.who.int/director-general/speeches/detail/who-director-general-s-opening-remarks-at-the-media-briefing-on-covid-19---11-march-2020

65 〈對話病毒學家金冬雁〉，《南方周末》，2022 年 2 月 21 日。

66 2019 冠狀病毒病第 5 波數據資料庫，香港：衞生署衞生防護中心、醫院管理局，www.coronavirus.gov.hk/chi/5th-wave-statistics.html#

67 〈林鄭：隔離設施將增至七萬牀位〉，《頭條日報》，2022 年 3 月 11 日。

68 〈落馬洲應急醫院開始聯調聯試〉，《香港商報》，2022 年 3 月 30 日。

69 〈中央協調採購 港收逾 1.4 億快測包〉，《文匯報》，2022 年 3 月 23 日。

圖 9.2 內地援建的啟德方艙醫院。（《紫荊》雜誌社提供）

中央各部門和內地兄弟省份合力協調支援，保障香港物資供應渠道暢通，甚至特別開通鐵路援港班列和海上快線。[70]

香港社會同心協力對抗這史無前例的嚴峻疫情。2月24日起，政府分階段推行「疫苗通行證」，所有進入表列處所的滿12歲人士，均須接種疫苗，藉此提升疫苗接種率，減低死亡率。[71]醫務人員任勞任怨地堅守崗位。眾多社團和義工逆行而上、雪中送炭，為有需要的市民送上急需的醫療物資。由於中央政府的支持和香港社會的努力，也由於病毒傳播本身的規律性，香港抗擊第五波新冠病毒的行動終於取得了階段性成果。

第五波疫情最高峰為3月3日，單日陽性檢測個案達56,827宗，其後逐漸回落，4月15日降至946宗，自2月以來首次回落至3位數字。[72]鑑於染疫人數逐漸回落，政府公佈調整社交距離措施，由4月21日起容許恢復晚市堂食、重開大部分早前關閉的處所，以及更新在公眾地方及私人地方進行聚集的限制；5月5日提早進一步放寬社交距離措施，例如重開泳池、泳灘、水上活動中心和公眾游泳池等；5月19日起延長餐飲處所晚市堂食時間，容許重開酒吧／酒館等。[73]5月1日凌晨起，非香港居民可從海外地區入境香港，政府適度調整個別航線「熔斷機制」，並於機場「檢測待行」中額外加入快速抗原測試。[74]學校亦陸續復課，小學最早於4月19日起分階段半天面授課；中學及幼稚園學生於5月3日開始分三階段恢復面授課堂。[75]

70 〈香港有需要，我們全力馳援！〉，《人民網》，2022年3月3日，http://hm.people.com.cn/n1/2022/0304/c42272-32365522.html（瀏覽日期：2022年9月7日）

71 〈無安心無打針入商場　違兩例罰1萬　疫苗通周四實施 成人6·30要3針 商場街市抽查〉，《明報》，2022年2月22日。

72 數字截自香港政府同心抗疫網站。

73 〈政府適度放寬社交距離措施〉，香港：香港政府新聞，2022年4月14日；〈政府進一步放寬社交距離措施〉，香港：香港政府新聞，2022年5月3日。

74 〈政府按風險評估適度調整入境防控措施〉，香港：香港政府新聞，2022年4月22日。

75 〈林鄭：全港學校復活節假後分階段復課 每日須快測陰性才可返校〉，《商報頭條》，2022年4月12日。

HE SALVATION ARMY FOOD KITCHEN
救世軍施食廠

第二部分

人物訪談

第二部分訪問了十位香港著名醫學專家和醫療行政人員，
從他們行醫、檢驗、研究、行政工作等經歷，
更真實地反映各個醫學專科在香港的發展狀況。

楊紫芝教授訪談錄

訪問日期
2019年9月9日

訪問地點
瑪麗醫院

訪問者
劉蜀永、嚴柔媛

楊紫芝教授為香港大學榮休教授和名譽臨床教授、全球內分泌學的研究先驅兼領導專家、港大內外全科醫學士及醫學博士，曾任港大醫學院院長、副校長及高級副校長。

我家裏有兩位讀醫的哥哥，所以較多機會接觸醫學。大哥 1939 年在香港大學醫學院畢業，日治時期他在東華醫院當內科醫生，我當時讀光華中學，離文武廟及東華醫院不遠，有時放學就會到醫院去。每當盟軍轟炸香港時，我就跑到醫院暫避。

1947 年，我開始在港大醫學院修讀醫科，1953 年畢業。當時醫學院是六年制，第一年讀物理、生物、化學等，第二年開始讀醫學相關的知識。一至三年級在大學本部上課，四至六年級做臨床實習。外科、內科、婦科主要到瑪麗醫院實習，產科去贊育醫院，傳染病就到西營盤的傳染病醫院，精神科就到西營盤高街的精神病院。當時讀醫可說是「易入難出」，只要通過入學試就可以讀，但很多人在讀醫途中遭淘汰，不是自己對醫科失去興趣，就是過不了考試。我同班約有 120 位同學，最終能畢業的不到 40 人。

受恩師啟蒙　踏上內科之路

我學醫時，醫學院內科由麥花臣教授（Prof. Alexander J.S. McFadzean）主理，他在醫學界享負盛名，教書也很好，另外還有一位北京來的張光壁教授（Prof. K.P. Stephen Chang），受惠於他們二人之教，我對內科產生了濃厚興趣。當內科醫生，需要深入病歷、研究疾病、多用腦思考。最初內科所有範疇都要學，後來因社會趨向，專科分得更仔細。

畢業後數年，我遇上另一位恩師蔡永業醫生。他對內分泌學很有興趣，我被派去跟他學習。受他影響，我對這科也產生興趣，於是跟隨他的步伐，專門研究內分泌學。蔡醫生後來當上醫務衞生署署長（Director of Medical and Health Service），亦是中文大學醫學院的創院院長（Founding Dean）。

當時香港未有醫學專科學院，缺乏訓練專科醫生的系統，很多醫科生畢業數年後會去英國、澳洲、美國等地深造，接受專科訓練及考取資格。我在 1958 至 1959 年到格拉斯哥留學一年，深造血液學和內分泌學，考到英國內科學院的院士，於是獲得內科專科醫生的資格認可，回港後為醫院提供分泌學的專科培訓及臨床服務。

10.1 楊紫芝與恩師麥花臣教授（攝於 1970 年代）

從傳染病到老年病

雖然戰前我年紀尚小，但因為大哥是內科醫生，所以也略略了解當時香港的內科發展。病症方面，戰前及戰爭期間大部分疾病都與營養不良有關，例如缺乏維他命B使病人渾身腫脹，影響心功能而致命。醫生主要開營養品給他們，但戰時資源緊絀，幸好我哥當醫生，家裏經濟較好，他教我們該多吃紅米和豆類，不吃白米，以攝取更多維他命。

很多與細菌相關的疾病在三四十年代的香港肆虐，特別是傳染病。霍亂、大腸熱、麻疹、天花、麻瘋、肺癆……這些病都十分常見，因此日佔政府要我們強制打預防針。當中肺癆尤其嚴重，我認識的人之中，因肺癆病死的有我姨丈、一位大學生表哥、還有一位同學。很多年青人都這樣死去，十分淒慘。沒病死的也飽受腦膜炎等併發症、後遺症的折磨，即使醫好了仍可能有腦傷後遺症等缺陷。

戰前抗生素尚未普及，盤尼西林等黴菌要到二戰期間才開始廣泛應用在醫療上。當時治肺癆只能做「氣胸」(pneumothorax)，把氣打進肺部與胸壁之間的胸膜腔 (pleural cavity)，讓肺部休息，短暫舒緩病情。沒有抗生素的情況下，很多細菌、病毒引致的病症都無藥可醫，只能靠病人自身的抵抗力，多休息、多吃營養豐富的食物，養好身體。西醫能幫的有限，所以當時中醫很盛行，因為中醫提倡養生、固本培元。1947年我讀醫科時已有抗生素，1950年代類固醇開始投入臨床運用，有效醫治風濕病等各種頑疾，亦可在器官移植上預防排斥反應。戰後政府針對肺癆的傳染途徑，預防工作做得更好，例如為嬰孩及學童注射卡介苗。隨着生活環境改善，肺癆逐漸受到控制。雖然現在還有人住劏房，但至少吃飯也有用公筷的習慣，大眾衛生意識都提高了。

還有一個常見疾病困擾香港多年，現在仍未能杜絕——乙型肝炎。這個病在中國內地和香港很常見，大概十個人當中就有一個帶菌者，有機會惡化成肝硬化和肝癌。以前乙型肝炎沒有藥物醫治，大眾又不懂怎麼預防。我讀書時，眼見很多內地來港人士因肝硬化、肝癌，四五十歲便英年早逝，剩下孤兒寡婦無依無靠。香港在1988年開始推行全民注射乙型肝炎疫苗，嬰孩一出世就打預防針。後來，乙型肝炎病發後可用藥物控制病情，藥費由政府補貼，即使不幸患上肝癌，若及早發現仍然有得醫。

在傳染病的控制及預防方面，戰後香港做得相當好。現在大多病是因年紀老化引起，例如心臟病、血管硬化等。內分泌學方面，糖尿病是一個很普遍的病。香港做了很多糖尿病的研究，包括中國人患糖尿病跟肥胖的關係，如何預防併發症，肝病對血糖高低、糖的新陳代謝的關係，華人特別常見的大頸泡、甲亢等特別病和併發症，還有鼻咽癌電療後如何影響內分泌，這些研究在香港兩間大學醫學院都有做。

外國也有類似研究，但香港的研究主要針對中國人群體的患病情況，因為跟外國人的情況未必一樣。舉個例子，約三分之一患上甲亢的東亞男性會有間竭性肌肉不能移動的問題，這和基因有關，外國很少見，因此東亞的醫學院會對此較有研究。

從一腳踢到團隊合作

以前做醫學研究，凡事都要自己來，連做完實驗的試管都要自己清洗。糖尿病研究要用上老鼠，一日要劏十隻八隻，只有一位實驗室助理（lab boy）幫我固定老鼠，我拿刀劏，不斷重複這個動作，發夢也記得怎樣劏老鼠！現在不同了，做研究有團隊支援，一個研究團隊起碼有十個八個人以上，不少成員是來港進修的內地研究生，很能幹。醫學院設有一整棟大樓專門做研究，有各樣先進儀器，很多步驟可以自動化。團隊在研究過程中有商有量，合力寫成報告。經費方面，我們以前沒什麼研究基金，需要試管等工具物資就問部門拿。現在則有多種途徑，例如可以向大學、教資會、外國及中國內地一些研究中心等申請補助金。

以前病人十分尊重醫生，當醫生是再生父母，沒人敢罵醫生。現在香港還未有人會打醫生，但鬧醫生的情況是存在的。現在病人要求高了，會預先在網上搜尋疾病資訊，或會向街坊朋友打聽，醫生專業知識不足就糟糕了。醫治糖尿症，很靠病人的合作，幸好現在護士數量比以前多，他們比醫生更有耐心，更懂得教導病人。現在醫治病人也需要團隊合作，醫生數個月見一次病人，中間得靠護士跟進，還有營養師等協助，分工更細。

很多病以前不是由內科醫生負責，現在都歸內科管，我常常開玩笑説現在的外科醫生沒事做。例如冠心病，以前要由外科醫生「搭橋」，現在可由心臟科醫生「通波仔」。照胃鏡腸鏡以前也要找外科醫生，現在則由腸胃科醫生處理。我們內分泌科沒有這種小手術，比較倚靠化驗室（laboratory），驗血糖、驗尿等都要化驗人員幫忙。

現在香港醫學水平在各方面已經達到世界前列的水準，換肝、換腎、換心手術香港也能做。這些雖然是外科手術，但換前換後亦需要內科醫生跟進。換器官前後要服用防排斥藥，一些抵抗力弱的病人，容易受傳染病及細菌感染，要找微生物學醫生幫忙，減低細菌感染機會，所以說現在很倚靠團隊合作，不會一個人做了。

求知精神　邁向世界

香港醫學發展，有賴大學醫學院鼓勵醫生做研究，培養探討和研究的精神，同時提供機會給醫生出國交流、開會、深造。按規定，在政府部門工作的醫生可以到國外深造半年，大學的醫生就最少一年。香港是一個中西交流的地方，香港學生有很多機會到外國，我讀書那個時代已經不局限於香港，會向世界觀望。我 1958 年到格拉斯哥深造，後來亦到過美國、澳洲學習。

醫學院的人脈網絡很重要。與國外的交流，通常是透過教授自己的人脈網絡進行，為自己學生或研究團隊成員鋪橋搭路。初時我們很多人去蘇格蘭深造，是因為老師麥花臣教授在蘇格蘭畢業，與那邊的醫學院有良好的聯繫。現在我的團隊跟澳洲有合作，如果有成員想到澳洲深造，我知道能派他到哪個部門學習。

不少東南亞、中國內地的醫生也會來香港交流學習。當中骨科醫生尤其多，以前肺癆很常見，很多小孩子肺癆細菌入骨，形成駝背，肺功能差，走路很辛苦。骨科有一位鶴臣醫生（Dr. A.R. Hodgson），發明了一個能夠矯正病童脊骨的手術，譽為「香港手術」（Hong Kong Operation），很多東南亞醫生慕名來港學習。現在肺癆已經可以透過疫苗預防，用上此手術機會少很多。

深造完後，醫生不但擴大了自己的網絡，本身的專業醫學知識都有很大改進，所以不能固關自守，那只會原地踏步。可惜現在出國的風氣不及以前，一來因為本地醫學水平比以前發達得多，沒有需要花長時間待在外國；二來是經濟問題，醫生也要供樓，去了外國還要額外付當地租金，掛牌行醫的醫生更要維持診所運作，甚少會出國做研究。

公共醫療　惠及大眾

香港政府做得最好的政策，就是確立香港每一個人不論貧富都可以接受公共醫療服務。還記得我讀書時，住隔壁的同學才十多歲便患上肺癆，因沒錢求醫就這樣過身了。經過六七十年代的醫療體制的改革，就算是窮人也可以接受公共醫療，是很大的進步。當然，醫療服務需求大，輪候時間也很長，但如果是急病，不論貧富，在公立醫院都是同樣待遇。肺病、肝炎等常見病可以免費醫，甚至換肝換腎等，手術費都由政府出。

不過，政府的補貼並不包括一些罕見疾病的藥費。最近我一位朋友的兒子不幸患上罕見疾病，一輩子都要食藥，每月藥費支出五萬元。這就是政府的難處，可說是道德問題，每月五萬元在香港可以幫助很多家庭，如果都拿來幫一個才六個月大、要吃一輩子藥的小孩子，到底值不值得呢？這種問題真的需要深思。特首林鄭上台後，透過關愛基金幫助罕見病患者，靠社會人士捐款減輕負擔，利用這個方法資助窮人的器官移植藥物、癌症藥物等。

輪候時間長的另一個原因是人手不足。這個問題與 2003 年沙士後經濟一落千丈有關。當時醫生大多選擇在醫管局或衞生署工作，不願出去「掛牌」行醫，因為私人診所通通「拍蒼蠅」。我在養和醫院工作，連專科也冷冷清清的。有醫生擔心學生畢業後會找不到工作，因此要求醫學院不要收太多學生，削減醫科生學額。醫學院於是由 150 人減至 120 人，兩間大學學位減了 100 個，然而培養一個專科醫生需要整整 13 年，所以影響遠至十多年後的今天。人口持續上升，老化問題依然，對醫生的需求越來越大，但可以獨立行醫的醫生卻少了，這就是當時決定的後遺症。即使現在增加學額，也要等 13 年後奏效，所以施政要有長遠考慮。

基層醫療　有待提升

1989 年，我擔任「基層健康服務工作小組」主席。不只是香港，英美等西方國家的基層健康服務都不足夠。現在香港人平均壽命為男人 83 歲、女人 88 歲，人到了這個年紀，身體某些毛病特別多，例如心病、血壓高、關節痛、行動不便等。今時今日，人人都跑去看專科，有些老人家 80 多歲要看四五個專科，每次覆診都花大量時間輪候。如果基層健康做好一點，可以有助統籌不同專科安排，一個基層醫生基本上能診斷所有病症，待有需要時才讓專科醫生來幫助，互助互利，這樣老人家就不用終日往醫院跑。

現在香港專科分得又多又細，卻沒有一個好統籌。這問題在 1990 年代出現，現在更嚴重。背後有兩個原因：第一，專科醫生比家庭醫生入息高很多，對醫學生更具吸引力；第二，香港人不明白基層醫生的作用，總覺得基層醫生沒有專科醫生好。舉例來說，一般高血壓病人看基層醫生已經可解決，但市民還是想找心病專家診症，其實並沒有需要。這個是香港人文化問題，我們應提高基層醫生的地位，同時希望畢業生是因為自己的取向和興趣，更願意當家庭醫生。

我對基層醫生特別同情，因為我大哥那一代沒分專科，他是個服務基層的內科醫生。我覺得他行醫時很快樂，戰時人人沒飯開，但過節時我家總有雞、有月餅食，全是對他心懷感激的病人送來的。家庭醫生跟病人的關係是「從搖籃到墳墓」(from cradle to grave)，由小孩出生照顧到老人過身，人情味很濃厚。

報告在 1991 年提交，有些建議當時未有足夠資源實施，但現在正在落實。位於葵青的香港首間地區康健中心即將開幕，僱用基層醫生、物理治療師、護士，照顧社區健康（community health ）。現時，有很多基層醫生本科畢業就出來行醫，沒受過專科訓練，所以很多人不重視家庭醫生，覺得他們年紀輕、缺乏經驗，但在我們心目中，一個好的家庭醫生是受過培訓，跟一般普通科醫生不同。可是，現時醫管局在家庭醫學專科提供的培訓空位遠遠不夠，即使醫生報讀也未必取錄。其實家庭醫生不一定都在醫院培訓，希望地區康健中心能提供更多培訓空位，讓醫生可以一邊工作支薪，一邊進修。

Gordon King 功不可沒

說起來，有一段歷史，我希望世人不會忘記。1941 年香港淪陷後，醫學院教學被迫中斷。港大醫學院院長王國棟教授（Prof. Gordon King）為醫學生寫文件，證明該學生是港大醫學院學生，拿着證明就可以免費在內地非佔領區的醫科大學繼續學業。我二哥當時也有找他寫，他把證明文件藏在鞋裏，跑到江西的醫學院去，但他在戰亂中不幸在內地過世，沒機會回香港。

王國棟教授這個舉動，拯救了香港幾代的醫學生，避免他們因戰爭而被迫中斷學業。戰後人手短缺的情況下，這批人可以立即服務香港社會，很多位後來都做了醫務總監及高級醫生，我老師蔡永業醫生就是其中之一。戰後他們大部分都回來服務香港，所以王教授真的是功不可沒。

李健鴻醫生訪談錄

訪問日期
2019年9月18日

訪問地點
中環新世界大廈

訪問者
劉蜀永、嚴柔媛

李健鴻醫生為香港產科專家，擅長研究胎兒毛病。曾在港大婦產科學系任教，現為名譽教授。服務香港醫學會及香港醫務委員會多年，經常現身港台「醫生與你」節目，向大眾講解醫學常識。

我在 1935 年出世，在香港長大，中學畢業於華仁書院。當時讀完中學五年級等同中學畢業，六年級稱為 “MATRIC”（Matriculation），即大學入學試。不少「華仁仔」畢業後，面對大學入學試，都選擇報考醫科。受前輩影響，很多同學未畢業，已有讀醫的打算，我亦因此對醫科產生興趣。

1952 年，我成功通過港大醫學院入學試。大學的學費相當昂貴，我出身中下階層，幸好拿到政府獎學金，才能到港大讀書。獎學金為 1,500 元一年，我整整六年大學生涯都靠獎學金過活。那時住宿舍跟現在不同，大學要迫學生住宿舍，不像現在宿位有限，大學生要「爭崩頭」。不過，獎學金不包額外要付的 1,500 元宿舍費，因此我六年都沒有住宿舍。

六年的醫科學習基本都在大學讀書上課，畢業後需在醫院實習一年，才可以正式行醫。內外全科都要學，每個醫科生的課程都一樣，實習時則分有內科、外科、婦產科、兒科四科，學生可以選兩項實習，每項為時半年。我在 1958 年畢業後，先後到贊育醫院產科及九龍醫院外科實習。

我畢業那屆學生特別多，本來每屆學生只有 30 人，但我那屆卻多達 60 人，所以同學大多沒什麼選擇，哪裏有空缺就到哪裏去。剛好新贊育醫院在 1955 年成立，人手空缺較多。主理婦產科的秦惠珍教授願意收我們這些實習生，於是我就走上了婦產科之路。秦教授對香港婦產科的貢獻很大，在港大婦產科工作逾廿載，我那一代的婦產科醫生都是她教出來的。

產科水準　世界前列

談香港產科發展，必須了解統計數字如何反映產科水平的進步。有兩個統計數字尤其重要，第一是產婦死亡率，即一千個產婦中有多少人死亡，第二是死胎和新生嬰兒周期死亡率。

首先講產婦死亡率，1950 年代，香港每 1,000 名產婦中約有 1.7 人死亡，死亡率較高。自 1960 年起，醫療水平漸漸改善，數字開始減少。1970 年代開始，香港每 1,000 名產婦中平均只有不足一人死亡。1980 年代到現在，每年只有數名產婦因生產而死，逢出現必上報，足見死亡率之低。

其次是死胎及新生嬰兒周期死亡率，即是胎兒未出世已經死亡的數量，以及出世一星期內死亡的嬰兒數量，這個數字最能反映產科的發展和水準。1950 年代，香港每 1,000 名新生嬰兒中有 36 名死亡。1960 年開始下降，

圖 11.1　贊育醫院醫生組成的足球隊，後排右二為李健鴻，前排右一為侯勵存。

1970年代每1,000名當中有16個死亡個案，1980年代下降至7.7，數字一直下降，到現在差不多是全世界最低。所以說，香港人不單是全球壽命最長，死胎及新生嬰兒周期死亡率亦是全世界最低，比英美等發達國家還要低。

同時，市民用低廉價錢入院，可享用任何檢驗及治療，而政府每年給醫管局經費所佔的支出百分比，比其他國家要低很多，這些都令其他國家非常羨慕。

香港產科一直進步大概有四個原因。第一，抗生素的發明；第二，輸血普及，雖然戰前已有輸血，但至戰後才廣泛應用；第三是醫院分娩的提倡，以前香港有很多留產所，自五六十年代開始，秦惠珍教授發展在醫院生產的理念及服務，逐漸淘汰留產所及家中接生的傳統，讓大多數人能夠在醫院生產，遇上意外可即時急救，這是一個很大進步；第四是產前護理，亦是由秦教授提倡，以前產婦登記了便沒人理會，直到生產入院的一刻才有醫療支援，有了產前護理，孕婦一旦患上妊娠毒血症等併發症，可以早點入院處理，幫助減低風險。

產前服務　越趨完善

香港在1970年代開始發展產前胎兒診斷的服務。以前我們常常說胎兒是「無法觸及的」(untouchable)，醫生不知胎兒生長情況如何，甚至是單胎孖胎也難以確定。雖然可以照X光，但X光對胎兒有害，不能胡亂用。因此，超聲波的發明和應用，大大推動了產前檢查的發展。蘇格蘭的伊恩・唐納德(Ian Donald)教授是首位用超聲波觀察胎兒的醫生。香港在1960年代引入這項新技術，初時超聲波用於聽胎兒心跳，後來可以看到胎兒的活動，經歷一代又一代的改進，現在超聲波影像越來越細緻。懷胎五周已經可以偵測到胎兒的存在，八周可看見胎兒內的生長情況，一路觀察胎兒是否正常，十八周就可以照器官結構。最早使用超聲波的是贊育醫院，該醫院是香港產科的龍頭，由香港大學婦產科部門打理。

產前檢查最重要的檢測，是看看胎兒有沒有唐氏綜合症。舊式檢查需要抽胎盤組織檢驗，以及抽取胎水驗胎兒細胞的染色體，數數有沒有多餘的染色體。2000年左右，驗唐氏的方法出現了一個重大突破。香港中文大學的盧煜明教授發現，從孕婦的血液中可驗到胎兒細胞的DNA。這個檢查初時只能驗胎兒有否患有唐氏綜合症，但漸漸從孕婦血液也驗到胎兒染色體內的微細分子，很多罕見胎兒先天不正常病也驗得出，準確度很高。香港中文大學在這方面的研究可說是領先全世界。

分娩期的嚴密觀察

分娩時嬰兒有缺氧的風險，所以生產處理很重要。以前醫生只能隔着腹壁和子宮壁摸胎兒的位置，用聽筒聽胎兒的心跳，胎兒狀態難以得知。自1960、1970年代開始，贊育醫院開創發展分娩期胎兒的嚴密觀察，使用超聲波觀看胎兒的狀況。以前聽心跳是用聽筒，醫生要自己數胎兒每分鐘的心跳。有了超聲波後，可以連續性記錄每一下的胎心跳。除了監察心跳外，醫生還可以在胎兒頭上抽取血液，檢驗血液酸鹼值，從中得知胎兒有否缺氧。一旦發現任何不妥，可以及早做手術助產，讓胎兒早點出生。這些都是分娩時期胎兒觀察的重要發展，有助保障胎兒的安全。

我在贊育醫院工作時，花了不少時間研究生產期胎兒的嚴密觀察。以前做醫學研究不容易，初期受訓沒有檢驗室，從部門得到的資源也有限。我當時買些不太昂貴的儀器檢驗胎兒頭皮血，參考以往文獻，做些臨床研究，用數據寫文章。我在這個時期完成了我的MD論文，也跟秦惠珍教授寫了一部中英對照的「實用產科學」，供助產士及醫學生應用。

淺談香港婦科發展

我在贊育醫院工作多年，由1960年代一直見證其發展，因此對產科的了解比較深。婦科工作主要由瑪麗醫院負責，我所知的是一些概要發展。學術上，早期香港婦科其中一項重要的發展是葡萄胎研究。葡萄胎能引起絨毛膜癌，死亡率很高，東方的病例特別多，亞洲以外的地方則較罕見。香港大學醫學院婦科部在1970年代展開研究，應用化驗室技術，檢驗病人身上的「絨毛膜促性腺激素」(HCG)荷爾蒙，並向全香港的醫院公開研究成果。

另一個重要轉變是人工流產的發展。以前法律不容許墮胎，婦女若要終止懷孕，只能訴諸不安全的非法途徑，造成不少受傷、甚至死亡的案例。英國1967年通過《墮胎法案》，規定某些情況下可以合法終止懷孕，香港後來

圖 11.2　秦惠珍（前排中）、馬鍾可璣（前排左二）、李健鴻等產科醫生（前排右二）在贊育醫院前合照。

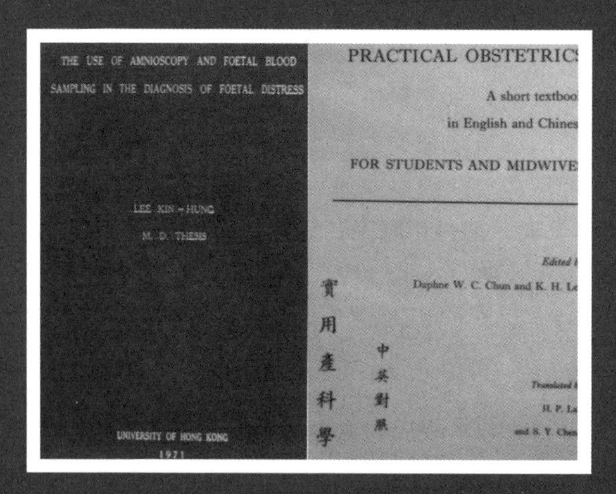

THE USE OF AMNIOSCOPY AND FOETAL BLOOD SAMPLING IN THE DIAGNOSIS OF FOETAL DISTRESS

LEE KIN-HUNG

M. D. THESIS

UNIVERSITY OF HONG KONG

1971

PRACTICAL OBSTETRICS

A short textboo

in English and Chines

FOR STUDENTS AND MIDWIVE

Edited

Daphne W. C. Chun and K. H. Le

實用產科學

中英對照

Translated

H. P. La

and S. Y. Che

圖 11.3　圖左為李健鴻醫生的 MD 論文，右為他與秦惠珍教授合寫的教科書《實用產科學》。

也跟隨英國的步伐，修訂《保護人身法令》，列明合法終止懷孕的規則，要求有醫生證明若果不墮胎，禍害可引致該名孕婦死亡或嚴重受傷，或胎兒可能嚴重畸形。自那時起，香港可以進行合法人工流產，這亦帶來婦科處理上的重大改變。港大婦科部在人工流產方面亦有研究。以前人工流產需要進行侵入性手術，懷孕12周前採用刮宮手術的方式，12周後可能要割開子宮取出胎兒，對母體造成沉重負擔。後來藥物流產有所發展，世界各地的婦科部門，包括香港大學醫學院在內，都有參與墮胎藥物的研究。

除此以外，補助生育是近年香港婦科發展的另一個重點，目的是解決不孕的問題。人工受孕、試管嬰兒的技術在港大婦科部門一直有研究。婦科手術方面，微創手術的應用是一個重大的里程碑。最初利用腹腔鏡處理宮外孕，後來用途越來越廣，例如檢查卵巢水瘤、癌症，以前只能把少量組織吸出來，現在可以把整個組織切除，後來更出現機械臂，比人手更精準，現時不少婦科手術都有用上。

香港醫學會和醫務委員會

我在1975年離開贊育醫院，在中環德成大廈開診所，工作四十餘年。同時長時間在香港醫學會工作，有段時間擔任港台節目「醫生與你」嘉賓，向大眾灌輸醫學常識，一直做到1990年代。後來我加入醫務委員會，擔任了三年主席，亦曾當過港大醫學院校友會主席，獲港大頒發名譽教授職位。

我在任醫學會期間橫跨九七，曾到訪北京的衞生部、中華醫學會交流。時任衞生部長及中華醫學會會長陳敏章教授跟我們保證回歸後香港「專業自主」。《基本法》142條規定，香港專科可以自己繼續自有的承認專科制度，《基本法》149條寫明香港的專業團體可以以「中國香港」的名義繼續跟國際交流。

我在醫學會擔任會長開會時曾跟董事們說，我們是「香港醫學會」，不是「香港醫生會」。醫學會是代表整個醫學界別，不是醫生工會。我們服務的對象第一是市民，第二是醫學界，第三才是我們的會員，但有些會董不同意我的說法。我在醫學會工作時，政府要諮詢醫學界意見就找香港醫學會做代表。現在不同了，醫學會與政府的關係日漸疏離，政府亦只當醫學會是一個醫學組織，作用比較有限，地位大不如前。

醫務委員會則是法定組織，負責醫生註冊、醫生紀律。我進入醫務委員會時，已經進行改組了。以往主席都是委任的，回歸後改為 28 人互選產生。我當醫務委員會主席後期，曾提議改革醫委會，政府初時答應，但後來因醫生反對不了了之。英國醫務委員會有一半是業外人士，香港卻仍然是專業主導，很多代表都是醫學會的人，醫醫相衞無可避免。你想想，是醫生選這些代表進醫務委員會，有什麼法子不幫醫生？不幫醫生的話，下次找誰選他們？我當時提議改革醫務委員會，但醫生團體中反對聲音很多，但到現在（2019 年訪談時）都未成功改革。近年社會上再有聲音提議要改組，立法會也迫着改，現在改了一點，但還是不足夠的，跟最初提議的相差很遠。

梁智鴻醫生訪談錄

訪問日期
2019年9月26日

訪問地點
中環元益大廈

訪問者
劉蜀永、嚴柔媛

梁智鴻醫生為香港知名外科醫生、香港外科醫學院創院院長，曾出任香港行政會議成員、立法局議員及醫院管理局主席、香港大學校務委員會主席、香港醫學專科學院院長，參與多項公職。現為私人執業泌尿外科醫生，曾獲金紫荊星章及大紫荊勳章。

1957年，我有幸入讀香港大學醫學院。港大是當時唯一擁有醫學院的大學，要成為註冊醫生，須在大學學習五年，然後到醫院實習一年。首兩年學習解剖、身體組織、生物學、生理學，旨在了解基本身體結構，而生物化學課則學習藥物、澱解質等各方面的知識。

醫學課程中有三個重要考試，第一個考試考解剖、生物和生物化學，合格才能繼續學習。接着的一年需修讀病理學和微生物學。當時病理科的老師是有名的侯寶璋教授。通過病理科考試，便進入臨床階段。

臨床學習大致分為內科、外科和婦產科。外科包括眼科、骨科、耳鼻喉科，而小兒科則屬內科。由於醫生需要擁有全面的知識，所以臨床學習是全科學習，內外婦產科都要學，以應付日後不同類型的病人。我們不希望一個醫生只懂醫男人、只懂醫女人，或只懂醫骨頭，每一位醫生都要以「醫人」為本，不能只會「醫病」。

五年課程讀畢，醫科生要在醫院實習一年，內科學系和外科學系各佔半年。內科系包括小兒科、精神科，外科系包括骨科、婦產科、急症科。實習的醫院每個醫科生不同，哪裏有空位就申請過去，完成實習後便正式當註冊醫生，可以執業及應診。

若醫生有意深造專科，需跟行內的專科醫生學習，自覺拿到充足經驗後，自行到英國或英聯邦國家考「院士」(fellowship)，從而進入專科體系。這是因為當時香港未有學院能審核醫生的專科水平，若要得到國際級數的資格認可，只能向望「宗主國」英國的水平。所謂院士其實是類似 "club" (學會) 的入會試，證明達到該學會水平，就可以稱為專科醫生。因為缺乏統一的培訓系統，每個醫生所需的時間都不一樣，有些人執業一年半載，就能順利通過院試，也有人考了十數年才通過。直到1993年香港醫學專科學院成立，香港才設有一個有系統的本地專科培訓及資格確認制度。

醫生選擇深造什麼專科，與其興趣性格有一定關係。例如外科醫生多數比較急進，希望盡快了解病因，開刀就一目了然，內科醫生則喜歡慢慢思考，為治療作不同嘗試，兒科醫生可能喜歡跟小孩互動。

器官移植　重獲新生

時代轉變，有些病在以前的環境下沒法醫治，現在則可透過藥物、科技治療，或延長病人的生命。舉例來說，腎是人體重要器官之一，用來排泄身體的髒物，腎衰竭病人的腎失去功能，無法排出廢物及多餘水分，造成尿毒素高，水分積聚，身體便會慢慢衰竭至死。戰前的醫生沒法治療此病，但隨着科技發展，可以用機器洗腎、血液透析或腹膜透析，抽取病人的血，把身體製造的毒物抽出，排走新陳代謝的髒物。香港早於 1962 至 1963 年便掌握洗腎技術。

一輛汽車壞了，可以透過更換零件維修。人體是否都可以透過換器官重獲新生呢？新的器官從哪裏來呢？可否用機器取代？洗腎機及血液透析原理是用機器取代腎臟，但有兩個問題：第一，人不能總是待在機器旁邊不動；第二，一個器官有很多功能，不單只做一件事。腎臟除了排毒，也刺激製造血液，維持血壓。機器只能做排毒這一部分，要做到其他功能，就要給病人一個健康的腎。這就是換腎背後的理念。

1960 年代美國出現世界首宗換腎的成功案例，捐腎的是病人的雙胞胎兄弟，二人基因一樣，所以完全沒有出現排斥情況。當接收其他人的器官、皮膚等組織，身體很容易會排斥。要讓器官延續功能，解決排斥問題就很重要。香港在 1969 年進行首宗成功換腎手術，而我亦有幸參與其中。腎臟移植相對上比較容易，一個腎衰竭病人可以暫時靠機器維持。如果出事的是心臟或肝臟，沒有機器可以取代這些功能，經常都要急着換。

煞費苦心　尋求出路

醫生面對這麼多病人，往往要動腦筋想出路，任何科研、新技術都是費煞苦心想出來的辦法。例如骨外科，以前很多肺結核菌入骨的病例，病人脊骨腐爛，引致駝背，神經線被壓住。藥物無法控制，要靠手術取出腐爛的骨組織，撐正脊骨。這個手術稱為 Anterior spinal fusion[1]，在香港醫學史上相當有名。另外，香港及東南亞很多人患有食道癌，香港外科醫生會用手術切除病人食道，把胃提上來接駁喉嚨，甚至抽病人部分腸道，取代食道接駁胃部和喉嚨。這些香港外科史上的突破性新技術，都看得出醫生想解決問題的心思。

我曾經發明用胃取代膀胱。患膀胱癌的病人，可能要割走整個膀胱，影響病人排尿。舊有方法是用腸接駁兩條輸尿管，連接到肚，開一個假造口，

1　The "Hong Kong Operation" for spinal tuberculosis - anterior debridement and spinal fusion.

但這對病人來講很不方便。1960、1970年代，沒有好儀器放在病人身體上儲尿，病人要面對不斷失禁流尿的難題。很多病人都不接受造口，寧願等死。要讓病人在一個正常的地方排尿，唯一方法就是製造一個新膀胱。膀胱不單用來排尿，還要會收縮，把尿擠出來。我們曾用過大腸或小腸，造成一個有承接力的容器，但大腸小腸收縮力慢，效果都不理想，於是我想到拿胃的一部分，先在狗隻試驗成功後，證實沒有不良效果，才用在人體上。現在這個手術還會有人做。

香港戰後的醫療科技及儀器改進了不少。例如腸道接駁，以前要慢慢用針線封口，現在可以用「外科縫合器」(surgical stapler)，「啪」一聲像釘書機那樣輕易穩妥地駁上兩條腸。手術另一個問題是傷口太大，病人會痛，新科技用「微創手術」，只開幾個洞，放入顯微鏡鏡頭，在體內做手術，現在還可用機械臂，更靈活。雖然微創好處多，但不是所有手術都可以用，而且當有併發症時，還是要開刀做手術。

累積經驗　向國際看齊

香港外科醫學水平不斷上升有兩個主要原因，第一是病例多。醫學是一門科學，行醫是一種技術，或可說是藝術，靠經驗累積，熟能生巧。一個地區發展得好，病例自然少，但過去的香港仍是發展中地區，存在很多疾病。闌尾炎等與營養不良有關的疾病很常見。同時因華人飲食習慣、身體構造的關係，食道癌、膽管發炎特別多。病例越多，做手術機會就越多，所以香港外科醫生經驗很豐富。

時至今日，隨着時代變遷，營養變好，藥物亦越來越有效。有些病例如胃潰瘍、十二指腸潰瘍，以往一晚至少見三四個，現已越來越少。現時大多常見的都是非傳染疾病 (non-communicable disease)，例如一些生活方式引起的疾病 (lifestyle disease)，營養過剩、體型過胖會導致血壓高、糖尿病、心臟疾病、腦血管病等問題。

第二，香港幸好是在東西交流的位置上，曾受英國殖民統治。不論回歸前後，很多有經驗的外國醫生來香港跟我們交流，甚至乎來到香港考核我們的水平。現在醫專還有很多英聯邦學院來跟我們一起考試，通過後有相同的認可，即香港認可及該國的認可，把香港的醫生帶去一個國際的水平。國際交流可以擴闊醫生的視野，學習別人的技術。從殖民地時代到現在，我們都積極吸收別國的經驗，並把自己的經驗帶到其他國家，達到互相學習的效果。

走進國內　分享成就

1970 年代起，我開始到內地參與醫學交流活動。當時香港已有先進科技及儀器；但因中國內地經歷 40 年的封閉，沒有機會引入外國的科技。如果有機會把香港的技術、經驗及成就帶到內地，一定能幫助我們的同胞。因此我 1979 年開始巍然跑到內地不同地方去講學、做手術。

當時北上交流的醫生並不多，一來內地未必接受你入境，二來國內環境不太適宜進行手術。我在 1979 年到訪潮州，手術室連冷氣也沒有，要打開窗戶讓空氣流通，手術用的電刀因電源不穩定難以運作，儀器及補助工具亦不足。以前內地交通極為不便，不像現在有飛機高鐵，還記得我第一次去的城市是福建泉州市，需要坐船到廈門轉車才能到達。加上言語不通，我們那時一句普通話都不會說，更不懂他們的方言。內地的經歷讓我有不少反思。我們在香港這麼先進的地方，有着各種支援，內地的醫生物資有限，很多時要想出第二個方法來解決問題。以駁血管為例，血管很幼細，他們卻沒有細鉗子，唯有用大鉗子來做。

隨着中國數十年來的發展，醫療水平及儀器發展隨時超越香港。現在香港與內地醫療的差別主要體現於體制、政策、運作上。香港是資本主義社會，但我們的醫療是走社會主義，以人為本，先醫好，再收錢。不論貧富，都可以享用公營最高水平、最廉價的醫療服務。國內就剛好相反，雖是社會主義國家，但醫療就行資本主義制，連看普通醫生也要先付款，看主診醫生、教授費用更高。

香港大學在深圳開醫院，就是期望引入香港的醫療制度到國內。背後理念是：第一，堅持專業自主，運作不受政治干預；第二，以病人為先。香港的醫療制度已運行了 100 年，當然並非完美，也不是說內地的制度不好。每個地方都有所需的制度，我們希望他們能吸納我們的長處，我們也可以吸納他們的長處。內地有很多清清楚楚的規則，例如牌照制，對醫護人員的水平有一定要求，這是他們的優勢。交流可達到互相影響的效果，我們只是把制度帶上去，看看在他們的環境下能用上多少。

醫學跟社會息息相關

醫生看病人無分貴賤，有億萬富翁，也有住公屋拿綜援的。看病時跟他們溝通，就能看到很多社會問題。醫學跟社會的運作是息息相關的，所謂：「上醫醫國，中醫醫人，下醫醫病」。疾病跟社會環境有很大關係，了解背後原因才能幫助病人。改善了環境，人的病就好解決了。

1980年代末，我已在公營醫療機構工作了十多年，私人執業十多年，看到香港醫療制度不太美滿，想有改變。方法就是踏一隻腳進政府建制的架構，這是當時背後的想法。我當醫學界議員時，曾推動成立醫管局。以往所有公營醫療機構都由醫務衞生處管理，是政府架構一部分，充斥官僚主義，做事成本效益甚低。成立醫管局，把公營醫療架構獨立出來，脱離政府部門的身份，以半私營方法營運，可改善成本效益。

另一個重要改革是中醫註冊制度。殖民地管治百多年間，英國人不當中醫是醫療方式，中醫在香港沒地位、沒進步，只被當作「華人傳統」，沒有任何規管。只要你是中國人，都可說自己是中醫，不但病人權益得不到保障，更影響真材實料的中醫師。我在《基本法》起草時就看到，香港回歸後，國家沒理由不管中醫，因為中醫是國家傳統的正規醫療，所以香港不設立中醫註冊制度是不行的。因此我當時推動中醫註冊，某程度上亦有助推動中醫發展，管理中醫的運作，建立補償投訴機制幫助病人。

每一次參與公職，都是一個學習的機會。當私人執業醫生只需管理兩個護士、一個秘書，不需任何管理技能；但當醫管局主席，要管五萬多個員工、四十多間醫院，雖然不是直接管理而是推動政策，但也增加了不少管理經驗。

「人」永遠更重要

醫術和醫德同樣重要，以病人為本、從人文角度出發，才算是好醫生。新科技可以解決很多問題，但人不能只靠科技，也需要顧及人性（humanity）。以器官移植為例，其實是一個很簡單的技術，拿出來、放進去、接駁數條血管就成了，但最大的問題是誰來捐器官呢？假設有一位40歲的男士要換腎，兒子才12歲，應否容許兒子捐腎救父親呢？兒子足夠成熟去作出捐器官的決定嗎？若跟他説，如果他不捐腎，他爸爸就會死，某程度上是在恐嚇他。捐的話，身體可能承受不了，不捐的話，就被迫負上害死父親的責任。這些都是作為醫生要面對的倫理問題，醫學和人文兩者無法分開。

生育科技能幫助不孕的夫婦生兒育女，但同樣有機會帶來倫理問題。醫生可以抽取夫妻的精子和卵子，在試管內合成為胚胎，放進代母體內生產。小孩的基因的確都是來自那對夫妻。然而，世上很多法例都認為生母就是孩子的母親，代母若不把孩子交給夫婦，要怎麼處理呢？又或者，若生出來的小孩有缺陷，那對夫妻不想要這個孩子，又怎辦呢？

醫學新科技出現，解決了不少問題，但同時在倫理上又產生新的問題。要記得的一點是，「人」永遠更重要。

麥衛炳醫生訪談錄

訪問日期
2019 年 10 月 19 日

訪問地點
香港醫學博物館

訪問者
劉蜀永、嚴柔媛

麥衛炳醫生於 1975 年加入醫務衛生署病理部，後晉升為病理部顧問醫生及主任；1995 年至 1999 年任香港病理學專科學院院長。現為私人執業病理科醫生，2018 年獲選出任香港醫學博物館學會董事會主席。

我生於 1950 年，讀中學時本來沒想過要投身什麼行業，直到讀預科，要選科時才開始考慮。我姐姐是位護士，她鼓勵我讀醫科，剛巧我對生物學挺有興趣，於是選了生物、化學、物理三科，考試成績不錯，順利獲港大醫學院取錄。我在 1968 年開始讀醫，1973 年畢業，畢業後首半年實習外科，後半年實習兒科，卻發現這兩科都不太適合自己。後來我在宿舍飯堂遇到一位在政府病理部工作的師兄，他建議我選擇病理科，又帶我去見他的主任，那位主任打電話給總部，説他們缺人手，想請我來工作，於是我就加入了政府病理部。

我在 1975 年 1 月加入政府醫務衞生署，首六個月在西營盤工作，接着在伊利沙伯醫院工作了五個月，再轉到瑪嘉烈醫院，之後沙田瀝源有顧問醫生的空缺，我獲晉升到該處，後來很多醫生退休，人手不足，我又返回瑪嘉烈醫院，最後又回到西營盤在衞生署化驗總部工作，直到 2005 年退休。由醫生做到病理部主任，整整 30 年。舊制退休年齡是 55 歲，我沒有申請延期。後來有些私人醫院邀請我加入，我就由 2005 年開始工作到現在，全職兼職也做過。

現時在醫學博物館的工作則是義工，出於我自己的興趣。這座建築物就像我的孩子，1988 年由我發現及管理。1975 年我入行時已經聽聞這座建築，但當時在西營盤工作，後來調到九龍，一直沒機會來。1988 年我調回西營盤，要管理這座建築，剛巧古物古蹟辦事處的人來觀察和評級，我游説他們把這座建築列為法定古蹟，為此還請其他醫生幫我到英國圖書館、檔案館傳真一些文獻回來，證明鼠疫病菌在香港發現，具深厚的歷史價值。

解剖與化驗

病理學的其中一個功能是透過解剖死者的屍體確定死因，例如查證死於何病，或解剖死因不明的屍體，看看是自殺、他殺還是意外。另一個功能是臨床化驗，負責化驗組織，看看腫瘤是良性還是惡性、是發炎還是其他病。有些情況是外科醫生在手術中途割取組織，送來我們病理部化驗，有些則是手術前抽一些組織來驗，再決定怎樣治療。後來除組織之外，也會送細胞來驗，例如看看尿液、痰液中有沒有癌症細胞，後來血液、唾液、子宮頸細胞也可以驗，看看有沒有癌細胞或早期變化。近年在 X 光、超聲波、電腦掃描等補助下，胸、腰、肝、肺等較深入部位的細胞也能用針抽取。現時除了組織和細胞，連 DNA、染色體也可以驗。這些化驗不但協助醫生診斷新症和跟進舊症，還能透過篩查方式預防疾病。

以前解剖和化驗的方式較簡單，不像現在這般完善及多元化。新技術大概在 1981 年左右開始急速發展。背後有三個原因：第一，整個世界的科技發展在這個時期進步得越來越快，外國業界研發的新技術，香港也要學，才跟得上步伐。第二，病人、各科醫生的要求提高，以前化驗組織只需分辨惡性或良性，現在要找出是哪一類型的惡性或良性腫瘤，因為會影響醫生在處理、用藥上的選擇，在餘下壽命預測上亦可以更準確。第三是資源問題，以往資源不足時，政府通常臨牀優先，務求先處理好病人，由於病理科醫生不是直接面對病人，分配到的資源有限，但隨着社會變得富裕，政府可投放更多資源在醫療上，病理科亦能受益，有資源自然可以做得更多。

病理學現時有六個分科，分別是「解剖病理學」(Anatomical Pathology)、「微生物及臨牀感染學」(Microbiology and Clinic Infection)、「血液病理學」(Haematology)、「化學病理學」(Chemical Pathology)、「免疫病病理學」(Immunology) 以及「法醫病理學」(Forensic Pathology)。其中最多人研究的是解剖病理學，在英國又稱為組織細胞學。

檢驗技術　不斷改進

技術層面上，組織及細胞檢驗的程序和方法有很大的轉變。傳統的做法是把整個組織或細胞放在福爾馬林 (formalin)[1] 浸泡保存，避免細胞腐爛壞死，然後在可疑的地方採樣取材，加工後切開一片片，厚度要少於 1 毫米。接着是為樣本染色，有既定的準則，最常見的染色方法稱為 H&E 染色 (hematoxylin and eosin stain)。醫生透過顯微鏡觀察染了色的樣本，判斷是什麼病、良性或惡性、有否其他特徵等，以補助治療及研究等工作。由於 H&E 染色後只有紅和藍兩種顏色，後來又研發出「特別染劑」(special stains)，可以驗出更多的不同物質，用其他顏色代表，例如用來化驗黏液 (mucin) 的種類，還有分辨組織內的纖維、肌肉和神經線等。

1　一種甲醛溶液，常用於保存病理組織標本。

1970年代，侯勵存醫生從英國引入了「急凍切片」(frozen section)新技術。傳統抽取樣本切片化驗的方法需時頗長，當遇上緊急情況，例如在手術途中發現可疑腫瘤，需要立即化驗，就要使用急凍切片技術。醫生把組織抽取出來，放在液體氮急凍，立即就可以切片下染劑化驗，整個過程只需三至五分鐘左右。病理科醫生看完後可以立即用內部通話設備(intercom)打電話與手術室醫生溝通，告知結果。如有需要，可立即請手術室醫生抽取更多樣本化驗。

我在1975年入行時，「組織化學染劑」(histochemical stain)和「免疫螢光檢查」(immunofluorescence examination)的技術正開始普及。前者使用後可以在玻璃片中看見不同的化學反應，後者利用螢光技術檢查，例如應用在檢查腰部的切片，可診斷出是哪一類型的腰病。同時「電子顯微鏡」引入，可以把樣本放大很多倍，最初用來觀察過濾性病毒，因為體積太小，普通顯微鏡難以看見，後來也作組織檢查用途。不過，一台電子顯微鏡價值不菲，外型笨重，使用時還要避震，所以要放在地牢，由專人維護，加上只顯示到黑白影像，沒有彩色，還不能過量使用，限制頗多。

1980年代末，「免疫標示檢查」(immuno-marker)開始應用，使電子顯微鏡逐漸被取代，只剩下很少機會用得上。免疫系統內有「免疫原」(antigen，又稱抗原)和「抗體」(antibody)，檢查利用兩者間的結合反應，偵測細胞或組織是否有目標抗原的存在，其中一個重要功能是幫助分類，例如用於辨別病人患上的是哪種癌症。好處是不需要使用特別的顯微鏡，而且做得越多，成本越低。每種細胞都有很多不同的抗原，隨着新的抗體及抗原被發現，更多抗體可以製造出來，因此可用的範圍越來越大。踏入1990年代，更可透過檢測染色體(chromosome)、DNA、RNA，進行遺傳病理檢查，來幫助診斷疾病及用作醫學研究，例如應用在分辨白血病類別上。現在也有人嘗試用DNA、RNA檢測來為癌症分類，研究應該選用哪種藥物。

因為病理部經常人手不足，醫生每天長時間看顯微鏡很費神，於是有人開始研發用電腦補助分析細胞，不需所有玻璃片都要醫生仔細看。自動化檢查由細胞檢測開始，因為細胞密密麻麻，特別難看，我們主要是看其分佈形態。現時這個技術最常用於檢驗子宮頸細胞，但都不能百分之百代替人眼，因為可靠程度未算十分高。以美國開發的系統為例，廠商聲稱可以用電腦篩走一半的樣本，但他們亦寫明若有出錯恕不負責，最後還是要由醫生在報告上簽名作實，負起責任，所以很多時醫生都要再看確認。我現在工作的公司的程序很仔細，先用電腦篩查，標示出 22 點電腦認為可疑的地方，再由專業訓練過的醫務化驗員主力看這 22 點，但其他地方也要看，標出他的見解，然後再交給醫生。醫生同樣是主力看化驗員標出的地方和意見，其他地方也要看看。經過電腦、醫務化驗員和病理科醫生三重的檢查，安心很多。這個「自動化細胞檢查」技術大約 1980 年代推出，但並未流行，第一是機器很昂貴；第二，需要用上一些特別藥水，又要經過處理、過濾、沉澱，不但準備工作麻煩需時，藥水、藥樽也不便宜，成本高昂；第三，最初引入時醫生不習慣使用。因此發展了幾十年才逐漸普及，成為現時的大趨勢。

在一些落後、缺乏醫療服務的地方，當地化驗師做了樣本後，可透過「遠程影像傳送」，發送給外國病理科醫生看，作出判斷。這個技術在開視像會議時也很有用，可以一起討論，諮詢不同地方專家的意見。當然，設備安裝也需要一定資金。

還有幾個值得一提的化驗進程可以講講。大約在 1985 年，紅十字會開始引入愛滋病的化驗，因為輸血有機會傳染愛滋，他們必須確認獲得的血液安全。我們病理部也在差不多時間開始提供為病人檢驗愛滋病的服務。1997 年，禽流感在港爆發，最初發現有個小孩患了腦膜炎，醫生在他腦裏的液體找出了一些細菌，但香港試劑有限，沒有禽流感病毒 "H5" 的抗體可以用來進行測試，因此要把樣本送往美國、英國及荷蘭檢驗，最後在荷蘭驗出證實病毒與禽類有關，結果發表在醫學雜誌上。最後，禽流感病毒的毒株因為在香港發現，所以被命名為「香港 97」(慣例用地方和年份標示)。2003 年 SARS 的病毒亦是在香港發現，由香港大學袁國勇教授團隊通過研究，找到引發沙士的冠狀病毒。

見證半世紀的變遷

以前香港常見疾病以傳染病為主，怎樣預防是最大的難題，要種牛痘、打肺結核針等，還要改善環境，減少污染，提高衛生、食水質素，增加營養。很多病都因細菌而起，例如腸熱很普遍，因為吃了不乾淨的食物，受細菌感染。現在人們開始富裕，重視自己健康，主要的疾病是心臟病等富貴病，主要因飲酒過量、攝入太多膽固醇、少運動而患病。另外還有癌症，以前無法醫治，病人只能等死，現在可以透過割除腫瘤、藥物控制等醫治，因此重點及資源的投放轉移到這些疾病上。傳染病受到忽略，直到禽流感和 SARS 爆

圖 13.1 西營盤病理化驗及研究院天台，左五為麥衛炳主任顧問醫生，攝於 1994 年 3 月 11 日。

發，大家才發現傳染病不能被遺忘，衞生防護中心因而成立，參考美國的疾病控制與預防中心（Centers for Disease Control and Prevention, CDC）運作。

我入行時，香港的病理科醫生較少，連同在大學工作的在內，全港大約只有十位病理科醫生。早期的醫生大多從內地或外地來，例如緬甸仰光、馬來亞等英聯邦國家的華僑，也有少量從外國等地請來的醫生。病理科醫生每天不斷看片，還要到公眾殮房做解剖。港島的殮房設在堅尼地城、九龍的在紅磡，後來大圍、荃灣也有增設。瑪麗、瑪嘉烈、伊利沙伯、威爾斯等大型醫院也設有殮房。經過四十多年的培訓，現時香港大約有 300 個曾受訓練、考試合格的資深病理學醫生。

以前病理化驗的服務只由香港大學和政府病理部提供。政府病理檢驗總部最初設在堅巷[2]，但因為地方不夠用，後來 1960 年搬到西營盤及其他地方。當時國家醫院已拆卸，部分地方重建成賽馬會綜合診所，大樓地下是普通科，中間幾層是港大教學用的專科診所，最高兩層就是我們病理化驗部，天台設有一小個地方給我們剖老鼠檢驗鼠疫，還有貓狗化驗，例如流浪狗咬人後會被人道毀滅，屍體送來病理部檢驗，看看有沒有感染瘋狗症。後來私人機構也開始提供病理服務。香港第一位私人執業的病理科醫生就是侯勵存醫生。

後來，香港亦增設了不少新醫院，包括瑪嘉烈醫院、東區醫院、屯門醫院等。1960 年代起，大多有規模的醫院都設有病理部，小型醫院則要靠大型醫院支援，例如葛量洪醫院要使用瑪麗醫院病理部的服務。以前博愛醫院要靠屯門醫院、瑪嘉烈醫院病理部支援，現在已發展了自己的病理部。另外，新儀器、新技術日新月異，營運的資金亦有所增加。

我加入醫務衞生署時，管理上並沒有分區，後來為方便管治，劃分了香港、九龍東、九龍西及新界四區。後來因為管轄範圍太大，政府條例手續繁複，例如申請購買儀器要等五年才批核，等到批準了，那個儀器可能早已不合時宜，申請人可能已經調走甚至退休。於是政府仿效澳洲，設立一個非政府機構管理醫療服務，但由政府出錢營運，職員不是政府公務員、也不用遵從政府的手續，以增加靈活性及效率，減輕行政上的僵化。醫務衞生署於是分拆為衞生署及醫管局，醫管局分七個聯網管理。

2　即訪談進行的地點香港醫學博物館，前身為舊病理檢驗所。

醫生除了做自己本身的專業工作外，在以前人手不足時，很多行政工作都要由醫生做。我們病理部的醫生不只管理醫生，還要管理醫務化驗師、文員、雜工等。因為部門的主管由醫生來當，出了什麼事都要由主管負責。我在瑪嘉烈醫院工作時，要管理一百多個不同職位的員工，整間醫院只有兩位資深有認可資格的病理醫生，服務也是我倆包辦，哪有空做這麼多？後來在 1995 至 1999 年，我兼任香港病理學專科學院院長，還要兼顧院務，加上很多人移民，人手不足，那段時間最辛苦。後來資源增加，人手變得較為充足，醫生就可以做得更多，我們政府病理部最高峰時連同化驗師等有四百多人。現在瑪嘉烈醫院病理部至少有五位顧問，才足以應付龐大的醫療需求。

醫管局籌備時，曾有討論管理工作應該由醫生承擔，還是找其他人做，但大多數人還是希望由醫生負責。若負責管理的人欠缺醫學專業知識，在判斷上可能會與醫生有差異，難以服眾。雖然在醫管局做主席的不一定是醫生，但負責實際管理的醫管局總裁，絕大部分都由具專業知識的醫生擔任。不過，也有些醫生很抗拒做行政工作。香港有一位在世界享負盛名的病理學醫生，學術地位超然，曾婉拒港大的邀請擔任教授一職，原因就是擔心要兼顧很多行政工作。

醫學教育　專科培訓

在醫學教育方面，本科生由兩間醫學院培訓。港大醫學院歷史悠久，病理學在戰前已有一定的發展。王寵益教授在 1920 年任港大醫學院病理學系的創系教授，後於 1930 年英年早逝。當時肺病很流行，王教授是研究肺病的專家，卻不幸染上肺病而過身。戰後，侯寶璋教授在 1949 至 1960 年擔任港大病理學系教授，後來他應周恩來總理邀請，與兒子回內地發展。我們醫學博物館舊化驗室內展有三幅肖像，其中兩幅就是這兩位教授，以表彰他們的貢獻。

以前在港大的架構中，微生物學是病理學系的一部分，後來黃啟鐸教授在 1960 年代把微生物學分拆出來，成立了微生物學系。黃教授戰前在內地受訓，那時寄生蟲引起的疾病很普遍，他專注這方面的研究，戰後他到美國做研究，後回到港大當教授、副校長，1979 年退休後當過港大客席教授、榮休教授，1981 年受聘為嶺南學院校長。

中文大學醫學院則於 1981 年成立。本來威爾斯親王醫院原定在 1982 年落成，作為中大醫科生上實習課的場所，但工程進度緩慢，設計和使用的兩班人有不同意見，需要多番修改，最後到 1984 年才落成。最早入學的那批中大醫學生苦無地方上課，聽說醫學院曾接觸過伊利沙伯醫院、九龍醫院，但兩間醫院都表示難以安排，最後幸好聯合醫院願意接收。李國章醫生曾訴說過他們早期的辛酸，到處求人收留這些學生，上課又沒地方，要在空地放個貨櫃，改裝成課室。

1990 年代前後，專科醫生的培訓變得制度化。我們以前是跟師傅學習，考試要到英國考，後來九七臨近，香港醫學界意識到不能只靠外國，陳煥璋醫生於是在 1989 年發起成立病理學專科學院，1990 年學院正式成立。香港醫學專科學院則在 1993 年成立，我們學院是醫專創會成員之一。醫專成立後，要求每個專科的課程及考核跟他們的規範，例如規定每個學院的學生要受訓六年、考試合格才能成為專科醫生。考試由各個學院自己負責，同樣要符合醫專的規定。

一位剛畢業的醫科生，如果想接受病理訓練，要先在公立醫院或衞生署工作，符合培訓的要求，才可以考試。醫院需要向病理學專科學院申請，學院要看看醫院的人手、設備、師資，標本性質多少、是否全面等，從而決定該醫院有多少配額，可以提供多少年的培訓，大型醫院一般五年，小型醫院約四年或三年。若培訓年數不足，醫生就要轉去另一間醫院學習，培訓滿六年和考試合格才可以成為專科醫生。不同醫院有不同擅長的專科，例如有些醫院沒有腦外科，如果想接受這方面的訓練，就要向部門申請轉醫院，看部門主管的安排。考試是全港一起考，學院會邀請至少一位海外考官來港，大多數來自英國、澳洲等國家，以證明香港水準達國際認可。即使考完試，獲得專科資格，醫生也要持續進修。病理學專科學院規定，醫生要在三年內獲 90 個學分，進修活動包括開會、做講者、看醫學雜誌等。

觀望世界　關心內地醫學發展

香港的醫生有很多與國際接觸的機會。有興趣的醫生可以主動到外國參加醫學會議，或者由所屬部門安排出席。不少醫生亦會到外國深造，例如去學三個月的電子顯微鏡，只要自己安排到時間，部門又批准，就可以去。我們學院早期的交流活動大多是去英國，後來澳洲想擴大其影響力，也積極跟我們聯繫，而且他們醫學進步很快，很多可以參考的地方。美國的技術比較先進，現時成為醫生去學習的熱門地方。加拿大、歐洲、亞洲等其他地方也有人去，但比較少。

香港也會邀請海外學者來港演講、當考官、舉辦工作坊。早期的學術交流活動都是靠醫生自己的人脈，各有各做，後來才較有組織地舉辦活動。1981 年，香港病理學會（Hong Kong Pathologist Society）成立，每年舉辦學術會議，邀請海外或本地專家演講。香港中文大學病理系創系教授李川軍很熱衷舉行這些活動，他在香港畢業後，遠赴美國長時間做研究，後回流香港當教授，與外國有很多聯繫。李川軍教授曾擔任世界病理學會（International Academy of Pathology）亞太區的負責人，該組織每兩年召開一次國際會議。李教授希望能在香港舉辦會議，提升業界的國際地位，於是籌備成立香港分會。後來香港分會在 1990 年成立，他找了我當第一屆會長，第二屆會長則由陳國璋醫生當選。我們在 1994 年舉辦第一次國際會議，當年的會長是李川軍教授，由他來代表香港，招待外國來賓，最合適不過了。

李川軍教授還有參與創辦中國病理學主任聯會，他把自己認識的內地和香港病理學醫生集合在一起，組成這個聯會。聯會在香港註冊，第一任主席是吳浩強醫生，他與李川軍教授在同一部門工作。該聯會每年會到一個中國城市開會，第一年在香港，第二年在南京，之後曾去過成都、北京、上海、長春、廣州等地。聯會歡迎病理學部門主任或副主任參加，最初集合了百多人，最高峰期有三百多人參加。由於太多事務要處理，例如籌備會議、為參加者安排住宿等，維持運作毫不容易，後來吳浩強教授退休，後繼無人，聯會在近年轉趨低調，漸漸被其他世界性組織取代。現在世界病理學會在中國也成立了分會，2019 年 12 月在中山與腫瘤科合辦會議，邀請外國學者出席，香港分會也有邀請我去。會議以學習為主，不只是匯報自己地方發展，更重要的是分享實用的知識。早期因為內地醫生不習慣使用英語，還有翻譯服務提供，但現在已經不需要了。

病理學專科學院成立後，提供更多機會舉辦國際會議和交流活動。學院曾試過自己舉辦國際會議，亦曾在 2001 年與澳洲合辦。現在參與的地方變多了，這些會議變得越來越頻繁。醫專亦提供渠道給各個學院與外國接觸，現在他們也有舉辦一些急症專科課程、遇上大規模傷亡的對策等，還有幫中國內地發展認證，早在深圳醫院開張前已經有做，規模越來越大。最初各學院自己做，後來則由醫專統籌。

香港不少醫學團隊會跟海外團隊合作進行研究，發表論文。外國有一些我們沒有的科技，香港亦有一些病例在外國較為少見，譬如鼻煙癌、肝癌，透過合作互相學習，對雙方都有裨益。

香港醫生到海外深造，除了能學習一些在香港學不到的知識，更可以建立交流渠道，雙方見過面，溝通更容易。即使現在已有專科學院的六年訓練，仍有不少醫生會到外國深造。現在很講求世界性，以大學為例，如果要晉升為教授，其中一項要求是國際聯繫，有留學背景會較有優勢。我擔任香港病理學專科學院院長時，曾獲港大邀請去參與教授遴選，所以知道他們的要求。除了國際聯繫外，他們還要求在醫學期刊上有足夠的論文發表數量，以及在醫學上有所貢獻。

香港病理學的人和事

香港醫學發展歷史上，不少病理學家曾作出偉大的貢獻。我剛才已經介紹過王寵益教授、侯寶璋教授、黃啟鐸教授，這幾位都是鼎鼎大名的老前輩。另一位重要人物是紀本生（J. B. Gibson）教授，他是蘇格蘭人，在 1960 年代至 1983 年擔任港大病理學系教授，那時每個學系只有一位教授。

張朝美醫生和張惠君醫生是在政府工作的資深病理科醫生。張朝美醫生最初在港大工作，後來轉到政府病理化驗部，在 1970 年代任職政府病理部主任，至 1981 年退休，他跟英國的病理學院有點交情，曾當過英國考試的考官。張惠君醫生則專門研究微生物和病毒學，是政府 1960 至 1980 年代唯一的病毒學顧問，是香港研究病毒的先驅，她在 1984 年退休。病毒體積很小，需依賴電子顯微鏡才觀察到。檢測服務不是到處有，那時香港唯一的病毒檢測基地就是在政府病理檢驗所，連大學也沒有。後來大學也有，但規模較小，檢測主要都是政府做。

私人執業的著名病理科有侯勵存醫生、陳煥璋醫生。我在港大讀書時陳煥璋醫生曾經教過我。陳醫生是侯醫生的妹夫，聽說是由於侯醫生工作量太大，一個人要跑好幾間醫院，所以邀請陳醫生轉到私家醫院工作，他們主要在養和醫院及聖德肋撒醫院提供服務。以前病理科醫生少，醫生要跨醫院工作，現在每間醫院都要有五六個病理學醫生坐陣才足夠。陳醫生曾發起成立香港病理學專科學院，並獲選為創院主席，但不幸於 1991 年早逝，主席一職

圖 13.2 1996 年香港病理學專科學院五周年全體大會，圖右為第一任院長何屈志淑教授，左為第二任院長麥衛炳醫生。

圖 13.3《P. I. 的故事》載有衞生署病理化驗及研究院員工的珍貴回憶。

由何屈志淑教授繼任，後於1995年由我接任。何教授和我同時是香港醫學博物館的其中兩位創立人。

中大的李川軍教授我已介紹過。另外還有兩位國際知名的香港病理學醫生——陳國璋醫生和盧煜明教授。陳國璋醫生現時在伊利沙伯醫院當榮譽顧問。他能力出眾，行內世界知名，在本地、國內外有很多人向他請教。他經常到國外參與會議，在香港曾訓練不少病理學專科醫生。盧煜明教授最初專門研究病理化學，曾在英國工作，回港後獲中大聘為教授。他成功研究出透過驗血液細胞檢測唐氏綜合症，以前人們認為母親的血液內不會包含胎兒DNA，但盧教授發現確實可以測出胎兒DNA，從而得知胎兒是否患有唐氏綜合症。這個技術後來應用在其他地方，例如從血液檢測癌症基因等。他父親盧懷海醫生是香港知名的精神科醫生，在大學曾經教過我。

我們病理檢驗所的舊同事的關係很好，對部門也很有歸屬感。大家曾經合力編寫了一本書，在2017年出版，名為《P. I. 的故事》，每人寫一篇文章回憶舊事，我一個人寫了兩篇，講述我在政府30年的經歷。書上刊有一首我創作的詩：

一點靈光救眾生
一往無前護世人
一心一意勤化驗
好人好事惠市民

當時適逢這座病理部建築建成111周年，所以有三句詩句以「一」字起首。這句「一點靈光救眾生」的意思是，很多偉大的發明和發現，都是出於醫學家的一點靈光，例如發現禽流感、沙士等病毒，又如研發盤尼西林等藥物。一刻的思緒，足以影響世界，救活萬民。

王淦基醫生訪談錄

訪問日期
2019 年 11 月 21 日

訪問地點
銅鑼灣大坑寓所

訪問者
劉蜀永、嚴柔媛

王淦基醫生為香港資深兒科醫生，畢業後跟隨兒科專家田綺玲教授工作，曾赴英國深造兒科。回港後先後於瑪麗醫院、明愛醫院、法國醫院、浸會醫院工作，曾任香港兒科醫學會會長，為慈善團體扶康會創辦人之一。

我在1935年出生，香港淪陷時我只有六歲，本來應該要讀小學，但因戰亂，那時沒有什麼正式的學校，我只能在「卜卜齋」(私塾）讀書。老師只教中文，不教英文、數學等其他科目。1945年二戰結束後，家裏父母只顧工作糊口，不太理會我們的學業，我就自己去找學校。最初進了華仁書院，但因為不懂英文，跟不上進度，於是轉讀官立學校。

日佔時期，我年紀較小的兩個弟弟病倒了，但戰時資源緊絀，沒有藥物，家人只好用偏方，餵弟弟吃白鴿屎治病，聽說是因為白鴿屎內有類似抗生素的成分，但白鴿屎又怎能治好他們呢？最後兩個弟弟都夭折，這件事給我留下深刻的印象，我立志當醫生，幫助患病的孩子。

艱辛的讀醫之路

我成功通過入學試，獲港大醫學院錄取。讀書時我曾面對很多困難。大學的經歷很辛苦，因為經濟條件差，我在課餘時間當補習老師，賺點零用錢。有賴免費學額、大學貸款基金等幫助，才能完成學業。1960年畢業後，我到瑪麗醫院工作，當時瑪麗醫院是全港最優秀的醫院，亦是港大實習醫院，我分別在外科及內科各實習了半年。實習後，我在急症室醫生的崗位工作了一年。急症室往往大排長龍，醫生需應付所有類型的緊急傷病，不論內科、外科、兒科還是婦產科都要接觸。短短工作一年已獲得寶貴的經驗。

當時我想深造兒科專科，但苦無門路。適逢1962年兒科專家田綺玲(Elaine Field）教授來香港，獲任命為醫學院第一位兒科教授。她招攬我為她的屬下，於是我得以跟着她工作，接受兒科專科訓練。1964年，我獲田教授推薦，拿到聯邦獎學金（Commonwealth Scholarship）[1]，到英國深造一年。我被派往英國倫敦大學學院大奧蒙德街兒童健康研究所（Great Ormond Street Institute of Child Health, University College London）學習，整天忙着上課、巡房，間中參觀醫院的設備。每星期有一天聽病人的病歷，然後大家討論。我本來計劃讀六個月，但只讀了三個月就去參加兒科專科文憑考試，結果順利過關，就沒有讀餘下的三個月課程。

1　聯邦獎學金一年挑選四至六位醫生，資助他們出國深造，中選者大多是大學講師和教授推薦的助手。

我花了點時間在歐洲觀光，接着便到蘇格蘭愛丁堡進修內科。當時要成為兒科專科醫生，除了獲授兒科文憑外，也要通過內科專科考試。在愛丁堡，同樣要求我們上課、巡房、診症，來英國後第九個月我再去考試，第一次就合格。考完兩個試後，就可以稱為兒科專科醫生，同時也可以當內科醫生。

原定到倫敦深造需要兩年，政府照樣出工資，每個月還有聯邦獎學金的津貼可以拿，好過去打工，但因為我太早完成考試，政府不許我繼續留在英國，而且我也開始想念家人，於是只好回港。本來安排好要在那裏深造的遺傳學、染色體，最後都只能放棄。回港後，我擔任田教授的助理，繼續在瑪麗醫院工作。1968 年，我轉到明愛醫院當兒科顧問醫生，至 1979 年出來掛牌行醫，當私人兒科醫生，也有在法國醫院及浸會醫院等私家醫院駐診。

早年兒童常見疾病

以前香港在兒童健康的照顧方面可說是相當不濟，每千名出生嬰兒當中，約有七十多名嬰兒未夠一歲就夭折。我曾在瑪麗醫院急症室當值，專門診斷兒科病症。有些小孩病情十分嚴重，揪心得我幾乎哭出來。1960 年代初麻疹十分嚴重，一到冬天的麻疹季節，就有很多小孩到急症室求醫。有一歲多的小孩腹瀉水瀉，拉到脱水，瘦得不似人形。有孩子發燒，體温升到華氏 106 度，幾乎要命。有小孩誤服中藥治麻疹，聽中醫説要吃瀉藥排毒，卻導致小孩肚痾至死。麻疹還會引起肺炎，嚴重到整個肺都爛透。單是肺炎和腸胃炎已經殺死大半部分的麻疹病童。這些孩子很可憐，年紀小，家庭貧窮，看不起醫生。我們都沒辦法，只能盡力救，但很多時返魂乏術，印象很深刻。以前打麻疹預防針需要自費找私家醫生，之後政府也有供應，但因為宣傳有限，市民未必認識。後來政府終於意識到預防麻疹刻不容緩，於是規定所有母嬰健康院幫小孩打預防針。到 1967 、1968 年左右，差不多 95 至 98% 的小孩已有打預防針。

白喉亦是以前香港嬰孩常見病症。患者喉嚨有一塊白膜封着，造成呼吸困難。因為喉嚨上方阻塞，醫生要幫病人「開喉」，用刀在氣管附近鎅開頸部，插喉讓病人透氣。小兒麻痺亦同樣普遍，現在看見有些人走路一拐一拐，通常是小時候曾患小兒麻痺留下的後遺症。有些患者病情太嚴重，肌肉麻痺到甚至不能自己呼吸，要用上「鐵肺」(iron lung)，用壓力幫助呼吸。至於破傷風，以前嬰兒出世，很多人會撒些藥粉在嬰兒臍帶位置，有的會用中藥粉，更甚者是用香爐灰，這些粉末可能帶有破傷風菌，造成初生嬰兒破傷風感染，十分危險致命。有些嬰兒痛得牙臼發緊，連抗生素都無法吞食，甚至抽筋僵直，通常很快就夭折了。

卡介苗未普及時，肺炎及肺結核相當普遍，差不多每家每戶都有一個患者。我弟弟也曾患肺結核，曾到長洲療養院休養。肺結核傳染性很高，小孩抵抗力弱，容易感染。有時工人患有肺結核，傳染了給她照顧的小孩子。我們當醫生的要追查肺結核的病源，小孩染病，整家人都要接受檢查及照肺。1960 年代，政府規定嬰兒一出生就要接種卡介苗，肺結核因此漸漸減少。

近年出現更多種類的疫苗，其中較受歡迎有口服輪狀病毒疫苗，大約在 1980、1990 年代開始出現，預防嬰兒感染輪狀病毒而腹瀉肚痾。嬰兒滿三個月就可以開始服用，隔兩個月服一次。以前人們不知道嬰孩腹瀉原因，很多病人都「痾到死」。自從有了這種口服疫苗，情況已有改善。

治病醫未病時

兒科最重要的是「治病醫未病時」，即未病時已經開始醫，我們稱之為預防性醫療（Preventive medicine）。如果一個小孩預防做足，就很少機會生病。疫苗是預防醫療的重中之重。我在 1950 年代讀醫時，預防針還未普及，市民知識不足，需要宣傳教育正確的預防觀念。因此，政府廣泛設立母嬰健康院，孩兒一出生，護士就跟產婦講好要打什麼預防針，讓孩子到健康院或診所跟進。萬一小孩沒來打針，診所便要打電話提醒家長，這樣就不會有漏網之魚。後來，可供接種的疫苗亦越來越多，涵蓋白喉、小兒麻痺、破傷風、麻疹、腮腺炎（即大頸腮）、德國麻疹、肺炎菌、水痘等疾病。以前只有兩至三成的嬰孩有打預防針，後來升至 95%。有了這些安排，不少以往常見的兒科疾病在現時香港已幾乎杜絕。

另一個重要因素是房屋政策的改變。我在大學讀醫時，為了賺零用錢，曾擔任人口普查人員，在暑假四出探訪家庭，記錄他們的生活情況。不少人住在山邊木屋，缺乏自來水和電力供應，居民用水桶盛水，用火水燈照明。有些房舍人畜共住，樓上撐高住人，樓下養雞養豬，衛生設備很少。還有人住在屋頂上，把屋底夾高兩層，棲身在十分擠迫的空間。當時還未有徙置區，到後來石硤尾大火燒死很多人，政府才開始興建徙置屋邨。李鄭屋村、銅鑼灣蓮花宮山等木屋區也是因火災而重建。大量山邊木屋居民搬到去徙置區，

圖 14.1 政府積極宣傳接種疫苗，預防兒科常見傳染病。

有獨立廁所，居住環境改善，減輕了傳染病的傳播風險，到 1960 年代後期，香港兒童的健康狀況已有很大進展，死亡率因而降低。

預防性醫療亦包括預防兒童發生安全意外。我們教育市民如何避免家庭意外，提高安全意識，例如提醒家長小心使用火水燈，以免釀成火災，提防小孩遇溺，避免疏忽照顧、獨留小孩在家等。不論小兒外科還是小兒內科醫生，都有機會接觸因意外而入院的兒童病人，例如大人亂放藥物，給小孩撿到誤服中毒，我們就要為他洗胃，開些藥物給他。

發展亞專科　提高水準

做好預防性醫療後，剩下要面對的問題就是癌症及先天缺陷，例如兔唇、顎裂、先天性心臟病等。近年醫生水準一直有提升，專科分得更仔細，例如內科的內分泌專科專治糖尿病、甲狀腺病等，呼吸系統專科治肺炎、肺結核等，腎病專科治腎發炎等病。兒科也分不同的亞專科，有些兒科醫生專治荷爾蒙、有些專治肺病、有些專治腎病、有些專治神經線及發育，稱為發育醫學（developmental medicine），例如六個月的嬰兒要懂得坐，一歲要懂走路，如果做不到的話，我們要探究原因，看看他有沒有先天性疾病。

越來越多兒科醫生選擇深入研究自己有興趣的亞專科，水準便能一直提高。以前我專研初生嬰兒的診治，特別是出生首一兩個月的嬰兒，因此跟產科醫生有緊密的合作。他們接生後就把嬰兒交給我們照顧，我們會為嬰兒檢查先天疾病或遺傳缺陷，教家長餵哺母乳或奶粉，一直照顧到他們出院，之後在診所跟進，為他們注射預防針。

後來漸漸提供初生嬰兒篩查服務，嬰兒一出世就做檢查，早期驗甲狀腺的酵素及其控制血的質度，以及檢驗 G6PD[2] 有否缺乏，後來加入驗血，看看有沒有先天遺傳病。報告只需兩三日就出來，嬰兒未出院前已能拿到手，有問題的話就需特別小心，要靠吃藥控制。不過，因為初生嬰兒黃疸未退，某些藥須避免。輕微黃疸可以吃藥照燈，嚴重則要換血。我們曾試過一個星期內幫數個嬰兒換血。換血需要插一條導管到臍帶血管，抽取嬰兒的血，再泵入正常血液，不斷重覆直至換完全身血液。嚴重黃疸大多與 G6PD 酵素缺乏有關，但亦有其他原因，例如臍帶發炎等，若沒有好好處理，嬰兒會腦筋遲鈍，不懂走路不會說話。

整體而言，香港家庭收入漸漸增加，居住環境及生活改善，兒童營養充足，加上教育普及，安全及衞生意識提高，整個社會都有很大進步。醫生的照顧亦越來越好，透過驗血篩選及早發現跟進，同時預防疫苗做得足，香港初生嬰兒的健康一直改善，這個改變在兩項數據上可反映出來，分別是一個月以下初生嬰兒死亡率（neonatal and infant mortality）及周產期死亡率（perinatal mortality），兩者一直下降，現時已是全世界最低的地區之一，比美國、英國等發展國家還要低。

香港兒科醫生及兒科醫學會

戰後大量內地移民來港，加上嬰兒潮，使香港人口急增，兒科醫生供不應求。不論門診或住院，每一名兒科醫生都要照顧龐大數量的病人。醫院的

2　葡萄糖六磷酸去氫酵素（簡稱 G6PD）是其中一種保護紅血球的正常酵素。G6PD 缺乏症是一種在香港甚為普遍的遺傳病。

床位經常不夠，要加開帆布床（camp bed）安置病人。一間病房只有 24 張病床，很多時卻要容納 30 多個病人。我在伊利沙伯醫院工作期間十分忙碌，當值時經常整晚忙着治療病人，完全沒時間休息。

醫生不是像變魔術那樣，一變就跑出來。要增加醫生的供應，需增加醫科生學額。我們那一屆，全港只取錄 50 個醫科生，成功畢業的只有 42 個左右。一年只有 40 多個新醫生投入服務，你說有什麼辦法呢？後來港大醫學院多收些學生，加上中大醫學院的開設，醫科畢業生數目才漸漸增加。現時醫生數量上升，醫學研究也比以前多，知識有所提升，對疾病有更多了解。

香港早期兒科醫生雖然數量不多，但都盡心盡力，為早期兒科發展作出了重大的貢獻。其中李祖佑醫生和徐慶豐醫生是戰後初期最出名、最受尊敬的兒科醫生。蔡惠旋醫生及胡世昌醫生則是政府兒科顧問醫生，在瑪麗醫院工作，曾分別赴美國及英國專修兒科。蔡醫生曾參與創立香港兒科醫學會。兒科在大學又是另一個體系，香港大學第一位兒科教授是田綺玲教授，她在 1962 年來港，1971 年退休回英國，也曾在瑪麗醫院診症及管理。田教授屬下有數位醫生，我和余翔江醫生是她最早聘用的兩名下屬，分別專研小兒內科及外科。余醫生於倫敦大學兒科學院深造後回港，是香港歷史上首位小兒科外科專家，持手術刀濟世，名滿香江。養和醫院的曹延州醫生曾是田教授時期港大兒科部門的其中一位講師。楊執庸教授則是香港第一位華人的兒科教授，大約在 1980 年代上任。私人執業的有陳作耘醫生，他對於研究兒童發展有特別興趣，曾創辦一本雜誌專門研究小孩腦筋如何發展。

香港兒科醫學會在 1962 年成立，旨在提升兒科醫學知識水平，維持香港兒科醫生執業水準，守護兒童健康。我曾在 1976 至 1977 年擔任會長一職。香港兒科醫學會是亞洲兒科學會聯盟及世界兒科學會的會員之一，這些國際組織每年開辦交流會議，邀請醫生發表論文或特別的研究心得，我也曾到澳洲參加。每地的要求和發展都有不同，透過交流，我們可得知歐洲、亞洲各地的經驗，幫助兒科發展。

參與創立扶康會　關懷智障兒童

我在明愛醫院工作時，那裏有一整間病房專門接收智力有障礙的兒童。這些孩子沒人關心，由早到晚只是躺在床上望着天花板，於是我們提議不如創立一個組織，專門照顧這些腦筋遲鈍的小朋友。1977 年，扶康會由方叔華神父、李惠芝醫生等數位朋友和我成立。我們開設的第一間中心名為「友愛之家」，英文名為 Father Tapella Home，紀念天主教的達碑立神父。達神父是一位志願人士，熱心照顧智障兒童，卻不幸在一次電單車交通意外中離世。中心早期空間有限，大約照顧七名智障人士。當時我有一個志願，希望在每區都設立一間扶康會中心，好像麥當勞那樣區區都有，全香港的智障人士都能獲得專業的照顧。可是我們資金緊絀，需要人捐助，政府福利署知道自己需要做這些工作，卻欠缺專業知識，於是就資助我們扶康會。

扶康會後來漸漸擴充，發展到現在，規模越來越大，至 2019 年已在全香港設有 37 間宿舍、工場及訓練中心，每年開支超過四億。政府的資助佔總收入 85%，其餘 15% 來自私人捐助，以及院友的宿舍費，部分由政府傷殘津貼支付。扶康會提供住宿、日間訓練、職業康復、社區支援、外展、電話照顧等服務，服務使用者逾 3,000 人。除了智障人士外，自閉症及發展障礙人士亦是我們的服務對象。活動很多元化，雖然這些孩子智力發展有障礙，但都有自己的專長，有些擅於音樂、有些愛跳舞，我們經常舉辦活動，給他們表演機會。自從有了扶康會，他們的生活多了點樂趣，可以外出探訪，到公園遊玩，在庇護工場工作賺點錢，例如幫本地連鎖快餐店製造筷子、匙羹等，令他們生活快樂，自我價值有所肯定。

2008 年北京舉辦殘奧會期間，我們攜同扶康會的弱能人士赴京參與交流活動，受到當地的熱烈歡迎。北京市政府很高興，派人來港向我們學習如何照顧弱能人士，我們亦積極分享經驗，發揮影響。我們也曾協助澳門創設澳門扶康會，並跟其他內地城市建立聯繫，互相交流。

社區教育方面，扶康會提出社會共融計劃，連繫社會大眾，得到各界人士支持。我們的成員來自各行各業，有消防隊長、律師、醫生等，很多退休後踴躍參與義工活動。我自己也曾擔任過六年會長、六年主席，現在還在任副會長。扶康會上上下下都認識我王醫生，我女兒現在也有參與扶康會事務，她說在扶康會講起王醫生大家都「肅然起敬」。我的確花了很多時間和心血在扶康會上，除了醫生的工作外，就是在扶康會做得最多事。扶康會在 2018 年社區日邀請了政務司司長張建宗，代表組織向我和另外兩位創會成員致送書法字畫，當天大家都很開心，經營公益事業很有滿足感，雖然要出錢出力，但回報很多，每當見到這些孩子愉快地生活，發揮所長，都感到非常欣慰。

侯勵存醫生訪談錄

訪問日期
2019 年 12 月 13 日

訪問地點
養和醫院病理部

訪問者
劉蜀永、嚴柔媛

侯勵存醫生為養和醫院病理細胞學主任、港大病理學系名譽教授、阿伯丁大學終身講師、香港醫學博物館創始人之一，曾任香港醫學博物館董事局及行政委員會主席。

圖 15.1 侯勵存獲得香港大學醫學院內外科學士學位，接受父母侯寶璋伉儷祝賀（攝於 1956 年）

我出生於1930年，1951年進入香港大學醫學院讀醫，畢業後在贊育醫院及瑪麗醫院各實習半年。我父親侯寶璋是香港大學病理學系教授，在他影響下，我花了一年時間進修病理學。1959年，我遠赴英國深造，期間曾在英國康和郡跟隨世界知名的腫瘤專家韋理士（Rupert A. Willis）教授學習腫瘤的病理診斷。後來我回到倫敦，當地有一間世界知名的學府名為醫學研究生院（Postgraduate Medical School）[1]，以漢默史密斯醫院為基地，很多來自美國、加拿大、澳洲、蘇聯等世界各地的醫生都前來進修。我在那裏主要學習組織病理診斷學，英文為diagnostic histopathology，histology是組織學，pathology是病理學，兩個字合起來就是histopathology——組織病理學，簡單來説即是研究器官變化、細胞變化和組織變化。

由於我師從頂尖的腫瘤專家，先學腫瘤診斷，之後才學一般病理學，所以在倫敦學習時，一些連教授也沒十分把握的奇難雜症和毒瘤，我一眼就能看出來。相反，一些普通的細菌我卻未看過，基礎病理學問題反而不太懂，於是他們就把難解決的問題留給我。那時內地剛剛解放，我是少數到英國留學的中國人，同學對我十分好奇，把我當成了「研究」對象。他們對中國和中國共產黨認識不多，以為都是些古靈精怪的人，後來相處過後，發現我與他們其實一樣，只是膚色不同而已，所以那時很多人説我是親善大使，幫助互相了解和交流。1965年，我在英國利茲大學獲取了病理學博士學位，留在英國工作了數年，然後回來香港。

病理與診斷

病理是研究病變的原因，什麼原因使病人感到不舒服，最重要是找出病人所患何病，作出診斷，才能對症下藥。病理科醫生是診療過程中的幕後英雄，我們會研究病人血液、組織有什麼變化、吐出來的痰入面有沒有細菌等，了解病人身體上的轉變，從而作出判斷。病理學包羅萬有，不論什麼原因導致病人生病，都能用病理學來觀察，例如有些人身上生瘡，我們就要找出是被什麼細菌感染，這是細菌學的範疇，有些人患白血病，我們要檢查細胞出現什麼問題，這是血液學的範疇，另外還有寄生蟲學，有些人的肚裏有蛔蟲，蛔蟲就是寄生蟲之一，最怕就是寄生蟲跑進腦部，危及性命。

1　該學院後來改名為皇家醫學研究生院（Royal Postgraduate Medical School），並於1997年併入倫敦帝國理工醫學院（Imperial College London）。

近年，醫學界面對最棘手的問題就是癌症和腫瘤，所以組織病理診斷十分重要。一旦病發，醫生要查出到底是因為細菌或病毒感染，還是由腫瘤引致。如果是腫瘤，就要分辨是良性還是惡性，若不幸是惡性腫瘤，會愈長愈大，最怕就是癌細胞向全身擴散，危及肝臟等重要器官，所以要盡早切除受影響的範圍，或用高能量X光射線燒除癌細胞。因此，早期診斷十分重要，需要先割取部分組織檢驗，由病理科醫生運用專業知識和經驗，來判斷腫瘤的性質。

細胞的形態與變化無法單憑肉眼看得出來，所以要拿組織切片，進行化驗。一塊切片要非常薄，才足以讓醫生看清楚細胞的形態。你試想像，單純用刀把一塊豬肉切片，肯定不夠薄，那要用什麼方法呢？首先把組織樣本固定，之後以熔化的蠟代替細胞內的水分，待蠟塊凝固後可連同細胞一起切得很薄，脱蠟後用染劑把切片染色，再經過多重步驟，製成一塊標準的切片。完成後，醫生把切片放在顯微鏡上觀察，什麼細胞都可以看得一清二楚。這是組織病理學最基礎的檢驗程序。受過訓練的病理科醫生都清楚細胞正常和不正常狀態的分別，如果發現有不正常的情況，就要找出是什麼原因導致。有經驗的病理科醫生一看就知是什麼變化，馬上就可以給主診醫生報告。

鑽研冰凍切片　提升效率

我在英國醫學研究生院學習期間，曾帶頭研究及推廣「冰凍切片」技術。該技術運用冰凍切片機（Cryostat），把組織急凍至攝氏零下22度，用遙控開動，控制機器自動把急凍了的組織切成一塊塊薄片。每塊切片的厚度只有8微米，即0.008毫米，比一條頭髮還要幼，切片染色後醫生可以馬上看。

外科醫生很需要這個服務，他們把組織取出後，要了解組織的性質才可以決定如何處理。傳統使用石蠟切片的方法步驟繁複，最快也要一天後才有報告，但用冰凍切片技術，幾分鐘就有結果了。外科醫生進行腫瘤切除手術時，若不確定癌變範圍是否完全清除，亦可以在手術中途多次切下懷疑病變的部分，送給病理科醫生化驗，直至確保所有癌變組織已經移除，杜絕後患。

有一次，英女王伊利沙伯二世的頸部長了一個瘤，女王御用外科醫生麥堅時醫生把一些組織割出來，請我用冰凍切片化驗，但樣本並不足夠，所以我也一起到手術室割取組織。經過化驗後，我判斷出腫瘤是良性的。

後來皇室發了一封感謝信給我，下款寫着「您的忠實僕人，伊利沙伯」(your obedient servant, Elizabeth)，直到現在我還收藏着這封信。這件事使冰凍切片技術在英國一舉成名，不少病理學家都前來學習。

1965 至 1972 年期間，我在阿伯丁大學擔任講師，向病理學家提供冰凍切片診斷訓練，其中五位受訓的病理學家後來分別在英國阿伯丁大學、格拉斯哥大學、愛丁堡大學、但丁大學和諾丁漢大學當上了教授。後來我擔任香港大學榮譽病理學教授，有次港大邀請了英國諾丁漢大學一位年輕的學者來授課，我向他打聽是否認識我當年其中一位學生，他說我口中提到的那位，正正就是他的教授。

我做人做事怕出名出風頭，但我可以說，我鑽研的冰凍切片機對外科醫生十分有用，所以我不遺餘力四出推廣這項技術。美國人很好勝，不肯認輸，即使知道我這個機器好處多多，都不肯用，只有西北大學 (Northwestern University) 和紐約州立大學奧爾巴尼分校 (University at Albany) 這兩間是例外。那時古巴被美國孤立，一般人不准前往，我就自己偷偷和幾個德國人把冰凍切片機送過去，捐贈給他們的醫院。這些事很少人知，我不是想出風頭，而是希望我研究的成果對於病人、醫生、病理學家有幫助，能傳揚開去，我已經十分滿足。

雖然冰凍切片增加了治療的效率，大受歡迎，但責任亦十分大。記得有一次，我在法國醫院遇到一位年輕病人。這位病人熱愛網球運動，曾代表香港出戰戴維斯盃。不幸地，他腿部生了一個腫瘤，很多醫生都認為這是血管的毒瘤，有機會擴散到其他地方，建議截斷全腿。毒瘤的行為變化難以估計，有些腫瘤看似很毒，但一輩子也不發病，又有些腫瘤看似是良性，偏偏卻「周身走」。他的外科醫生找我去幫忙診斷，抽取組織請我化驗，我看過後便跟他說，這的確是血管的毒瘤，但特性與其他毒瘤有分別，雖然看上去很毒，但擴散的機會不大，只把腫瘤割除就可以了。一個年輕的網球之星，若失去了一條腿，對他的下半世有很大影響，但這不是理由，我的想法是基於我的經驗和診斷。

許多年之後，我出席香港一個美國學生會舉行的聚餐，雖然我沒有在美國讀過書，但曾在美國兩所大學的病理學部門幫過忙，所以回港後，他們在香港舉辦活動也會邀請我參加。我還記得很清楚，聚餐進行到一半，有位雍容華貴的女士上前問我：「請問你是 Dr. Hou 嗎？」。我回答說是，她便向另一處招手，隨即有位身型高大、帥氣的年輕人走過來。她跟那位年輕人說：「他救了你的命啊！」原來這位年輕人就是之前法國醫院的那位病人，他後來到美國讀大學，還成為那間學校的網球冠軍，因此特意來跟我致謝。

加入養和　分享技術成果

香港原本沒有冰凍切片機，我回港後開辦了一間化驗所診斷室，把冰凍切片機引入，一部放在九龍的法國醫院，另一部在養和醫院。我二哥侯健存到北京協和醫院前，曾在贊育醫院婦產科與曹延棨一起共事，曹延棨後來到養和醫院主理婦產科，邀請我跟他見面，提議我在養和提供組織病理學諮詢服務，於是我便加入養和醫院工作。

有一天，李樹培院長請我吃午飯，我吃的是豉椒牛肉炒河，十分美味。我問他從哪裏找到這麼好吃的飯菜，他說在養和的廚房。養和廚房的確很有名，很多頭等病房的病人花一萬元一晚來住，在醫院吃飯，哈哈。他又說，養和沒有病理部，可否把我的病理部移到養和，我說好。他帶着我到養和參觀，讓我選一個房間，作為病理部的辦公場所。那時我一走進我們現在身處的這間房，就覺得特別舒適，空間寬敞，窗口向着馬場。我看完便說我要這間房，李樹培說這間房不行，是垃圾房來，但我真的很喜歡，他只好請人把垃圾扔掉。自此，這個地方就成了我的房間，到現在我還是坐這個位置。養和病理部亦慢慢發展起來，人也越來越多，現時我們請了五個病理科醫生幫忙，組織病理細胞學仍是由我帶領。

養和的冰凍切片服務很受歡迎，我亦樂於分享和貢獻，讓醫生和病人得益，金錢利益並不是我的考慮。記得有一次，一位大國手想試一試我的冰凍切片技術。他把樣本送到我的化驗室，我一看便知是惡性腫瘤，他又割多一點給我檢驗，我說照我經驗，這是腫瘤的邊緣，還可以切多一點，他不知道要切多少，所以一邊切一邊拿給我檢驗，直到我跟他說已經切乾淨了，可以停手。手術完成後，他問：「侯仔，你收幾多錢？」，我說 500 元，他反應很大，我問他是否太貴，他說：「不是，太便宜了，一定要多收一點！」我說不行，按我自己的規定，冰凍切片服務一般是收 200 元，頭等病人 500 元，傳統切片檢驗就 50 元一位，我可不能多收錢。他說：「500 元真的不行，今次的手術全靠你，你知道這個手術收多少錢嗎？」我說：「不知道，2,000 元？」他搖搖頭，我說：「20,000 元？」他說不是，原來他收病人 200,000 元！那

圖 15.2 侯勵存創辦養和醫院病理部初期，與同事合影。

圖 15.3 侯寶璋撰寫的中醫史論文（香港醫學博物館提供）

時香港人給上海人帶壞了，人人都覺得越昂貴的愈厲害，所以逼使外科醫生也要收得很貴，才能代表自己有能力，客人才會找他。後來他硬是要給我20,000元，我只取了其中的500元，餘下的錢我就捐了給手術室那班工人，請他們吃喝玩樂。我做人的方式是我父親教我的，要心安理得，對得住人，對得住自己，這些我始終都記得。

中西醫學研究的「巨人」

說到我父親，他曾在內地帶頭進行中西醫學的比較研究，相當有名。父親出身於安徽一個大家族，家中有很多農田，他中文根底深厚，愛讀古書，喜歡為古人「診症」，把他的發現寫成文章。他判斷司馬相如患的是糖尿病，林黛玉染上了肺癆，關公則患有骨髓炎。關公中箭後傷口久不能癒，因為他不止受箭傷，還伴隨細菌感染，所以傷口長有膿瘡。父親雖接受西醫訓練，但對中醫亦有濃厚興趣。他說中醫是醫學的寶庫，比西醫先進幾千年，不過中醫的問題是「知其然而不知其所以然」，遇見病人不適，有經驗的中醫很快就能看出這是什麼病，要開什麼藥方，至於什麼原因致病，他們大多不清楚，只是憑經驗診斷，但西醫不同，要先進行各種化驗，了解病人身體的變化，利用這些變化來診斷病因，再去想醫治的方法。雖然中醫幾千年來進展不大，但依然十分有用，是傳統長年累月臨床醫學所總結的經驗。為此，父親推動對中國醫史及中醫學的研究，用西醫理論解釋背後的病理，宏揚國家傳統醫學。

父親喜歡收藏古董文物。他曾在摩羅街買了四塊竹簡，聽說是周朝流傳下來，已有5,000年歷史，相信是由盜墓賊盜出的陪葬品。竹簡上用燒過的鐵枝寫了些字，父親把內容翻譯出來，發現寫的是「治頑瘡」的方法——吃剩的柑皮不要扔掉，放在潮濕、黑暗又温暖的地牢內，每天觀察柑皮，待三四日柑皮發霉後，挑選出碧綠色的霉菌塗在患處，就可以治好頑瘡。父親說，這不就是盤尼西林的原材料嗎？中國幾千年前已發現了，可惜中醫傳統不傳外人，只傳徒弟和子女，有經驗的中醫一旦過世，所有寶貴的知識和材料就失傳。即使有寫成醫書，很多都拿來陪葬，不像現在能出版，傳揚開去。

解放戰爭後，國民黨分子帶着很了許多古董寶物逃到香港，他們坐食山空，便拿着這些寶物到摩羅街變賣。父親覺得很可惜，他雖然是教授，但不算富有，他寧願省下其他開支，都要花錢買下那些古董。後來他回內地時，租了整列火車，放了四十個箱子，全部都是他珍藏的文物，當中不少是國寶級的珍品。他把數千件文物捐贈給國家故宮博物院珍藏，博物院特別為他開設了一個展覽，名為《侯寶璋捐獻陶瓷書畫展》，以表彰他為古物回歸所作出的巨大貢獻。

父親交遊廣闊，熱衷與外國同業交流，分享研究心得。他早期在美國芝加哥大學學習組織學，在德國接受病理學訓練，當時德國是全世界病理學發展最發達的國家之一，現時病理學教科書中提到的一些著名病理學家，很多都是父親在柏林大學的舊同事。後來，父親到英國倫敦大學工作數年，英國首屈一指的病理學家都是他的朋友，曾跟他一起做研究，當中不少人有爵士頭銜。我的老師韋理士教授也是父親的好友，他是世界腫瘤學權威，曾出版不少病理學名著。父親回流香港後，在港大病理學系任職教授，還曾邀請發明盤尼西林的英國細菌學家弗萊明來港。

充滿好奇心的無名英雄

可能是遺傳父親的性格，我從小到大好奇心都十分旺盛。英文有句諺語是「好奇心殺死貓」(curiosity killed the cat)，讓人不要過分好奇，但父親就覺得好奇是應該的，因為世界要有進步和發展，第一是要觀察，從中發現「正常」和「異常」，第二是要找到什麼理由使其異常。

病理是研究病因不明的疾病，所以做病理學家更需要有強烈的好奇心，事事要尋根究底。像科學家牛頓一樣，幾千萬年來蘋果從樹上跌落地，只有他一個去找箇中原理，從而發現地心吸力。父親一向認為，學習最重要的是由自己去探索、挖掘、發展。若只是跟隨別人，就好像進吃時一邊吞嚥，另一邊又吐出來。若遇見難題，就自己做些實驗尋找答案。

雖然做病理較少事務要兼顧，不用面對病人，但這個專業十分艱難，要做得好，就要「捱」很長時間，累積豐富的經驗，腦內不斷「胡思亂想」，再去求證。當病理學家賺不到很多錢，所作所為都是圍繞自己的興趣。

不過，喜歡鑽研病理的人不多，因為病理學比較沉悶，不懂的話怎樣去想也無法想通，有些人覺得，整天對着爛掉了的細胞和細菌，很沒意思，但病理學是最基本的醫學，不知病的由來怎去醫治呢？再者，病理學促進醫學發展，新疾病的發現、如何治療及預防，都要靠病理學家去研究，所以世界各地都形容病理學家是「幕後的無名英雄」。

盧寵茂教授訪談錄

訪問日期
2019 年 12 月 16 日

訪問地點
瑪麗醫院

訪問者
劉蜀永、嚴柔媛

盧寵茂教授是國際知名的肝膽外科權威專家，於肝移植領域取得傑出成就，曾為此獲頒發國家技術進步一等獎。曾任香港大學醫學院外科學系系主任、港大深圳醫院院長、瑪麗醫院肝臟移植中心主任，現任香港特別行政區醫務衞生局局長。

選擇讀醫，主要受父親影響。他以前常說，醫生是個很好及助人的職業，有錢人和窮人都需要醫生，無論身處社會富裕或貧窮、戰爭或和平，醫生總是在幫助人。這使我留下深刻的印象。

另一個對我有重要影響的人是達安輝教授。不單是我，他對整個香港醫學界也有很深遠的影響。達教授最初在廣州嶺南大學讀醫，後來遇上戰亂，逃難到香港，在香港大學繼續學業。父親跟他在嶺大宿舍結識。我小時候曾聽父親講述達教授的事蹟，受很大鼓舞，希望可以跟他一樣，成為出色的醫生。

親手治癒病人　滿足感難以言喻

至於為什麼要選外科，因為在讀醫時期，外科給我的感覺是……「瀟灑」、「直接」，且在我理解中，更能實踐父親所提到「幫助人」的理念。外科的處理往往比較直接，例如病人流血就止血；病人膽管或腸阻塞就幫他們通；有腫瘤就切，手起刀落。雖然我內科考試成績優異，但內科醫生給我的感覺是顧慮重重，在診斷上要克服層層困難，像偵探般找出病因。可是，辛苦做出診斷後，能做的卻不太多，治療過程比較慢和間接，不能立竿見影。

讀醫時曾遇到一位內科病人，他很年輕，但突然肌肉無力，後來甚至用上呼吸機維持生命。那時醫學院的內科教授十分積極，像偵探般為病人做很多檢查，尋求診斷。有一天，他十分雀躍地走進病房，向病人及家屬宣佈終於找到原因，病人患的是運動神經細胞病變（motor neuron disease）。家屬都很高興，終於找到病因，解釋到為何一個二十多歲的小伙子突然不能動，呼吸也無力。雖然能診斷出病症，但該病跟神經細胞的退化、免疫系統有關，在那時仍然是不治之症。這使我不斷反思，即使多高興也好，最後還是無法幫到那位病人，這樣費盡心思又如何呢？醫生自己或許能得到學術滿足感，但不能治癒病人，難免有點遺憾。當然，再做多些研究，對這個病愈加了解，最終或能找到治療方法，幫助之後的病人。

在我而言，外科在治療上相對較直接，而且講求手藝，不只是科學，更是一門藝術。相比內科用藥物治療病人，無論藥物由哪位醫生開，效用都一樣；外科則不同，同一個手術，由不同外科醫生做，出來的效果都不一樣。每個手術都是一件藝術品，獨一無二，尤其肝移植，不但要切割，還有許多重建工作，每一針也很關鍵，縫太疏，病人會流血，縫得密血管又會太窄，容易阻塞，最理想是縫得剛剛好，這就很具挑戰性，關乎外科醫生的手藝和技術。我覺得自己手藝不錯，在砌模型等方面有些天份。每次成功完成手術，親手治癒病人，都帶來很大的滿足感。這就是外科引人入勝之處。

要手藝好，天份和經驗缺一不可。後天的努力十分重要，沒有人天生就是個完美的藝術家，尤其在醫學上，人體始終有一定規律，也有各種變異，不能像畢加索般無邊際地創作。舉例來說，外科醫生駁血管可以跟着原來路徑駁，也可以加點創意，另闢蹊徑，但又不能天馬行空，功能上根本無法做到。因此，做手術比藝術創作更具挑戰，要在框架中尋求突破。

藝術訓練講求基本功，例如在象牙等細小的物件上作精細雕刻，需經過長年累月的訓練；又例如書法，同樣要下苦功練習。外科訓練亦是同一道理，醫生在培訓過程需接觸不同病例，多看多做，才能鍛練手藝，學懂處理各類型疾病。

上世紀 80 年代末、90 年代初時，肝膽胰外科的挑戰性很大，手術風險高。肝臟血管滿佈，是人體內極其重要的器官，存在許多未能解決的問題。或許是機緣巧合，我開始接受外科訓練時，肝膽胰外科有蔡達權教授參與，後來又有范上達教授、黎卓先教授加入，這幾位專家讓我感受到肝膽胰外科的魅力，於是走上這條路。

香港外科歷史上的重要人物

説起香港外科醫學發展，不得不提港大醫學院幾位外科學系系主任。首先是港大醫學院前身香港華人西醫書院的首位外科主任康德黎（J. Cantlie），他不僅是一位出色的外科醫生，還改變了整個中國的歷史發展。若非他在英國救出被滿清政府捉拿的學生孫中山先生，説不定我們現在還在留辮子呢！提起康德黎，不少人只知他在《倫敦蒙難記》的角色，卻不知他在肝臟外科醫學上的重大貢獻。肝外科中有一條線很有名，稱為「康德黎線」（Cantlie's Line），就是由康德黎在香港發現。

解剖學上，肝臟分左肝和右肝，肝表面有一條清晰的鐮狀韌帶界線，傳統認為這條線就是左右肝的分界線。直至有一天，香港監獄中有位年輕犯人自縊，康德黎解剖犯人屍體時，發現其右肝因血管堵塞而萎縮，左肝則維持正常形狀。康德黎觀察到，原來左右肝的分界並非表面那條界線。他做了

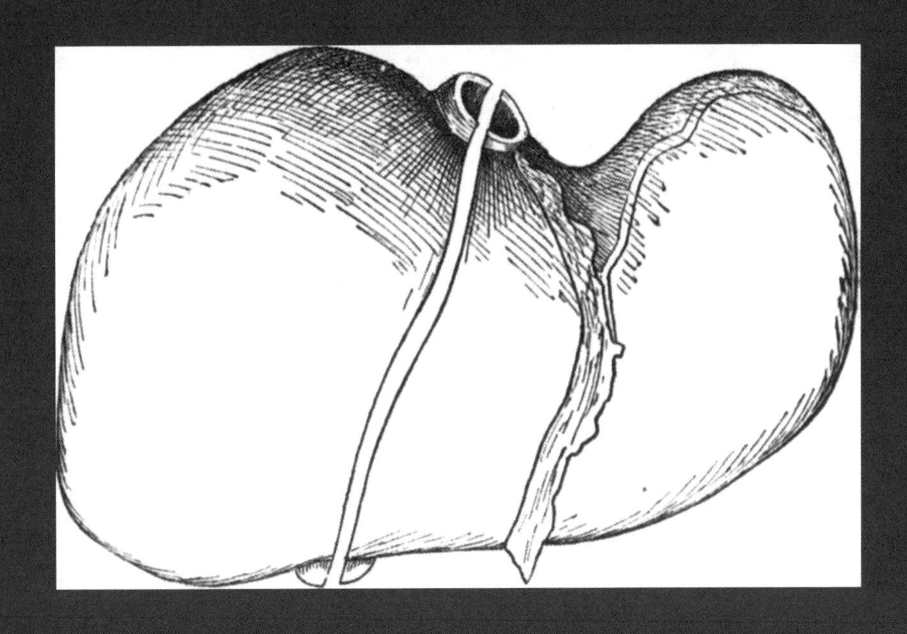

圖 16.1 康德黎在文章中展示的左右肝分界，後被命名為「康德黎線」。

多個實驗考證，包括注射物質進肝臟血管，從血管的分佈證實了他的推論，解開謎團。他根據實驗結果，重新繪圖，清楚標示出左右肝的真實分界線。1897 年，康德黎回到英國，在愛爾蘭都柏林聖三一學院開會時發表論文和圖像，公開這重大發現。[1] 這篇論文對肝膽外科往後一百多年的發展產生龐大影響，可說是在肝臟解剖學上一個最基礎的理論。

沒有這個基礎，所有肝臟切除和左右肝移植手術都難以實踐，尤其是右肝活體移植手術，香港在這領域的技術聞名遐邇。醫生在進行手術時需先處理血管，把血管鉗實，待肝臟變色後，才能找出這條隱形的康德黎線下刀。

除了康德黎外，狄比（K. H. Digby）教授也是香港外科發展史上一位舉足輕重的人物。他在 1915 年上任，至 1945 年退休，在任整整 30 年，對外科學系、甚至整個港大醫學院的影響十分深遠。他發表過大量著作和論文，當

1 James Cantlie, "On a New Arrangement of the Right and Left Lobes of the Liver", *Proceedings of the Anatomical Society of Great Britain and Ireland*, June 1897.

中不少是從在港經歷啟發。外科學系曾為他編寫一本專著，記載他的事跡。[2] 外科學系現設有狄比紀念獎學金、狄比紀念講座、狄比紀念基金，表彰他對香港醫學的貢獻。狄比初到香港時，醫學院才成立不久，專科分類不多，很多部門才剛建立。外科部門不少教授最初是解剖學教授，狄比是其中之一。外科研究和解剖學關係密切，醫生透過解剖屍體了解人體構造，獲得啟發，從而探討新方法，令手術更順利，上述康德黎的事跡正是好例子。

說起專科，就要介紹另一位響噹噹的大人物——王源美（G. B. Ong）教授。他是馬來西亞華僑，1964 年起任外科學系系主任，至 1982 年退休，我們現在身處的這個會議中心名為王源美圖書館（G. B. Ong Library），收藏了王教授對醫學貢獻相關的展品。王教授已經過世，但若你當年問他專門研究外科哪個專科，恐怕沒有答案，因為他「由頭做到落腳指尾」，稱得上是外科學系的開路人。以前專科或亞專科分類未有像現時仔細，很多亞專科都是新開展，需要由他幫忙開路，甚至婦科等其他專科手術他都會參與。他是世界上其中一位最早施行肝臟切除手術的醫生，在 1960、1970 年代，肝臟手術的死亡率很高，流血問題難以處理，只有很少醫生敢嘗試。

香港外科發展歷程中，亞專科的劃分大約在 80 年代興起。這就要提到黃健靈（John Wong）教授，他由 1982 年至 2008 年任職外科學系系主任。黃教授領導的 26 年間，致力推動外科發展亞專科。隨着病症愈加複雜，治療方法愈來愈多，醫生不需要「由頭到腳」都識醫，反而要追求在專門領域出類拔萃。我初入行時，外科學系屬下只有五個小組，經過多年建設，現已發展成 13 個亞專科。

回顧這段歷史，康德黎和狄比為香港的外科發展奠定良好基礎，王教授則把世界帶到香港，讓香港外科認識海外，面向國際，而接任的黃健靈教授再進一步帶領香港外科登上世界舞台，從追隨者變身領導者。

消失了的病例

隨着醫學發展、人口改變，常見疾病有所不同。舉例來說，香港外科史上有一種疾病很有名，名為復發性膽管炎（Recurrent pyogenic cholangitis），

2 Julia L Y. Chan and N. G. Patil, *Digby: A Remarkable Life*, Hong Kong: Hong Kong University Press, 2006.

又稱肝內膽管結石、原發性膽管炎。西方人膽管發炎的原因通常是膽囊的結石掉進膽管裏，造成膽管阻塞發炎，但復發性膽管炎的發病原因則不同，病人膽管自身反覆發炎，生出結石，與西方的病例大相逕庭。此病在昔日香港很常見，在東南亞、南中國一帶亦尤其普遍，常見於三四十歲人士。以前英國的醫生來到香港，發現這個在歐美未見過的病例，曾經稱此病為「香港病」(Hong Kong Disease)。

狄比教授在《英國外科學期刊》(*British Journal of Surgery*)發表一篇關於肝內膽管結石的文章[3]，提到他在香港發現許多華人患有這種疾病。這個病在1970、1980年代仍然盛行，但近二三十年卻大幅減少。至今仍有很多理論嘗試解釋病因，有人認為華人腸道裏有種特別的細菌；有人認為跟營養有關，因為患者多是低下階層，尤其常見於農村；有人認為是跟膽管內的一種名為中華支睾肝吸蟲的寄生蟲有關，因為農村人經常生吃淡水魚，魚內的寄生蟲可能引起膽管發炎，但這個說法亦未能完全解釋。

無論如何，這個病在香港漸漸少見。三十多年前我受訓時，晚上在醫院外科當值，經常有膽管發炎病人因受嚴重感染要入院做緊急手術。一切開，病人膽管裏充滿結石，要慢慢清除。那時差不多每晚都通宵做這種手術，但現在這種病在香港好像消失了，偶然會遇到兩三個舊症復發的病例。不過，此病在內地仍然存在，香港大學深圳醫院差不多每星期也接到一兩宗新病例，嚴重的甚至要進行肝臟切除手術。香港年輕醫生沒有治療此病的經驗，若要針對培訓，可能真的要到內地進行。

診斷精細　標準提高

除了病例改變，香港外科在臨床診療技術上也有長足發展，病例的檢查和治療方法愈益多樣化。以前診斷沒現在仔細，我受訓時，連磁力共振這些現在看來很基本的儀器也未有。正因為診斷不夠準確，有時要待做手術才能確定病人所患何病。那時經常使用「探查性開腹手術」(exploratory laparotomy)，開刀後才知病人出了什麼問題，醫生要即場做決定。

3　Kenelm H. Digby, "Common-duct stones of liver origin", *British Journal of Surgery*, Volume 17, Issue 68, April 1930, pp. 578–591.

手術中冰凍切片技術作即場診斷十分常用，醫生在手術前會跟病人先說明：「我們不知腫瘤是良性還是惡性，如果冰凍切片結果是惡性就切除。」病人不知自己面臨的是一個怎樣的手術，可能會出現「買大開細，買細開大」的情況。這樣並非最理想，第一，病人沒有心理準備，可能會覺得醫生事先講一套，做起來卻是另一套；第二，手術室的運作會受影響，手術長度難以預計，本來預計一小時，怎料原來「開大」，最後要做八小時，一個手術室一天進行很多手術，其他原本安排了的手術怎麼辦呢？或遇上「買大開細」，手術長度比預期短，手術室不就浪費了嗎？隨着標準改變，醫生術前診斷做得精細一點，病人心裏有底，資源運用亦能更有效。

那些年，不少醫生經常一星期工作 100 小時以上，以現時標準肯定不能接受，也不太合理。現在醫管局對臨床醫生每星期最高工時定有標準，雖則人手整體上比當年多了不少，但仍面臨人手不足問題。

換肝揭臉　絕處逢生

1991 年，我們在瑪麗醫院開展換肝技術，當年做了兩個手術。1992 年又做了一個，這年我下定決心，要在 1993 年到美國加州大學洛杉磯分校（UCLA）接受肝移植訓練。有位前輩曾對我說：「為甚麼要去學換肝？學完回來哪有得做？」那時不少醫生選擇轉到私家醫院工作，但肝移植手術太複雜且受供體所限，不可能在私家醫院進行，因此有些人勸我不要去受訓，認為在香港沒有機會發展，將來若轉到私家醫院工作也「搵唔到食」。

可是，如果香港本來已有發展，我就不需要專程去學。我正正是把香港沒有的新技術帶回來，甚至進一步發展，才有價值。1993 年我全年在洛杉磯留學，1994 年回來時，肝移植手術的數字仍然低落，但常言道「有危就有機」，絕望反而迫使我們開出一條生路，正因為如此困難，我們才會去發展活體肝移植這種創新的技術。

活體肝移植最初在小孩身上發展，因為小孩只需要一般成人肝臟左外側葉，即整個肝臟約四分之一，便足夠維持生命，但如果成人捐給成人，這個大小便不敷應用，於是我們想到移植右肝，捐贈者需要捐三分之二，自己只留三分之一。我們在 1996 年完成第一個手術，並於 1997 年在美國外科學會（American Surgical Association）這個全世界歷史最悠久的外科學會發表，

圖 16.2 盧寵茂教授向訪問者介紹肝臟的結構和康德黎的醫學貢獻。

並在其雜誌發表論文。[4] 在論文最後的討論部分，其中一位論者布蘇提爾醫生（Dr. Ronald Busuttil）正是我在洛杉磯學習時的老師，他用這句話形容：「事實上，莎士比亞的《哈姆雷特》或許最恰當地表達出這篇論文的重要性——『應付非常的變故，只有用非常的手段，不然是不中用的。』」[5] 因為香港缺少器官捐贈，醫生絕望到竟敢拿右肝來移植。我在文章的結論提到：「現時，此手術僅能在肝切除手術經驗豐富的移植中心內嘗試進行，作為最後的救治方法。此手術在未來成人活體肝移植發展的角色，有待界定。」[6] 意思是，沒有人知道這技術之後會否廣泛應用。這篇文章寫於 22 年前，時間證明現時此

4 Lo Chung-Mau et al., "Adult-to-Adult Living Donor Liver Transplantation Using Extended Right Lobe Grafts", *Annals of Surgery*, Vol. 266, No. 3, 1997, pp. 261–270.

5 英文原文為 In fact, this paper is perhaps most aptly put into perspective by Shakespeare's *Hamlet*. "Diseases desperate grown by desperate appliance are relived or not at all."

6 英文原文為 At present, the procedure only should be attempted as a last remedy in transplant centers with adequate experience in hepatectomy. Its role in the future development of adult-to-adult LDLT remains to be defined.

技術於亞洲以至全球已廣泛應用，成為其中一個令香港外科在世界聞名的手術，亦將全世界的肝移植手術領上新台階，我們後來亦因此獲得了國家技術進步一等獎等殊榮，這就是影響力。科研創新正是如此，當下未必能看到其影響，過一段時間回頭才能看見。

另一個要介紹的手術名為「上頜掀開術」(maxillary swing)，又稱揭面手術，屬頭頸外科的手術。香港不少人罹患鼻咽癌，鼻咽癌又稱「廣東癌」，在南中國很普遍。因患處位於頭部中央，治療十分困難，開刀有一定危險，只能用放射治療方法。揭面手術在面骨下刀，把整個面骨揭開，清除癌組織後再合上。手術團隊發表的論文附有手術中途及康復者相片。[7] 雖然手術過程的相片頗為驚嚇，但很多病人術後疤痕並不明顯。後來甚至出現揭開兩邊面骨(bilateral swing)的治療，猶如科幻片令人難以想像。

揭面手術由韋霖教授、林鑑興教授等醫生首創，是香港外科史上其中一個舉世聞名、別開生面的手術，至現時已發展成熟，應用頻繁，但比以前略為減少，因為有新替代方案出現——機械臂。機械臂從病人口腔進入，能探到深處，避免傳統手術切開的大傷口。不少創新的技術曾經盛極一時，但時移世易，重要性或會漸漸減退，由其他更先進的方案取替，所以醫學界需持續創新，當領導者而非追隨者。

雖然我們首創的右肝活體移植每年在全球為無數末期肝病患者帶來希望，但我們一直認為，右肝捐贈者的危險較大，並非最理想的方法。團隊正積極研究縮小移植肝所需的分量，看看能否減少至三成以下，這樣可考慮用左肝，這是研究的一個方向。醫學發展一日千里，或者未來不需活體肝捐贈者承受風險，可以在實驗室種一個人造肝作移植之用呢！

支援設備改善　加速發展

支援和設備的提供可以分兩方面：一是臨床研究，二是實驗室研究。我在 1980 年代中畢業後，開始「跟師父」進行臨床研究，那時並沒有任何支援，連電腦也要自己買。還記得我第一台電腦的處理器還是「286」，後來推出「386」、「486」，運算速度愈來愈快。文件儲存在只有 1.44MB 的磁碟內，現在一張照片也超出這個容量了。作業系統是 DOS，要在鍵盤輸入命令操作，

7　New Approach To The Nasopharynx: The Maxillary Swing Approach

不能像現在用滑鼠點擊。技術支援亦欠缺，醫生要自己看書，學習運用 SPSS（統計產品與服務解決方案）等程式來比較及分析數據，製作電腦代碼表，輸入資料。早期的 SPSS 不像現在點擊後就自動分析，需要用戶輸入命令，例如要比較 A 和 B 就要輸入 "CROSSTAB A WITH B"，若漏打一個字元，就會彈出命令錯誤的提示，但系統不會指出錯在哪裏，要自己檢查一遍，修正並重新輸入，十分費時失事。

未有互聯網時，找文獻很吃力，要親自到圖書館慢慢查索引、找書架。有時花大半天終於找到期刊的位置，才發現已被借走，時間白白浪費了。現在容易得多，上網一查，立即能下載閱讀。以前臨床工作特別忙碌，"on call"（待命）時間較長，一星期超過 100 小時，研究只能在晚上、周六、周日和假期才能做。不過，正因為條件艱難，每當完成研究、發表文章的滿足感亦特別強烈。

當年實驗室不多，支援很少。動物實驗室沒有獸醫協助，醫生做動物實驗，要自己查書學習如何麻醉動物，接駁血管用什麼針線器材。肝移植研究開展時需製作動物模型（animal model），用來測試活體肝移植所需的最小容量，探索如何令一個容量小的肝發揮足夠功能並再度生長，最初就在白老鼠身上做實驗。記得有一次，我在香港大學醫學院一個設備簡陋的小房間內獨自做實驗，把白老鼠麻醉後固定在桌上，做到一半，傳呼機突然響起來，醫院有急事。那白老鼠怎辦呢？沒有麻醉科醫生幫忙看管，又不可不理會病人，科研和臨床出現矛盾了。最後沒辦法，只能跑回醫院，那隻白老鼠也就白白犧牲了。

外科發展的需求愈來愈大，動物實驗室水平也要相應提升。踏入 1990 年代，動物實驗室設備開始獲得改善，聘有獸醫和技術員駐場，有專人幫忙麻醉動物、採購設備等。豬是其中一個很好的動物手術模型，因為體型、解剖構造跟人相似。現時港大醫學院外科學系的動物手術中心設備已達國際級水平，設有十個正式的工作台，可以同時麻醉十隻動物，供十組醫生同一時間練習做手術，方便研究和培訓，這些設施在微創手術課程中，經常用到。

不單是追隨者　更是領導者

隨着制度演變，公立醫院服務在 1990 年代統一由醫管局管理，當中包括香港大學教學醫院瑪麗醫院。大學重視教學、培訓和科研，追求創新。香港大學以 3+1 個「I」為目標，即國際化（internationalization）、跨學科合作（interdisciplinary）、創新（innovation），最終的目標是發揮影響力（impact），這就是大學的願景，而瑪麗醫院正成為醫療創新基地。

肝移植發展可作為創新困難的例子。全球首個肝移植手術由美國史塔哲（Thomas Starzl）教授於 1963 年操刀，結果並不成功。手術失敗、排斥等問題一直無法解決，直到 1980 年代，成功率才大幅提高，展開更多應用，但香港還未發展這方面的技術，以致香港的肝病病人要靠籌款到外國做手術。曾有肝病兒童透過慈善基金籌款約一百萬元，最後成功到澳洲完成肝移植手術。

為了在這方面發展，我們在豬隻身上做肝移植實驗。儘管動物實驗室環境條件不太好，但我們一直堅持練習，希望可以有進展。香港首個肝移植手術在 1991 年成功進行，但發展下去卻遇到一個障礙。由於醫院資源所限，我們若要進行一個肝移植手術，便要取消四個其他手術。我們陷入兩難局面，難道說這位肝移植病人重要一點，其他病人就不用做手術嗎？

正如父親跟我講，醫生是要幫助人。若本來能救兩個病人，明天有了新技術，可以救第三個，我不會因此而不救前面那兩位病人。救人不應該有限額，不應該規限每日只能救多少人，萬一人太多就要選擇救誰。在有限的資源下，無疑把需要作選擇的壓力轉移到醫生身上。

創新確實有代價，相信很多人也曾在這方面吃過苦頭，所以創新要有堅定的信念，有時不能計較太多。很多人以為，開展一項新服務時，可以要求有一萬呎地方，設立病床，聘用 5 個顧問醫生、20 個醫生、30 個護士……資源齊全了才開始做。其實我們開始肝移植服務時，什麼也沒有，沒有任何新人加入，甚至要到外面找資助，購買快速輸血機等肝移植手術用到的特別設備。

1991 年我們首次成功進行肝移植手術，在 1993 至 1996 年間接連成功進行首宗兒童活體肝移植、成人左肝活體肝移植、成人右肝活體肝移植手術。當我們在世界闖出名堂，有外國醫學院前來學習我們的技術，資源才開始改善。

醫學發展迅速，我們不應太保守，要當領導者，不應只當追隨者。我有信心在支持創新方面，未來特區政府一定會更具前瞻性。

香港醫療系統　對內地仍具影響力

我讀大學時興起了「認中關社」，提倡「認識中國，關心社會」，幾乎每個學生都認為這是份內之事。大學有很多內地交流活動，醫學院學生積極參加。我曾到過廣州中山醫院交流，亦曾坐火車上北京，需時約一日半。那時內地經濟尚未起飛，環境相對落後。城市入夜後漆黑一片，沒幾盞燈，人們用單車代步。天氣很寒冷，我們那時回鄉，都會多穿數件衣服，多帶點東西送給內地的親朋戚友。

這些交流活動確實有需要舉辦，不同地方可觀察到不同事物，好的可以學習，即使是不太理想的，也可以看看別人面對的難題和如何應對。我當上醫生後不久，首次到內地參加會議，會上的「屏幕」，就只是找塊白布用繩穿起，掛在牆上，風吹過時，那塊布飄來飄去，上面的字不停擺動，真的很原始。當年內地的醫生常穿拖鞋短褲上班，我們嘖嘖稱奇。因為港大醫學院外科學系一直都很嚴格，由 G.B. Ong 到 John Wong 年代，我們上學或上班都一定要「打呔」(繫領帶)，穿着整齊，維持醫生專業的形象，不然會被教授趕出病房，説你不像醫生，不尊重病人。可能因為當時內地經濟條件不太理想，醫生沒有醫生的模樣，不過時至今日，隨着內地經濟騰飛，醫生衣着形象與香港已無差異。

內地醫學水平近年進步神速，專業的提升不像經濟，不能單靠錢解決。儀器、設備可以買，基建可以發展，但人才始終需要時間培養。英國人很早把西方醫學知識傳入香港，因為接觸機會多，所以香港在語言及醫學發展上有優勢。1970 至 1990 年代，很多內地醫生來香港學習，因為他們無法到外國吸收知識，所以香港對他們而言是一扇窗口。隨着改革開放，情況已有改變，一來內地醫院可聘請外國醫生來工作，二來內地醫生語言能力提升，可直接到海外學習。香港的角色亦起了變化，不只停留在技術層面，而是要把整套管理理念、教學培訓及科研系統帶過去。香港大學深圳醫院便是一個平台，讓醫生、管理層來學習，把我們的影響力帶向另一層次。

回顧歷史　展望將來

綜觀香港外科的歷史發展，首要條件是擁有紮實基礎。香港是個優良的港口，很早接觸西方醫學，建立了香港大學醫學院。醫學院是香港醫療最重要的基石，成立 130 多年以來，在培訓人才、醫療服務、教育科研上均擔當舉足輕重的角色。另外，香港一直保持高度開放和國際化，語言上具有優勢，有助醫學發展追上國際水平。最後，香港醫療體制比較完善，公立醫療系統令大部分人獲得標準的治療。醫學研究上，治療方案不受經濟影響極其重要。醫生不需顧慮病人的金錢負擔，病人亦不會因付不起錢而不覆診，方便醫生跟進病人手術後的狀況，了解治療效果。

醫療服務不可或缺的一個因素是「人」，即使環境條件俱備，也要有人去實踐，才能成功。領袖的角色很重要，我想是緣份吧，香港幸運地遇上康德黎、狄比、G. B. Ong、John Wong 等這些「關鍵人物」，帶領香港外科發展創新成為領導者。

試想想，如果當初康德黎沒來香港發展西醫書院及外科，又或者 G. B. Ong 沒有從馬來西亞回港，沒有人知道醫學院現在會怎樣，回首歷史就會有這種神奇的感覺，好像一切都是命運的安排。我們要珍惜前人辛苦建立的成果，並要繼續優化現有的系統，香港醫學才能持續發展。

高永文醫生訪談錄

訪問日期
2020 年 10 月 7 日

訪問地點
佐敦 238 大廈

訪問者
劉蜀永、嚴柔媛

高永文醫生為骨科專科醫生，曾任醫院管理局專業及公共事務總監及署理行政總裁、香港特別行政區食物及衞生局前局長、香港中西醫結合醫學會前會長，現任行政會議非官守議員。

1976 年，我考入香港大學醫學院，學習至 1981 年畢業。1981 年 7 月至 1982 年 6 月，我先後在瑪嘉烈醫院的兒科和骨科部門實習。1982 年 7 月 1 日起，我正式成為醫生，在瑪嘉烈醫院急症科任職，工作一年後，於 1983 年 7 月加入瑪嘉烈醫院骨科，接受骨科專科訓練。1986 年，我成功考取愛丁堡皇家外科醫學院院士，成為專科醫生。

與骨科結緣　見證發展

我選擇進修骨科，是因為受當時一位顧問醫生馮海柱醫生啟發，他的教學很生動，令我獲益良多。醫生畢業後，主要用師徒相授的模式學習，尤其是外科醫生，因此「師傅」的教學形式很重要，需要引起學生的學習興趣。骨科是較着重「功能性」的科目，我們幫病人駁骨、矯正骨骼，不單追求駁得「靚」，更重要的是讓病人盡早回復最多的功能，才算成功。骨科的另一個特點是「透明」，可用 X 光觀看手術成果，骨骼有否駁好，一看便知。相比其他手術，傷口縫上了就無法看見，除非出現併發症，否則難以得知手術做得好不好。

香港骨科是其中一個特別的科目，我剛入行時，骨科仍隸屬外科，到後來才獨立成一個專科。香港曾出過一些享負盛名的骨科醫生，包括從英國來的骨科醫生、教授，也包括本地的醫生，如方心讓教授、邱明才教授等，都在國際骨科界很有地位。一般人認為結核病只影響肺部，但其實結核菌可侵襲骨骼、關節，香港骨科界在脊柱結核病上的研究對世界醫學有很大貢獻，在藥物治療和手術治療方面的技術發展均領先全球。戰後香港骨科的水平一直和世界各地的骨科接軌。值得一提的是，香港骨科醫生非常活躍於持續進修和臨床科研，並重視與外國專業交流。不少香港骨科醫生更曾擔任世界骨科學會會長，在國際上有一定地位。

人手不足　引入國內外醫生

1970 年代之前，香港的公立醫院數量有限，最初只有九龍醫院、瑪麗醫院等，至 1963 年才建成伊利沙伯醫院。公立醫院設施短缺、醫生人數不足，環境條件很差。手術室不敷應用，聽說在緊急情況下，醫生甚至要在病床上施行小手術。由於醫療人手不足，香港容許英聯邦國家的醫生免試註冊行醫，到我讀醫時，仍有不少來自緬甸等英聯邦國家的醫生在香港行醫，這些醫生在人手短缺時曾幫上不少忙。此外，香港曾有過特殊註冊的制度安排，容許內地來港的醫生在註冊慈善團體診所工作。這些醫生稱為「豁免註冊醫生」，只在慈善機構營運的社區診所工作，亦受一定條件限制，例如不能處方某些藥物。此制度後來經法例修改，成為「有限度註冊醫生」制度，規定當醫務委員會認為香港醫療有任何特別需要時，可以頒令容許符合特定資格的醫生在香港指定範圍執業。

其中一次較受注目的「有限度註冊醫生」制度之應用，旨在解決越南船民難民來港引起的醫療問題。越戰之後，很多越南船民來港。英國要香港成為第一收容港，引起爭論，很多人不認同這個政策，但英國自認為香港的宗主國，不理香港人的反對，堅持要香港用難民營收容所有來港的越南難民。然而，因為聯合國難民公署給予難民營醫生的薪金，和當時香港本地醫生的薪金相差很遠，加上香港本來就缺少醫生，難以負擔難民營的額外醫療需求，故沒有醫生願意進入難民營工作，造成人道問題。因此當時頒佈「有限度註冊醫生制度」，容許無國界醫生這些志願團體的非英聯邦醫生在香港的難民營工作。

謀求出路　1990 年代公營醫療大變身

我在 1980 年代初期加入香港公營醫療制度，當時的公營醫療制度已成雛形，服務以政府醫院為主導，衞生署則管理普通科診所，主要由這兩個系統負責。後來多了一些「公立醫院」，但這些並不是正式政府醫院，而是由東華三院、仁濟、博愛等志願團體、慈善組織營運，由政府提供津貼資助這些醫院龐大的醫療開支。不論是政府醫院，還是這些補助醫院，收費都很便宜，每年有百分之九十的開支由政府津貼。

政府醫院實行較官僚式的中央管理，沿用公務員制度，醫生、護士、工作人員都是公務員，彈性不大。前線醫院購買一部打字機，也要取得醫務衞生署批准，整體管理效率很低。另外，醫院設施不足，充滿帆布床，非常擠逼，情況遠比現在差。

政府在 1985 年委託澳洲顧問公司 W. D. Scott & Co.，檢討香港醫療的管理制度。該公司於 1987 年完成檢討報告，建議政府成立一個獨立於政府的醫院管理局，管理香港所有政府醫院和補助醫院。1988 年，政府成立臨時醫院管理局；為了把將來醫管局負責的工作分拆出來，政府於 1989 年把醫務衞生署一分為二，分別成立了醫院事務署和衞生署，前者負責管理醫院，扮演「過渡」角色，工作將來由醫管局接收，後者則負責餘下的工作，例如：公共衞生、港口衞生、母嬰健康等。1991 年，醫院管理局正式成立，接管所有公營醫院和補助醫院，構成獨立體系，後來更接管衞生署轄下的普通科門診。這是一個重要的里程碑，全世界甚少地方像香港這樣，由一個獨立的醫療機構，管理整個公營醫療體系。

1989 年，我正式離開瑪嘉烈醫院的臨床工作，獲邀加入醫院事務署，迎來了重大改變，由一個前線臨床專科醫生，轉為負責管理。1991 年，我由醫院事務署轉到醫管局，一直工作了十多年，至 2004 年年底離職，其時我已是醫管局其中一個總監，直接隸屬行政總裁領導。我很榮幸能全情投入、全程參與香港 1990 年代的醫院服務及管理制度改革。這次醫院管理改革規模之大，是前所未見的。至 1990 年代末，改革取得重大成功。有多成功呢？以前有錢人一般到私家醫院求醫，但改革後公立醫院的服務變得比較完善，竟吸引不少有錢人改赴公立醫院看病，有一段時間甚至令私家醫院面臨經營困難呢。

除服務效率和質素外，服務文化也得以改善。以前按醫生工作流程、管理方法，讓病人跟從，不會以病人角度出發，考慮就醫過程、輪候情況等。1980 年代到公立醫院門診求診，早上 5 至 6 時便要到醫院輪籌，醫生 9 時上班，巡房至 11 時，才開始為病人診症。病人每次看病得花上大半天時間等候，並不理想。現時醫管局提供預約制度，同時安排一部分醫生負責巡房，一部分醫生為門診病人診症，省卻病人輪候時間。

中國內地也參考了這個模式，如上海、北京成立公司，取代由衞生廳、衞生局等政府部門負責管理。一個城市有數百間醫院，政府實在是鞭長莫及，難以管理得如此細微；但由獨立機構負責，就可以專注營運醫院、提高效率和服務質素。因此，自從醫管局改革後，其中一個可以給內地借鑑的是醫療管理經驗，以及對新醫學模式和服務模式的探索。

然而，因政府決心不足，缺乏政治上的配合，以致未能完成另一部分的改革——醫療融資改革，即財政承擔的問題，這在醫療體系同樣關鍵。如政府能一直提供 90% 以上的補貼，當然能維持良好的服務，但當服務需求愈趨增加，如人口老齡化、醫療科技發展等，醫療費用預期會一直上升，卻沒人可擔保政府的財政能夠永遠承擔醫療開支。

香港政府以普通稅收來支付醫療開支，但香港是一個低稅率的地方，相比其他稅率為 20% 至 40% 的地區，香港稅率維持在 15%。面對醫療開支不斷膨脹，稅收根本不能應付。社會有另一種聲音要求改革香港醫療融資制度，曾提出了不同的建議，例如增加公立醫院的服務收費；推出由政府監督推動的社會保障計劃（Social insurance），仿傚加拿大、澳洲、新加坡、台灣等，每人在繳稅、公積金以外再供多 2 至 3% 的收入，專門作醫療之用。可是，香港人普遍不願接受「國民保健式」這種需要另外供款的計劃。香港只可以繼續依賴普通收稅，滿足龐大的醫療需求。香港醫療資源該如何達到可持續發展？2000 年代前後爆發亞洲金融風暴，政府財政曾連續幾年出現結構性財赤，因此削減醫管局撥款、人手、醫生培訓等。當政府儲備不足，這是可以預視的結果，但卻造成 2010 年後連串醫療服務問題——公立醫院容量不足、人手不足等。我在政府工作的過往幾年，都需處理這些後遺症。

難忘沙士　團結抗疫

在醫管局工作期間，我最難忘的經歷肯定是 2003 年 SARS 一疫。SARS 是一個全新的疫症，雖然我們全力應對，但仍有很多要學習的地方。SARS 侵襲香港前兩、三個月，我們已聽聞在內地廣州地區出現了不知名的肺炎感染，名為「非典型肺炎」。沒有人知道是什麼病毒，直至 2003 年 3 月在威爾斯親王醫院爆發後，我們兩間大學的團隊才首次發現 SARS 冠狀病毒。

SARS 初期病徵與一般流感無異，當時又沒有快速測試方法，醫生難以診斷。香港當時亦缺乏應對大型傳染病的預案，政府的整體指揮、協調、權力責任等分配不太清晰，傳染病專科的設施、人手、防疫物資不足。現時新冠疫情雖然在初期也曾出現物資不足的情況，但比起當時已好得多。猶記得 SARS 期間，醫院 N95 口罩存貨不足，我身為醫管局總監，親自出馬與當時唯一的 N95 口罩供應商美國 3M 公司商討，表示我們願意出錢，希望他們提供一條專用生產線給香港。他們最後拒絕這個請求，說他們是美國國防科技相關的公司，不是我們想他們就須答應。當時各個環節也有大大小小的問題出現，例如照顧 SARS 病人的醫護人員的輪值、住宿問題等，這些細節都影響到我們抗疫的成效。由於早期醫護人員對該疾病認識不足，約 200 至 300 名醫護人員受到感染，最終 8 位醫護人員犧牲，對香港的衝擊很大，經濟亦大受打擊。醫管局首當其衝受到諸多壓力。戰勝 SARS 後，很多政治上的操作發生。立法會作出調查，指責不同級別的問責官員，導致時任衛生福利及食物局局長楊永強和醫管局主席梁智鴻辭職，引起了不少風波。

SARS 疫情展示出香港醫療的專業精神，備受世界高度認同，即使受嚴重衝擊，醫護受感染，但是我們沒有「逃兵」，這是難能可貴的。2022 年第五波新冠肺炎疫情初期很遺憾有一些醫護人員以某種原因倡議罷工，幸好後來臨崖勒馬，沒影響疫情處理。

SARS 期間香港市民同舟共濟的精神亦十分重要，社會各界都團結一致，配合政府抗疫措施，戰勝疫症。今次新冠肺炎的疫情中，市民展現了對傳染病防護有充分認識和高度意識。雖然疫情好轉時，市民會稍為放鬆；但疫情一嚴重，政府推出措施，香港市民比其他地區的人更能配合政府措施。若將來要戰勝新冠肺炎，社區的團結也很重要。很多組織一直支援醫護人員、支援基層市民，派物資、派口罩，這在其他地方並不常見。

加入政府　致力平衡公私營醫療

2004 年，我完成了大部分和沙士相關的善後工作後離職，重投臨床工作。香港的制度規定，院長級以上的高層醫療管理人員不能做臨床工作。經歷十多年的管理工作，我已經是完全「脱產」(即離開了專業工作)。若「插隊」到公立醫院做臨床工作，除了影響別人的晉升機會外，相隔這麼長的一段時間，還能否配合隊伍工作，也很難説，所以我當時唯一的選擇就是私人執業。2005 年，我和幾位志同道合的同事開設了一家較大規模的骨科診所。工作至 2012 年，我獲梁振英先生邀請加入第四屆特區政府。2017 年完成任期後，由於梁振英特首不尋求連任，因此我在 2016 年年底籌備任滿後又回來擔任私家醫生。

醫管局在 1990 年代進行的是醫療管理上的改革，我加入政府後，領導的則是醫療制度的改革，其中涉及醫療融資問題。由於市民不接受額外供款的計劃，因此我和梁振英特首定調，香港醫療改革要以平衡公私營醫療雙軌制為目標進發。如何達到這目標呢？第一是設施平衡，我們要擴展公立醫院，很多現有的公立醫院都需要更新或擴大容量，私營醫院也要擴展，如果私營醫療設施不足，又如何好好配合公立醫療呢？所以兩方面都要有進展，同時兩者要取得平衡。

圖 17.1 啟德醫院預計於 2025 年落成。

我在 2012 年上任時，發現原來香港已有十年沒有興建大型公立醫院，相反第三屆政府預留了四塊地皮興建私營醫院。我認為這樣不夠平衡，於是訂立了 10 年及 20 年擴展公立醫院的計劃。啟德醫院就是我當年主導的項目。我接任時，啟德的地皮原是用來興建兩三間小型醫院，但這樣不符合香港人口密集的現實情況。香港與外國不同，外國地大人少，一間醫院床位只有數百張，且分佈較廣，但在中華地區人口密集，醫院要發揮良好效率，病床至少要有一兩千張以上，內地、台灣地區有些醫院病床數量更高達 3,000 張。在啟德這麼珍貴的地皮上，只建兩三間只提供四五百張病床的醫院，是不行的。我後來推翻了這個計劃，把它們合併為一間超級醫院。啟德醫院將提供 2,400 張病床，再加上已開始營運的兒童醫院的 400 至 500 張病床，加起來接近有 3,000 張病床，預計在 2024 或 2025 年至少能完成第一期。

至於私家醫院，興建四間實在太多，所以我只批准興建一間港怡醫院，另外供地和借貸給中文大學在馬料水興建另一間私家醫院。最後獲准興建的兩間私家醫院，一間與港大掛鈎，一間與中大掛鈎，希望它們不會變成貴族醫院，而是走較平民化、中產的路線，幫助達致平衡。

第二是人手平衡；第三是資訊流通，我在任內正式完成電子病歷紀錄「醫健通」計劃，私家醫院和公立醫院得以病歷互通，方便病人流動。第四是公私營醫療服務合作計劃，容許公立醫院服務遇上瓶頸時，轉介病人到私家醫療服務。最後是自願醫保計劃，吸引更多人購買醫療保險，讓中產病人有更多選擇，減輕公立醫院壓力。長遠而言，隨着醫療人員的培訓增加、醫療設施逐步到位，希望未來五至十年內，醫療系統可以達至平衡，具可持續性。

加強互動　臨床研究可望更上一層樓

香港醫療水平、科研標準與國際接軌，國際醫學界對香港臨床科研的成果及水準都非常認同。雖然香港地方小，但不少醫生寫過出色的專業文獻報告，在世界上甚有地位。醫院容許大學教授、醫管局顧問醫生做臨床研究，不少專家獲國際學術組織或藥廠邀請，主導或參與對新藥物、新醫療技術等的臨床研究。

不過，香港的醫學研究也面臨一些局限。第一，病人數量少，內地一個醫院一個月接收的病例可能已等於香港一整年的病例數量，做臨床研究需要足夠的病例，才有樣本可以對照。第二，香港過往缺乏一、二期的臨床研究基地，我和周一嶽醫生擔任局長時情況慢慢改善，政府撥款給兩間大學醫學院設立一、二期的臨床基地。現時香港已具備能力和設施，進行臨床前及一、二、三期的臨床研究。

我認為下一步最重要是香港與內地的互動。香港最大的問題是病人數量不足，現在做臨床研究大多是多中心研究，如能進一步與大灣區的醫療或學術機構合作，並在認同科學研究成果上取得更大的進展，相信香港可在臨床研究上再創高峰。

體系合作　聚焦民營辦醫

內地和香港醫療體系的互動一直存在，內地的中華醫學會很早已在香港建立分會。1980 年代，香港醫學會和內地中華醫學會脱鈎，走上了另一條路。不樂見的是，有部分醫學界專業組織趨向政治化，淡化了醫護專業精神。中華醫學會香港分會則仍在香港，希望可以發揮更好的角色，溝通兩地業界。

1970年代起，香港和內地醫生已有不少專業交流。香港很多教授受邀到內地進行講課或示範手術。到了1990年代，在醫管局的努力下，香港及內地醫學界就專業培訓和醫療管理展開頻密交流，例如內地的中華醫學會、中華醫院管理學會等都與香港有互動。雙方的交流亦從專科技術走到醫院管理層面，互相分享管理的經驗和模式。SARS後多了政府部門的交流，香港、內地衞生部（現在的衞健委）、澳門舉辦常設的三地高層衞生會議，定期召開不同層次的技術性會議，例如：傳染病的聯防聯控機制、通報機制等，逐步建成了政府層面的公共衞生及醫療政策互動。現時，無論在個別的專科、醫院管理、政策、公共衞生、通報機制方面，均已非常成熟。

上述的皆屬於交流層面，但實際上在醫療服務的合作則非常有限。CEPA簽訂多年來，只有三十多個香港醫療機構在內地設立，以港式管理為方針。雖然也有些港人在內地投資建設醫院，但沿用內地的醫療模式，算不上是香港與內地的互動。2005年，我和十數名香港醫生到內地開診看症，在當時是一個很新穎的嘗試，讓香港醫生體驗在內地診症的情況，內地的醫療人員與我們共事時也可了解香港醫生的做事方式。我和病人能用普通話溝通，但一說到醫學名詞，如X光、骨盆等，就考倒我了。最困難的是藥物的中文譯名，滿是生僻的深字，很多都不會讀，連醫院有沒有這種藥物也不太清楚。幸好醫院臨時訓練了一批護理人員從旁協助，教我們操作中文電腦，協助開藥。這次經驗非常寶貴，讓我們了解到香港和內地醫療的各種差異，小至打針等程序都有不同做法。

雖然服務上的合作不多，但也取得一定成績。深圳市民在排名時把香港大學深圳醫院排很高，亦有香港的眼科私家醫院在內地取得成功，其他則是一些小型的診所，有機遇也有困難。隨着大灣區的經濟發展，區內有不少香港市民工作、生活、退休、學習，對港式醫療服務有一定需求，這是一個機遇，但是內地近5至10年才開始推行民營醫療服務，過去20年的政策對民營醫療都沒有定調，直至過去5年的方向才開始穩定。總理去年提到「鼓勵社會辦醫」，即慈善團體、私營、民營等非公營辦醫，並開放「多點執業」，容許公立醫院醫生在院外執業；同時亦鼓勵「醫聯體」，三甲醫院和社區內的小型醫院或醫療機構合作，例如病人做完大手術後情況穩定，可送往社區的醫院跟進，避免病人擠在幾間大型醫院。

在下一個階段，可預見大灣區民營辦醫會是一個方向，只欠如何配合內地醫療保障制度。內地市民就醫習慣用醫保，民營機構要申辦醫保並不容易，若脱離了醫保，市民未必有資源、有信心去看病。下一步要做的是設立認證標準，涵蓋公營及私營醫院，給予市民信心保證。另一步是推動商業醫保，民眾可以通過商業醫保，接觸民營醫療機構。近年我在一國兩制研究中心進行政策研究，探討香港醫療如何參與大灣區醫療、進行合作、有什麼計劃、會遇到哪些困難，希望可以向三地政府提出政策建議，加快發展。第一份報告已於 2019 年年底在《港澳研究》雜誌上刊登。

發展中醫藥　盼達國際水平

雖然我是一名西醫，但我在 1989 年已開始參與香港中醫的發展。我在 90 年代曾兼讀香港大學專業進修學院（HKU SPACE）的中醫課程，對中醫有些基本認識。歷史上，港英政府曾規定，對中國傳統及習俗會予以保留和容忍，不會干預，因此容許中醫以傳統方法繼續行醫。不過，中醫在香港無法律地位，令香港的中醫長期沒有正式發展或培訓，情況並不理想。相反，內地自解放後，新中國重點支持中西醫結合的發展，中醫學院相繼成立，因此很多內地中醫都具有本科或以上的資格。至 1989 年，香港中醫仍是「師傳祖傳」制度，例如在藥材舖從當執藥的做起，慢慢學師成為中醫，又或者子承父業，並沒有正式的培訓制度。雖然香港不少有志的中醫曾舉辦各式各樣的培訓活動，但這些都不具備政府認可的正式資格。社會逐漸出現聲音指政府應重新審視香港中醫藥的發展。加上當年發生中藥誤服事件，兩位市民誤把「鬼臼」當成「龍膽草」服用。「龍膽草」是清熱的中藥，跟另一種名為「鬼臼」的中藥外形相似，但「鬼臼」是外用中藥，不可服用。這件事引起港英政府的重視，成立中醫藥工作小組，我由第一天已參與這個小組的工作。

政府在 1995 年成立中醫藥發展籌備委員會，籌備委員會建議香港就中醫藥立法規管，成立一個正式的中醫註冊制度。法例在 1999 年通過，2000 年實施，香港三間大學成立了中醫學院，培訓中醫師。及後，我在醫管局亦主導了中醫的發展，在 18 區成立中醫教研中心，作為臨床研究及教學基地，現時每區都設有中醫診所。醫管局在教研中心扮演很重要的角色，雖然教研中心由慈善機構管理，但所有標準都由醫管局掌握，跟西醫的合作也是由醫管局主導。社區內中醫藥的發展也頗為蓬勃，特別是門診服務。香港現時欠缺的是中醫醫院，故我在任內決定於將軍澳興建中醫醫院。現時已完成招標，兩年之內我們將會迎來香港第一家中醫醫院。

過去十年，我一直推動中西醫的合作。在 2000 年前後，我的骨科前輩周肇平教授牽頭，成功推動「中西醫結合醫學會」成立，這是香港唯一一個專業組織，容許註冊中醫或註冊西醫皆可成為會員，藉此推動中西醫互相認識、學習、交流、尊重。醫管局做了一些前期工作，規劃未來中醫醫院的服務模式和對象，將針對三大類的病人提供服務——癌症、痛症和中風病人，服務模式以中醫為主導，中西協作。

最後，我們希望把香港發展為「中醫藥國際化」的橋頭堡。在政府任職期間我做了兩項工作：一是在衞生處成立中藥檢測中心，這一點很重要，因為中藥的標準需要由我們自己來掌握，若中醫藥的標準不是由中國人來定，對中醫藥的發展會有很大影響，衞生處的中藥檢測中心將與內地檢測中心合作，希望成為國際上權威的中藥檢測中心，界定中醫藥的標準；二是我現時推動的「國家循證醫學中醫研究中心—香港分中心」，國家在過去數年已經成立了循證醫學中醫研究中心，中醫要國際化，必定要跟隨循證醫學（evidence-based medicine）的原則，才能跟國際接軌，香港臨床研究的水平很高，在國際上有認受性，所以若香港的分中心跟國家的研究中心合作，相信香港能作出貢獻，把中醫藥研究推上國際黃金標準的水平。

綜合而言，在中醫培訓方面，已正式建立起來；臨床研究方面，我們希望成立循證醫學中醫研究的分中心；服務方面，中醫醫院正在建立；檢測方面，衞生處已成立了中藥檢測中心，跟內地合作掌握中藥標準。要推動香港中醫的發展，這幾方面的工作都十分重要。

傅鑑蘇醫生訪談錄

訪問日期
2021 年 9 月 23 日

訪問地點
九龍塘會

訪問者
嚴柔媛

傅鑑蘇醫生為資深家庭醫學專科醫生，於 1977 年參與創辦香港全科醫學學院（香港家庭醫學學院前身），1992 至 1998 年擔任院長，任內曾帶領學院主辦世界家庭醫學會議，致力推動香港的家庭醫學發展。

我年少家境清貧，家人希望我可以早點出來工作，原本計劃考入羅富國教育學院，成為一位老師。幸運地，我考到不錯的成績，最後選擇了醫科。我在華仁擔任風紀領袖，不甘心只讀書，所以參與很多課外活動。在港大讀醫時也有參與學生組織的醫學會，負責籌辦醫科生五年的活動，我在第四年競選，成功當上了主席。

1966 年畢業後，接着兩年我都在伊利沙伯醫院實習和工作，先後被派到骨科及內科部門實習，每科六個月，完成實習後便離開部門，自己找出路。成績好的，獲上司賞識，就可以在該科繼續發展，但通常要「隔一隔冷河」，先到其他缺人的崗位工作一段時間。為了學習，我到伊利沙伯醫院急症室工作，過了一年半多，骨科聘用我任職駐院醫生（Resident Medical Officer, RMO），需在醫院留宿。這段時間學到很多骨科知識。工作一年多後，面前有兩條路可以選擇，一是到英國考專科試，二是到外面執業。我們屆共 69 人畢業，成績好的同學都選擇讀專科，剩下我們這些沒什麼上進心的，又聽說私人執業能賺不少錢，我當時考慮到家裏經濟，便選擇早點出來「掛牌」行醫。

最初我和幾位同學一邊在聖母醫院工作，一邊在私人診所行醫。聖母醫院允許私人執業。放工後晚上不用當值的日子，我便在深水埗的診所應診。這兩年我獲益良多。後來索性辭掉聖母醫院的正職，全職任私家醫生。過了一段時間，我在九龍城開設新診所「兩邊走」，直至十五年前深水埗診所被收回，便只有在九龍城應診。這個過程我轉變了很多，由一位全科醫生（General Practitioner，簡稱 GP），變成家庭醫學專科醫生。

以前高峰期我一天要為一百個病人診症，診金收得較便宜，由幾元慢慢加到幾百元；現在我照顧的病人數量不多，但每個病人我都花 15 至 20 分鐘問診，收費雖然較高，但病人都願意支付，因為我能解決他們的心理疑難，醫治他們的焦慮和抑鬱症，不再想自殺，或幫助到他們改善教小朋友、和丈夫溝通問題等。我到今時今日仍然堅持開診，不是為了治療傷風咳，而是因為這裏的病人很信靠我，願意傾訴自己的難處，透過跟我對話，找到生活的意義。這是一個家庭醫生應該做的事，不應只做醫病、轉介的機器。

全人醫療　學習關懷

一般人不明白家庭醫學的價值。家庭醫學的理念是全人醫療（whole-person care）。其他專科大多專注於某個器官系統，但家庭醫學照顧的對象是人，包括肉體及心靈的健康。醫治肉體上的病可以仰賴各種方法檢查，例如磁力共振等，但照顧病人心靈健康要靠醫生心得和經驗，人的情緒、背景不會寫在臉上，這才是困難之處。首要條件是取得病人信任，放心跟你傾訴。舉例說，病人因流鼻水到診所求診，可能是普通傷風，也可能是一些隱藏的慢性病，家庭醫生會看看問題在哪裏。傷風咳只是一個引子，一張「入場券」，家庭醫生要把握這個機會，挖掘出病人的問題，將來如何預防，才能達到持續護理（continuity of care）。

如何能取得病人信任呢？具備豐富的醫學知識是基本，要持續學習醫學知識，了解最新的技術和數據，與時並進。有實力，能醫好人，病人才會相信你。更重要的是心地善良，有良好態度，有愛心，要懂得和病人相處。在醫院，醫生進行手術、驗屍、照X光等程序，不用特別理會對方當下感受，但在診所，家庭醫生面對的是人，不是換個零件就可繼續運行的機器。人很容易有感受，會感到痛苦、會有共鳴，所以家庭醫生要有同理心和人性，願意聆聽，會為對方的未來考慮，才能建立關係。

這些技巧都要去學，例如學習什麼條件能令病人顯露自己的精神問題，學習如何表達自己，要有眼神接觸，抱着關懷態度，了解病人背景、各方面的生活。例如病人失眠，可能是因為家庭、父母、婚姻、工作等出了問題，病人不會主動告訴你，要家庭醫生開口去問。發問的態度和技巧亦很重要，不能高高在上、查家宅、趕時間、敷衍了事。這些都不是醫科生一畢業就懂的事，因此六年的家庭醫學專科培訓很重要。即使完成培訓，當了院士，醫生仍要花一輩子時間來學習、改進，從病人、同事身上學習如何跟人相處。

建立專業組織　提升水準

GP沒受過專科培訓，隨着社會進步，GP發揮的角色變得有限。一般私人執業的GP，只關心有多少病人來看病，能賺多少錢，卻不願學習新知識。踏入1970年代，香港一些GP不滿意每天只是看病、收錢、走人，他們想提升專業水準，學習外國同業，建立一些標準、制度，維繫香港市民的健康。1975年起，由李仲賢醫生牽頭，阮中鎏醫生協助，我和幾位同業着手籌備，召集了一批有心的全科醫生一起商討。其時政府的目標是發展醫院，對基層醫療不太關注。儘管遇上不少困難，我們仍繼續籌備，希望成立一個組織，讓全香港執業GP參與，作為溝通平台，為同業帶來裨益，發揮作用。1977

圖 18.1 1996 年第九屆香港全科醫學學院及澳洲全科醫學學院聯合舉辦的院士頒授典禮，出席人士包括醫專主席達安輝教授（前排左三）、澳洲全科醫學學院主席歐文（Colin Edward Owen）醫生（前排左四）、李仲賢醫生（前排右二）等。

年，香港全科醫學學院（The Hong Kong College of General Practitioners）正式成立。學院推行一些知識傳授課程，舉辦講座、放映醫學電影，並設有計分制度，記錄學員的參與，建立了一套標準。

學院只有知識傳授並不足夠，還要建立資格認可的院士考試制度。1984年至1986年，我們學院設有本地院士考試，由達安輝教授擔任主考官，再邀請三位信譽良好的外國家庭醫生來擔任外校考官，他們分別來自英國、澳洲和馬來西亞，考試時間大約一個小時。1986年，世界家庭醫學會議在倫敦舉行，我和李仲賢醫生有份參與，希望借助外國經驗，提升考試制度的水準。我們首先找英國皇家全科醫學院商討合作，但他們很驕傲，覺得香港只是英國的殖民地，所以香港只能成立一個委員會，由他們派人來把關，讓香港的醫生考英國的考試。這不是我們的目標，於是我們找澳洲皇家全科學院商量，他們聽後，表示很樂意幫助世界各地醫療發展，答應在1986年派人來香港看看。他們於同年訪港視察我們的本地考試，決定與我們成立聯合考試（Conjoint Examination），通過考試可同時取得澳洲和香港全科醫學學院院士資格。1987年，兩邊建立起正式的聯合考試，澳洲派考官來港監考和頒授學位，這個制度運作至今已是第33年。

最初報名應考的都是資深醫生，沒有額外受訓，澳洲容許報考的準則是須具備五年全科醫生工作經驗。數年後，醫管局開始想發展門診服務，但發覺門診醫生資歷不夠，於是找我們全科醫學學院討論。其時我身為院長，亦想乘機建立一個正統的訓練制度。在衞生署安排下，我與本院的持續醫學培訓委員會主席曾昭義四出走訪，跟各大醫院商討，懇請他們提供機會，讓我們的學員在醫院各個部門進行院內培訓（hospital-based training），他們接納這個提議。於是我在90年代開始成立這個計劃，編排報名的學員到各醫院學習，為期兩年；完成後就接受另外兩年的社區培訓（community-based training），在門診應診，我們會派人視察診所的環境設備，評估是否適合進行訓練，並觀察學員診症過程。醫生完成這四年培訓，過了我們這關，才可以報名參加聯合院士考試。

加入醫專　獲得認可

1992年，香港醫學專科學院（Hong Kong Academy of Medicine，簡稱醫專）成立，各個專科學院都加入成為醫專的一分子。外科、內科等在醫院服務的專科，毫無懸念獲得成員資格，但全科如何能成為一個專科，加入醫專呢？我在 1992 年至 1998 年擔任香港全科醫學學院院長，積極爭取全科加入醫專。其他專科想排除全科，他們認為醫專高人一等，全科「未夠班」。我告訴他們，其實是他們不懂，我們比醫專更早成立，比其他專科更早設有聯合考試，這些都是我們努力下的成果。若醫專這麼大型的醫學組織，排除了全科醫生的參與，在世界上會被人看不起的。基層醫療醫生（primary care providers）佔一個城市的醫生約百分之五十，如果放棄了這班人，他們只會原地踏步，沒有機會提升自己。雖然我們學院設有聯合考試，但報名人數不多，若加入醫專，將帶來更大動力，鼓勵更多人接受培訓和考試，提升水準。我們最終獲接納加入醫專，成為醫專十二個創始學院成員之一。

醫專要求每個專科統一設立六年培訓制度，為符合條件，我們在原有的四年培訓增加兩年的高級培訓（higher training），培訓場所由醫生自由選擇，可以留在政府，亦可以到私人診所掛牌，在診所主管（clinic supervisor）的指導下工作。我們會派人去觀察醫生的應診技巧（clinical skills）及診所業務管理（practice management）的能力，同時醫生需完成研究課題，就能通過考核，取得香港醫學專科學院院士，向醫務委員會申請批核專業資格。

加入醫專，大力地推動我們要做得更好。最初我們曾被輕看，現在則和其他醫學專科平起平坐。儘管如此，家庭醫學專業資格仍然不太為人認識，我在 1992 年開始擔任院長，那時學院剛加入醫專，其他專科學院不了解我們全科醫生的工作範疇，我勤力地出席醫專各個會議、畢業禮、晚宴等社交活動，多給面子，跟每個專科學系都打好關係，建立人脈，希望提升我們專科的地位。大家未必認識家庭醫學，但都認識我 Stephen Foo 這個人，我一個人就代表了這個科。我用盡個人能力，增加溝通和交流，打好基礎後就可以迎來順利發展。這六年我也獲益良多，接觸不同學科，認識了很多其他專科的醫生，於我而言是很好的經歷，讓我更決心做一個好的家庭醫生。

與時並進　提升國際地位

我們學院初時稱為香港全科醫學學院，後來發現這個名字有點問題，普通市民不太清楚我們跟一般醫生有什麼分別。醫專成立前後我們開始籌備改名，重新命名為香港家庭醫學學院（Hong Kong College of Family

Physicians)，順應全世界的趨勢。但在一些地方，例如澳洲、紐西蘭、英國等，仍保留使用全科（General Practice, GP）的名稱。

在國際層面，業內最具影響力的機構是世界家庭醫學會（World Organization of Family Doctors, WONCA）。該組織每兩至三年召開世界家庭醫學會議，讓世界各地分享發展經驗、互相學習，促進醫學交流。我擔任香港家庭醫學學院院長時，學院在 1995 年主辦過世界家庭醫學會議，八十多個國家、數千人參與會議，場面盛大，全世界參與的家庭醫生都肯定這次會議的成功。後來學院又在 1997 年及 2009 年主辦亞太區會議。舉辦這些盛事，有助提升香港家庭醫學的國際地位，亦令政府更了解家庭醫學在本地醫療系統的重要角色，有助加強溝通和合作，讓香港基層治療工作達到更高水平。

在我們學院成立以前，李仲賢醫生已在 WONCA 擔任委員，1992 至 1995 年更成為香港首位出任 WONCA 主席的醫生，這全憑他個人努力得來的成就。他招待過世界各地的醫生、引進家庭醫學的概念，出錢又出力，令很多著名醫生願意給他面子，到香港擔任考官和講課，所以他幫助了我們成長，沒有他就沒有今天的我們。他 1952 年在港大醫科畢業，是達安輝教授的同學，所以成功邀請他在 1984 年擔任我們學院本地試的主考官，增加考試的公信力。達教授後來擔任醫專第一屆主席，因為他當過我們的主考官，負責評分把關，足以證明我們的考試、培訓水平有質素保證，夠資格進入醫專。

我在 1998 卸任學院院長，由李國棟（Donald Li）醫生接棒。他父親李福權是一位有名的外科醫生，有份參與創辦全科學院。這個年青人很有魄力，又是賽馬會董事，大家族出身，很具影響力。他進入醫專後，曾任副主席，後來更當上主席。由一位家庭醫學出身的醫生當主席，領導醫專 15 個專科，進一步確立家庭醫學的地位。任期完結後，他在 WONCA 又選上主席，真是了不起，他經常到世界各地參與活動，出席畢業禮等。我們學院出了兩個 WONCA 主席、一個醫專主席，到今天，已沒人敢質疑我們香港家庭醫學學院的水準。

研究與學術發展

我們學院設有研究事務委員會，由中大的黃仰山教授主持，負責批核受訓醫生的研究計劃資助申請，若成功通過可獲十萬元研究經費。醫生亦可向

圖 18.2 1995 年香港家庭醫學學院主辦第 14 屆世界家庭醫學會議，院長傅鑑蘇醫生向會上演講學者致送紀念品，圖左一為時任英國皇家全科醫學院院長紐曼（Lotte Newman）醫生，右三為蔡元雲醫生，右二為林露娟醫生。

醫管局申請資助。研究很重要，但我們在研究方面的發展相對較弱。其他在醫院工作的專科有大量統計數字可以研究，但家庭醫學難用數字量化，也難以集中統計。而且，研究需負擔經費，但政府的支持、宣傳不足，家庭醫學的研究不獲重視。我們的醫生都有固定正職，只能用工餘時間從事研究，因此需聘用研究助理幫忙收集數據，這就牽涉經費問題。

1984 年以前，大學醫學院沒有家庭醫學這一科。中大醫學院成立後，把家庭醫學加入課程中，成為社區醫學系的一個分支。現時中大的公共衛生學院統籌了公共衛生、社區醫學、家庭醫學三個科目，由楊永強教授領導。在港大醫學院，家庭醫學一直隸屬內科學系，規模細小，沒人領導，資源緊絀，到 2010 年在林露娟教授的帶領下，脫離內科學系，成立一個獨立學系。現時兩間大學家庭醫學部門的分別由黃仰山和林露娟兩位教授領導，部門會安排醫學生分別到瀝源及鴨脷洲健康中心門診和其他私營診所學習。家庭醫學的本科教育很重要，如果做得不好，沒有醫科生願意投身家庭醫學的行業。

我自 1984 年起一直參與家庭醫學的教育，有到門診視察，也有請醫學生來我診所，坐在一旁學習。我教學生如何診症，但更多是傳授人生哲理。教授家庭醫學並不容易，只聽書是沒用的，醫學知識和做手術的實際技巧可以在醫院學，但與病人相處、取得信任等，要醫生自己領悟。

發展基層醫療　仍需努力

近年政府計劃在 18 區建設地區康健中心，由社區機構投標管理。地區網絡醫生為病人評估，可按需要轉介病人到中心尋求物理治療、牙科、眼科、社工、X 光等服務。不過，很多地區網絡醫生本身不是家庭醫生，中心亦沒有建立培訓系統，需要由我們家庭醫學學院為他們提供家庭醫學的訓練課程。

現時家庭醫學專科訓練每年只有約 30 多個名額，這完全視乎醫管局提供多少個位。醫管局則主要看市場需求，每年 500 多名醫學生畢業，他們認為外科、內科專科醫生不足，就派多些名額給那些專科，家庭醫學相對上不重要，就給少點。在家庭醫學培訓過程中，首兩年要在認可的醫院接受駐院培訓，輪流在內外婦兒產科和其他專科學習。我們十分感謝醫管局給我們的學員有駐院培訓的機會。社區培訓則在政府門診進行，醫管局七個聯網，200 多個門診部門，全部都是我們的培訓基地。受訓的醫生均是醫管局的僱員，為各門診提供服務。獲得專科資格後，他們傾向留在政府和醫管局工作，因為無論在哪個專科服務，通過專科考試後，在醫管局服務五年便有機會晉升為副顧問醫生（associate consultant），個別專科缺人可能兩三年就能升職，如此便有清晰的職業階梯。不少政府家庭醫生覺得在外面難有生計，於是長期留在政府工作，不願離職。然而，我們今年已是第 34 年考試，多年來已培訓了 780 多名專科醫生，個個留在政府內「塘水滾塘魚」，有些已升到沒有機會再升，就當個普通醫生天天看症，我覺得這是浪費人才。

政府門診的醫生半天要看 40 個病人，平均七分鐘看一個病人，包括診症、寫轉介信、開藥。他們都是家庭醫學專科醫生，雖然有知識，但沒有時間去了解病人，久而久之和未訓練過的醫生無異。同時，不少病人到政府門診只為了取藥，不希望醫生問太多，成為習慣以後，醫生很難和病人有真正的溝通。這是香港基層醫療目前面對的困難。我們費盡心機義務訓練了那麼多醫生，但發揮的作用有限，如何把這些人有效地運用於社會是政府的責任。

政府門診工作的醫生受過我們的正式培訓，有一定的專業水準，但政府二百多個門診部門，大約只服務香港 30% 的門診病人，剩下的 70% 就找出面掛牌的私人執業醫生。私家醫生很多都不願來考我們的試，因為他們未經過有系統的家庭醫學培訓，要通過家庭醫學專科水準的考試，十分困難。而且在香港醫療制度下，只擁有基本醫學畢業資格，醫生就可自由在私人市場行醫，因此他們沒有誘因去考專科試。從醫多年，我曾看到有些醫生沒有根據最新的醫療標準和數據給病人治療，導致病人接受錯誤的診斷和治療，延誤病症。醫學知識日新月異，醫療發展一日千里，若醫生缺乏正確和精準的醫療知識，胡亂為病人診病，這是失德的行為。醫務委員會內有一個「審醫生」的機制，所有投訴信首先送去初步偵訊委員會（preliminary investigation committee, PIC）審核。我在這個委員會工作了 16 年，曾經見過不少醫學失德和醫療疏忽的個案，這些都只是冰山一角。我們無法管制私人行為，除非他們犯法，才有機會被釘牌及褫奪醫學資格。我很感嘆，我們學院成立了四十多年，時至今天，為何基層醫生的質素沒有相應提升？相反，醫院的技術有很大進步，外科手術甚至可以換腎、換心、換肝。基層醫療的水平和發展卻不成正比，私人和政府提供的基層醫療服務都沒多大進步，彷彿浪費了很多人力物力去培訓。政府為何不幫助改善家庭醫生質素呢？我曾跟陳肇始局長說，一定要提升照顧 70% 人口那些私人執業醫生的水平。這個問題只有政府才能解決。

私人執業涉及開支、成本，若醫生水平高，病人亦願意支付較高的價錢看病，但這個標準應該如何釐定呢？現時鼓勵醫生進修的制度主要是「醫生延續醫學教育計劃」(Continuing Medical Education for Doctors, CME)。每年參與活動、聽講座可獲得學分，儲 30 個課堂學分，就可得到「延續醫學進修證書」(CME-certified)。滿足了政府的要求，就可以在《基層醫療指南》名單登記，參與醫療券計劃，轉介病人到地區康健中心等，得到好處。我覺得這個門檻太低了，於是向政府建議，要催谷那些醫生讀我們學院的一年兼讀制文憑課程。這課程在 17 年前設立，設有課堂和臨床訓練，我是課程總監，參加的醫生每星期上一堂，要考試，修畢課程能獲得醫務委員會「准予引述的專業資格」(quotable qualifications)。政府不敢做，現時只是鼓勵醫生去讀而已，但我覺得不強制做是不會成功的。

政府門診以往隸屬衞生署，後改由醫管局管轄，基層醫療的發展受到很大局限，醫管局把資源重點放在醫院服務，門診服務難免被忽略。那天我跟陳局長説，發展基層醫療要有獨立資金、獨立計劃，增加政府門診數量，增加家庭醫生數量和加強各區門診服務，減少每節的診症數目，同時鼓勵私家醫生進修、提高水平。政府應該要找我們合作，成立一個基層醫療管理部門，管理所有公立門診和私人執業，重新制定方向，請一些了解基層醫療的醫生幫忙，這對香港整體的利益比單獨發展醫管局大。門診部門在醫管局管理下難以發展，雖然醫管局能為我們的醫生提供訓練，但政策發展方面，政府不能光靠醫管局推動基層醫療。基層醫療是守門的工作，能幫助預防及提早發現疾病，當中牽涉到病人對醫生的信任，需要家庭醫學的經驗。家庭醫學學院可以扮演更重要的角色，而非只是負責考試、訓練。

做好基層醫療，可以節省政府公共醫療開支，不用把所有病人都推去成本昂貴的二級或三級醫療架構 (secondary and tertiary care)，增加醫管局的負擔，這是長遠計劃，對香港醫療系統都有裨益。

韋霖教授訪談錄

訪問日期
2021 年 10 月 28 日

訪問地點
養和醫院

訪問者
劉蜀永、嚴柔媛

韋霖教授為著名耳鼻喉頭頸外科專家，曾與團隊研發以「揭面手術」治療鼻咽癌。1974 年起任職於瑪麗醫院，1975 年起同時於香港大學任教，至 2010 年退休轉至養和醫院執業。

我在上海出生，後來移居香港，在聖類斯中學讀書。1969 年，我獲香港大學醫學院取錄，1974 年畢業之後選擇在外科專科發展，在瑪麗醫院擔任普通外科醫生（general surgeon），主要工作是「開肚」，例如腸、胃疾病相關的手術。1979 年，我通過英國愛丁堡皇家外科學院院士考試。回港後，我較多參與治療癌症的手術，當時頭頸癌症手術由普通外科醫生執刀，記得當年有一位喉癌病人，我需要切除他患癌的喉嚨以作治療。手術後，病人跟我表示他的聽力下降，但由於當時我不是耳鼻喉科專科醫生，所以無法幫他檢查。

這次經歷使我留下深刻印象。我漸漸發現很多頭頸癌都跟耳鼻喉相關，例如舌癌、喉癌、鼻咽癌等。然而，普通外科的知識並沒有特別涵蓋耳鼻喉及頭頸部位，如果不深入了解相關結構，又怎能診斷出病人這些部位是否有癌症呢？我於是開始鑽研這方面的知識，1986 年再去英國愛丁堡考試，這次是考取耳鼻喉科的外科院士。取得院士資格後，我在瑪麗醫院診治耳鼻喉及頭頸癌症病人，同時在港大教書，一直工作到 2010 年退休，再轉到養和醫院執業。

耳鼻喉科的名稱與早期歷史

耳鼻喉科的英文名字很長——Otorhinolaryngology，Oto 是耳，Rhino 是鼻，Larynx 是喉的意思，簡稱為 ENT（Ear, Nose and Throat），但其實我們不只治療耳鼻喉的病變，也治療頭和頸區的病變，所以現在香港和外國很多地方都改稱這個專科為「耳鼻喉頭頸外科」。[1] 不少市民以為耳鼻喉科只醫治鼻敏感、喉嚨痛、鼻塞等毛病，但其實我們也做很多大型手術，例如治療甲狀腺癌、喉癌、口腔癌、舌癌、上下頜骨癌、鼻竇癌、鼻咽癌、顱底腫瘤（skull base tumor）等嚴重疾病。

香港耳鼻喉科醫學院前院長馮啟賓醫生曾寫過一篇文章，介紹耳鼻喉科在香港的發展歷史。他把這段歷史分為三個時期：初始期（1950 年代及以前）、成長期（1960 年代至 1990 年代初）、鞏固期（1990 年代後）。早期香港最有名氣的耳鼻喉科醫生是李樹培醫生和梁德基（Douglas Laing）醫生。李樹培醫生 1928 年在香港大學畢業後，在維也納接受專科訓練，是首位考獲愛

1　英文為 ENT, Head and Neck Surgery 或 Otorhinolaryngology, Head and Neck Surgery.

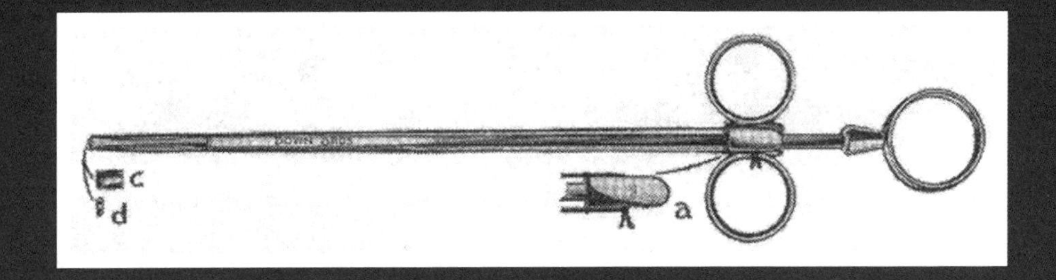

圖 19.1 李樹培醫生發明的自動打結儀器。

圖 19.2 蔡永善醫生向香港大學圖書館捐贈耳鼻喉科藏書。

丁堡外科院士資格（耳鼻喉科）的港大畢業生。他曾發明一個自動打結的儀器（Automatic Knot-tying Instrument），用來做扁桃腺手術。他兄長李樹芬醫生也是一名外科醫生，兩兄弟先後擔任養和醫院院長。後來香港耳鼻喉科醫學院成立時，也有把李樹培醫生收錄為院士成員。

初期耳鼻喉科大多涉及切除扁桃腺、洗鼻、切除鼻瘜肉等小型手術。養和醫院 1950 年代的手術室記錄（operating theatre register）上可以找到不少這些手術的項目記錄。以前扁桃腺切除術（Tonsillectomy）要醫生親自切除，現在可用機械臂協助。不過，用機械臂費用較為昂貴，所以仍未十分普及。切除鼻瘜肉的技術也有改良，以前要把瘜肉拉出來，現時在內窺鏡協助下用吸入切割器（debrider）把整個瘜肉切乾淨，鼻腔內留下很細小的傷口。

1940 至 1950 年代，耳鼻喉科、眼科和普通外科屬於同一個專科。不少醫生都是跨領域工作，例如華人領袖周錫年醫生是位眼耳鼻喉科（EENT）醫生，港大外科學系系主任王源美（G. B. Ong）教授雖然是普通外科醫生，但他也做頭頸癌症手術。我年輕時當駐院醫生（Resident Medical Officer, RMO）時，有幸曾協助他做手術。

1957 年政府派蔡永善（George Choa）醫生到英國愛丁堡訓練及考試，他回來後成為當時政府唯一的耳鼻喉科顧問醫生。蔡醫生對病人很和善，在推廣耳鼻喉科方面也非常積極。以前香港大學圖書館耳鼻喉科的書籍不多，資源都投放在購買外科、內科學系的書籍，蔡醫生知道後，便捐出家中的耳鼻喉科藏書，又添置了很多新書送給圖書館。他後來亦捐錢成立「蔡永善講座」（George Choa Lecture），邀請一些海外知名的耳鼻喉科教授來香港講課，慢慢建立香港的耳鼻喉科專業。

逐漸成長　建立專業

1960 至 1990 年代是香港耳鼻喉科的成長期。繼蔡醫生後，政府又陸續訓練及招聘了很多人才，包括李信廣、倫志根、張錫憲、林泰堯、鄧樹安、余協祖、周順傑、馬光漢等醫生。他們先後成為了政府的耳鼻喉科顧問醫生，隸屬於醫務衛生處，在公立醫院擔任要職。

隨着耳鼻喉科漸漸多人認識，蔡永善等數位醫生在 1968 年成立了香港耳鼻喉科學會，學會的主要工作是舉辦醫學會議、社交活動等，旨在提供平台，讓對耳鼻喉科有興趣的醫生交流資訊、分享經驗和聯誼聚會。學會剛成立時只有數名成員，運作至今已有逾200名成員。

同一時間，耳鼻喉科也開始加入醫學院的教學課程之中。香港大學在1960年已向醫科生有系統地教授耳鼻喉科的知識，講師就是當時政府僅有的耳鼻喉科顧問醫生蔡永善，我也是他的學生之一。耳鼻喉科是個比較小的科目，間中上一堂，那時未有教得很深入。港大的耳鼻喉科部門在1983年成立，聘請瑞典醫生安格齊爾（Ulf Engzell）擔任高級講師，他後來晉升為教授。我自1975年起在港大擔任講師，至1991年晉升為教授，除了教學和為學生及受訓的專科醫生安排課程，我亦積極參與頭頸外科手術的發展和研究。

在港大的架構內，耳鼻喉科部門隸屬外科學系，但是在瑪麗醫院，耳鼻喉科與外科則是獨立分開的兩個部門，因此出現了一個有趣的情況。在醫院開會時，我是耳鼻喉科的主管，和外科主管「平起平坐」；但回到港大，我是耳鼻喉科的教授，隸屬外科學系管理。這是因為大學耳鼻喉科只有兩個教職員，規模小，難成為獨立部門，但政府醫院內的耳鼻喉科醫生數目較多，所以和外科分開管理。

中大醫學院則在1985年成立耳鼻喉科部門，由在南非受訓的尹懷信（Andrew Van Hasselt）醫生領導，他現在仍在中大擔任教授。部門的骨幹成員包括吳港生醫生、岑卓倫醫生和唐志輝教授等，他們的團隊首創了「香港耳瓣」（Hong Kong Flap）手術，也曾進行亞洲首項腦幹植入手術。

成立耳鼻喉科專科學院

1991年，醫學界開始籌劃成立香港醫學專科學院（簡稱醫專），各個專科的醫生都出席會議。1992年立法會制訂《香港醫學專科學院條例》，1993年醫專正式成立，耳鼻喉科隸屬於香港外科醫學院，由余協祖醫生為代表。後來我們希望能建立自己的學院，便開始與外科學院及醫專商討。

雖然我們跟外科一樣都是「揸刀」的，理應歸入外科的一部分，但因為外科醫學院規模龐大，難以避免一些管理上的情況。舉例說，外科一般把資源先分配給「開肚」相關較大規模的項目，耳鼻喉科和眼科這些相對規模較小的專科，較難爭取到資源。當時在外國，外科和耳鼻喉科也是分開的，兩科的院士考試也不同。

1995 年，耳鼻喉科獲批准成立自己的學院，而我是創會主席。1996 年，香港耳鼻喉科醫學院舉行就職典禮，標誌着香港的耳鼻喉科發展進入鞏固期。學院在訓練和考試制度方面參考英國的形式，醫生須接受六年訓練，通過考試，才可獲得院士資格。我們跟英國愛丁堡皇家外科學院有不少交流和聯繫，對方接受我們邀請合作舉辦聯合考試，他們派人來香港監考，我們也去英國擔任考官，以保證香港和英國耳鼻喉科醫生的水平一致，達到國際標準。每年學院都會舉行院士頒授儀式，邀請一些資深會員、外國醫生等出席見證，這些都是跟隨英國制度重視儀式的傳統。

擴展服務　關心社會

在學院成立的同時，公立醫院內的耳鼻喉科服務也快速擴展。政府在多間醫院成立了耳鼻喉科中心，成為我們專科的訓練基地。以瑪麗醫院為例，耳鼻喉科部門在 1995 年有黃漢威、劉世傑、袁寶榮、黃裕明和我五位醫生，以及數位護士，人數不多。2000 年，瑪麗醫院新的專科門診部開幕，醫生越來越多，服務越趨完善。至 2017 年，香港的公營醫療體系設有六個耳鼻喉頭頸外科中心（ENT Head & Neck Surgery Centres），共有 12 名耳鼻喉科顧問醫生、94 名耳鼻喉科專科醫生，每年平均治療 32.5 萬病人，處理接近 13 萬宗大手術。

2003 年沙士疫情中，耳鼻喉科的張錫憲醫生不幸殉職，他為病人檢查時受到感染，最後不治離世，我們非常懷念他。那時我們每次巡房都穿得密密實實，不斷消毒，做內窺鏡時更要穿着全套防護衣。我曾發表一篇文章，講述沙士期間如何進行氣管切開手術，刊登於外國期刊，現時新冠肺炎疫情期間也有醫生引用或參考這篇文章。

不少病人在手術後失去聽力或説話的能力，部分耳鼻喉科醫生希望能支持他們，其中蔡永善醫生在 1968 年創辦非牟利機構「香港聾人福利促進會」。該會協助聾人及其家屬在社會上享有平等的機會，為會員提供醫療及社會福利、教育和獎學金。另一個與耳鼻喉科相關的社福組織是 1984 年成立的「香港新聲會」，我也有份參與創辦，新聲會以自助及互助精神幫助喉癌病人透過訓練課程，重新學習説話能力和融入社會。該會已運作了二十多年，至 2021 年約有 4,500 名會員。

診療技術日新月異

耳鼻喉科的診療技術在這數十年間有很大進步。其中不得不提的是人工耳蝸植入術（Cochlear Implant），讓失聰病人可聽到聲音，它比普通助聽器的威力強很多。這個技術由外國研發，在1980年代末引進香港。儀器從海外進口，由醫生將人工耳蝸植入到病人耳內。手術後病人要接受持續訓練，由醫生、聽力學家、言語治療師等共同跟進。以前香港有很多聾人學校，現在很多都關閉了，很大原因是在人工耳蝸的幫助下，先天失聰的病人都可以正常上學。

一些喉癌患者手術切除喉嚨後不能説話，現在也可以透過儀器復聲，例如電子咪、喇叭仔及人工聲瓣等，這些都是參考外國的技術，加上我們在應用上也有新發現、新想法，演變成上述不同的復聲儀器。

醫療器械上的進步令手術更方便和容易。以前醫生看內窺鏡，需要把眼睛湊在接目鏡上，現在新式內窺鏡具有影像傳送功能，可以連接屏幕，方便醫生討論病情和學生學習。在取樣本做活體組織檢查（biopsy）時，更可以利用儀器進行導航定位，令採樣更精準。

在超聲波刀的補助下，現在施行甲狀腺切除手術時，醫生可以一邊看着影像一邊進行。曾經遇過一名病人甲狀腺嚴重脹大，壓迫氣管，導致呼吸困難，我們利用超聲波刀為她切去一半甲狀腺，暢通氣道，術後留下細小的疤痕，幾乎看不出來。

又有一位病人患上口水腺瘤，卻沒有及早求醫，待腫瘤長到十分巨型才去處理。因為腫瘤太大，又接近神經線，很多外科醫生都認為有風險，擔心手術導致面癱，最後由耳鼻喉科醫生進行手術。我們做手術時運用了神經監測器（nerve monitor），這個儀器已經引入香港近20年，當碰到喉返神經時會發出警告，這樣手術便會安全得多，最終順利把巨型腫瘤移除。

另外有病人頭皮表面長了皮膚癌，檢查後認為單純地切除腫瘤並不夠全面，我建議把他整塊皮切走，但因為傷口太大不能直接縫合，我便幫他植皮。曾經有位病人頭皮的癌腫瘤入侵範圍太廣泛，連骨也蝕穿了，我拿他大腿的皮去修補，手術後戴上假髮也無人察覺。

另一位病人的舌頭生癌，把腫瘤切清後有很大的空間需要填補，我們將他手上的皮移植到口腔中，再接駁血管，讓病人可以進食及説話。又有個病

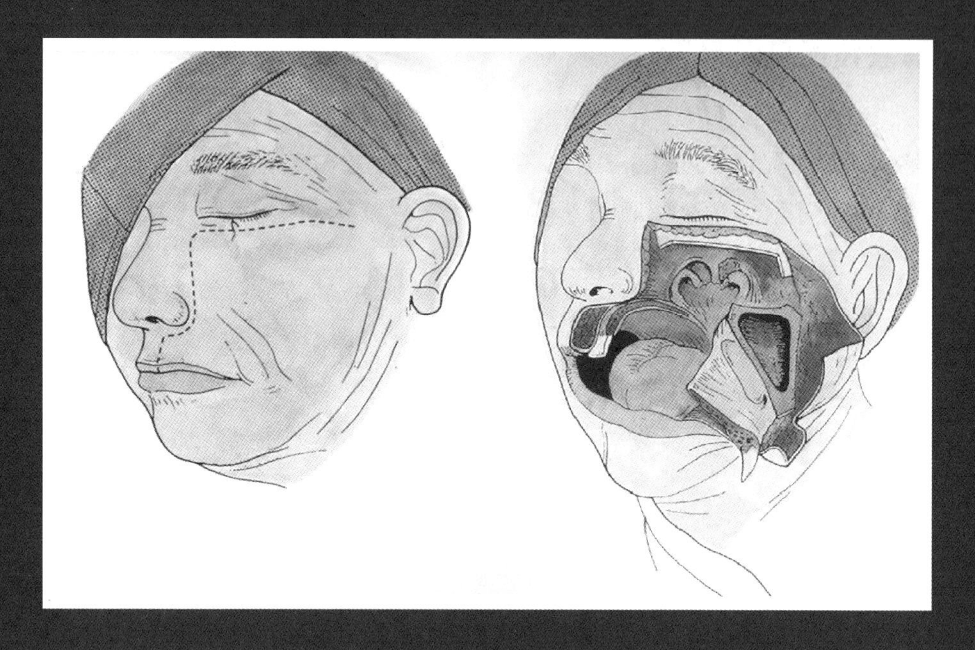

圖 19.3 揭面手術需在眼睛下、鼻側及口腔內下刀，把面揭開，便能清楚顯露鼻咽位置。

人牙骹生癌，要連下巴骨一同切走，我們就拿腳骨去補，再駁血管。若涉及顱底腫瘤，我們會和腦神經外科醫生合作，進行顱底腫瘤切除手術。

研發「揭面」手術　創出新路

耳鼻喉科很多技術都是從外國引進，但「揭面」手術則是我們本地團隊研發出來。醫治鼻咽癌的主要方法是放射治療及化療，當癌症復發時，就要利用外科手術切除復發腫瘤。可是鼻咽位於鼻腔後深處，怎樣才能把腫瘤顯露出來以便切除呢？於是我們便想到把臉部揭開進行手術。

我和同事開會、畫圖、設計流程，大家一起探討如何落實。最初我們在乾屍上練習技術，再在新鮮的屍體上嘗試。第一次在病人身上進行這個手術是在 1989 年 2 月，我記得很清楚，是一名於瑪麗醫院留醫、患上鼻咽癌的年輕病人。他接受放射治療後病情有復發跡象。他問我還有什麼治療方法，我說我們團隊鑽研了一個創新技術，但這技術只在屍體上進行過，問他是否願意一試。病人考慮後決定進行這個手術。幸好手術很順利，病人術後在醫院住了兩個星期，再經過約六個月的時間康復，一年半後臉上的疤痕也減褪了。

該次揭面手術的成功，為病情反覆的鼻咽癌復發患者提供了多一個治癒機會，亦推動我們繼續鑽研、改善手術的流程細節等。以前用鐵片釘臉骨，現在改用鈦金屬，更安全牢固，不易排斥。我們已替超過 300 名病人進行這個手術，每次手術需約四至五個小時。發展至今，揭開和合上臉骨已成為標準程序，最難是如何處理癌變的部位，因為每個病人受癌症細胞侵佔的範圍和程度都有所不同。

至於什麼觸發我們想到這個辦法呢？鼻咽癌又稱「廣東瘤」，在廣東以至香港一帶的病例特別多，以前我們遇到不會醫治的疾病，可以參考外國文獻，學習別人的技術，但鼻咽癌在文獻上的紀錄並不多。正正因為外國沒病例可以依循，我們更需要自己想辦法。現在外國醫生反過來向我們學習怎樣做這個手術，因為多了華人移居到海外，外地的鼻咽癌個案有所增加，所以海外的醫護也需要學習如何治療鼻咽癌。我曾多次到外國示範這個手術，後來我們更把手術過程拍成影片，到外國講課時播出。

上述都是耳鼻喉科醫生會做的大型手術，過程複雜、講求技巧。這數十年來，我們的專科已有很大進展，發展亦越來越專門，例如小兒耳鼻喉科、整形外科等專科亦漸受關注，期望將來能繼續提升技術，治癒更多病人。

後記

香港的醫療衞生發展歷史悠久。開埠初期，香港整體衞生情況惡劣，醫療服務及設施匱乏，無數市民得不到良好治療而喪生。今天，香港是全球醫療制度最為完善的地區之一，不少統計數據都位居世界前列，醫生的技術水平、專業操守及學術地位等方面均已達到國際認可水平，深獲市民信賴及肯定。

本書是系統梳理香港醫療衞生史的嘗試，透過搜集檔案文獻及訪問香港著名醫學專家和醫療行政人員，理清公共衞生、醫療制度、設施、醫學教育、研究、專業等多方面發展的脈絡。全書分兩大部分，第一部分按時間順序敍述香港醫療衞生的歷史發展，第二部分為口述歷史訪問，從不同專科醫生行醫、檢驗、研究、從事行政工作的經歷等，側面探索各個醫學專科在香港的發展狀況。

長久以來，中醫在香港華人社會擔當重要的角色。過去有關中醫在香港的發展史研究甚少，本書兼論中西醫在港歷史發展，期盼能較全面地記錄香港醫療歷史。此外，過去香港醫療相關書籍大多以英語書寫，為了讓廣大中文讀者了解香港醫學發展，本書採用中文編寫。

本人關注香港醫療史，源於十多年前和劉智鵬教授從事《侯寶璋家族史》的研究。侯寶璋教授之子侯勵存醫生一直重視香港醫療歷史。2018 年起，侯醫生向原香港地方志辦公室定期捐款，贊助編修《香港醫療衞生志》，後因情況變化，改為贊助編寫《香港醫療衞生簡史》。有賴侯醫生對我們堅定不移的信賴和熱情支持，本書方能成功面世。

整個研究過程中，最令人難忘的是對楊紫芝、梁智鴻、侯勵存、高永文、盧寵茂等醫學界知名人士的口述歷史訪問。儘管工作忙碌，他們仍然願意抽出寶貴時間接受訪問，分享自身工作經歷、所屬專科，以至香港醫療的發展歷史，並慷慨借出書籍和舊相片供我們使用。他們謙遜隨和、處事認真的態度，給我們留下深刻的印象。

本書的編寫得到劉智鵬教授的大力支持。兩位年輕作者嚴柔媛和林思行盡心盡力收集資料、編寫初稿及整理校對。同事葉柔柔、黎善行、楊恒健等曾參與部分工作。兩位對香港醫學歷史素有研究的醫生張偉強和譚國權義務為本書審閱文稿，指正了一些錯誤，並提出寶貴的改善意見。香港城大出版社編輯陳小歡為本書出版付出了辛勤的勞動。對於他們的努力和協助，謹此致以誠摯的謝意。

劉蜀永

2023 年 6 月 1 日